확장판

# 해사(海事) 사이버 보안의 이해

## 개념과 실제

## Maritime Cyber Security

최성민·박재홍

해광출판사

# 확장판 머리말

확장판 발간에 즈음하여,

"해사 사이버 보안의 이해" 초판이 발행된 이후 본서는 주로 해운 선사와 선박 관리사의 안전품질, 공무, IT 부서에서 미래 사이버 보안 규제를 가늠해 보는 수준으로 한정적으로 활용되었다.

하지만 초판 발간 2년이 지난 2021년 초반부터 미 해상경비대(USCG)의 보안 강화를 시작으로 사이버 보안의 실질적 이해의 요구가 더욱 현실화 되면서 경각심이 한층 고조되었다. 또한 해운 시장은 COVID-19 팬데믹과 EVER GIVEN호 수에즈 운하 좌초 사건 이후 일시적 침체와 불황을 겪으면서도 과거보다 보안과 안전을 강화하는 추세를 보이고 있다.

싱가포르와 파나마 등 국제 항로의 주요 길목에서는 새롭게 정비된 해사 사이버 보안 규제가 본격 시작되며 새로운 해운 패러다임을 준비하고 있다. 한편 해사 분야에 처음 진출하는 새내기 해양인을 대상으로 각국의 교육기관과 항만 당국은 체계화된 사이버 보안 교육 마련에 분주하다. 아울러 항만, 물류, 선박 기자재, 조선 및 선박 보험 등 해운 관련 산업은 근자에 계속되는 사건과 사고 속에 상호 간 더 체계적이고 강화된 사이버 결속을 요구하고 있다. 이제 해사 사이버 보안 관리에서 한발 더 나아가 사이버 시대의 새로운 해운 리스크 관리 전략이 필요한 시대에 도달하였다.

이런 추세에 부합하여 본 "해사 사이버 보안의 이해 확장판"에서는 해사 분야 모든 관계자들이 상호 참고할 수 있는 관련 지식과 규정을 추가 수록 및 소개하고, 업계 담당자와 학생들이 사이버 보안에 대해 학습한 후 그 이해도를 스스로 점검할 수 있도록 객관식 문제를 수록하는 등 내용을 보강하였다.

특히 본서는 교육기관이 본서를 활용하여 사이버 보안을 교육하는 경우 제1, 2장 해사 사이버 보안의 기본 개념과 법제(규제)를 8주, 제3장 사이버 보안의 실무를 8주로 나누어 총 4개월의 한 학기 과정으로 나누어 강의할 수 있도록 고려하였다.

한편 IT 전공자를 위해 본서와 연계한 e-Learning 코스에서 기술적 고급 내용을 추가로 습득할 수 있도록 배려하였으니 관심 있는 독자는 저자 혹은 출판사에 주저 없이 문의하기 바란다.

본 확장판이 해사 관계자에게는 팬데믹 이후 새로운 해운 질서에서 리스크 관리를 위한 지침서가, 해사 계열 학생과 사이버보안 전문가가 되고자 하는 청년들에게는 입문서가 되기를 소망한다.

끝으로 본서의 교정과 편집을 맡아 주신 해광출판사 조준형 사장님과 다양한 프로젝트를 함께 하며 고견과 경험을 나누어 저자들의 부족함을 채워주신 한국선급 사이버인증팀 박개명 팀장님, 연구원님들께 특별한 감사를 드린다.

2024년 9월

저자 일동

# 1판 머리말

현대 선박에 장착된 항해·통신장비, 기관·추진계통은 모두 중앙의 통제 시스템과 연결된다. 선박은 육상의 선사와 위성으로 통신하고, 각종 IT 장비를 통해 기국, 항만국의 통제를 받는다. 또, 선박의 운항 기록, 화물 정보, 에너지 사용량 등 주요 데이터는 이제 종이가 아닌 IT시스템에 수집되고 관리된다.

이렇듯 현대의 해사(海事)산업은 운송 당사자와 관계자 간을 IT로 잇는 고도의 디지털화, 통합화를 구축했다. 그런데 이런 산업의 디지털화는 편리함과 신속함 이면에 사이버 위협에 노출될 수 있는 역기능 또한 내포하기에 해사업계는 이미 수년 전부터 다량, 다발의 사이버 보안 관련 손해를 경험하고 있다.

악성코드, 랜섬웨어 같은 사이버 위협에는 운항 정보의 유출, 본선 시스템의 가동 불능, 불가동 비용 손실은 물론 선체 및 화물의 멸실, 손상과 항만시설의 파괴에 이르기까지 선박, 화주, 국가 시설이 입을 수 있는 모든 종류의 손해 가능성이 잠재한다. 한편 전통적 해적, 범죄 단체는 점차 진화하여 선박 탈취와 테러의 수단으로써 사이버 공격을 선택하고 있는 등 해상 범죄의 패러다임도 변하고 있는 추세에 있다.

이처럼 해사산업은 규모가 크고 유관산업과 유기적 연결되어 있으며, 국제성을 띄기에 운항 선박이나 관련 시스템에 대한 사이버 보안 관리 실패가 가져올 폐해는 통상의 단일 산업과 비교하여 그 수준과 파급력이 막대한 것이다.

따라서 조선, 해운, 보험, 무역업 종사자들은 기존의 원가관리, 환경 및 안전 규제 대응에 이어 사이버 보안 관리가 사업의 지속 가능성을 위한 최우선 과제가 되었음을 인지하고 전략적 대응에 돌입해야 한다. 이러한 과제에는 선박검사, 규제대응, 인력관리, 선주 책임제한, 용선계약, 보험 클레임 등이 모두 관련된다.

국제해사기구(IMO)는 해운업의 사이버 보안 의식과 관리 수준의 제고를 위하여 2021년부터 ISM Code를 통해 각 선사와 선박의 사이버 보안 관리를 강제화한다고 발표했다. 앞으로 ISM Code는 물론 ISPS Code, 각종 화주검사, ISO 27001 등 기존의 규제 및 보안 국제표준을 통해 해운업의 사이버 보안 관리는 더욱 강화될 것이다.

본서는 해운선사, 해기사, 화주, 하도급 협력업체 등 해사산업의 모든 이해 관계자들이 사이버 보안의 의미를 이해하고 필요성을 인식할 수 있도록 기본 개념을 소개한 후 국제기구와 산업계가 제시하는 규정과 규제에 대한 대응이 가능할 수 있도록 실무적 설명을 담았다. 제1장에서 해사 사이버 보안의 개념과 필요성을 연혁을 통해 설명하였고, 제2장에서는 당사자들이 숙지해야할 관련 법제, 규정 등을 소개하였으며, 제3장에서는 사이버 보안의 기본 개념 설명에 이어 산업계가 제시한 가이드 라인을 바탕으로 사이버 보안 실무방안을 제시하였다. 학생과 사무실 근무자가 편히 찾아볼 수 있도록 유용한 가이드 라인은 모두 부록에 삽입하였다.

선주와 무역 회사는 해운, 무역업을 영위하며 발생할 수 있는 리스크 회피 또는 경감 방안에 초점을 맞추어 본문을 접하는 것을 권한다. 안전품질이나 해사법규를 학습하는 학생은 SOLAS 협약, ISM Code, ISPS Code와 선박 사이버 보안의 관계, 안전과 보안의 관계, 물리적 보안과 사이버 보안의 관계에 집중하여 학습하면 도움이 될 것이다.

아울러 기존의 IT, 보안 종사자들이 해사 사이버 보안 업계에 진입할 수 있도록 해운 및 해사 기본개념 설명에 충분한 할애를 했다. 반대로 해기사들은 보안 지식을 보강함으로써 선박 사이버 보안의 실무자로 성장할 수도 있을 것이다.

끝으로 본서의 출간에 협조해 주신 해광출판사의 조준형 대표님과 본문의 감수에 도움을 주신 법무법인 태진 차성백 대표 변호사님께 감사를 드린다.

2019년 8월

저자 일동

# 목 차

# 제1장 총론

# 제 1 장

# 총 론

사이버 정보가 생성, 저장, 유통되는 사이버 공간은 현대사회의 재화, 용역의 생산과 공급의 원천으로서 중요성과 의존성이 점점 커져왔고 그 훼손과 침해로 초래되는 피해는 이제 경제적 손실을 넘어 국가안보의 위협에까지 이른다.

제4차 산업혁명 시대가 본격화되고 전 세계가 초 연결 사회로 이어지고 있는 지금 산업계와 세계 각국은 국가와 기업의 사이버 보안 수준을 향상시키고자 각고의 노력을 다하고 있다.

우리나라도 이미 다양한 법령과 제도로써 사이버 보안에 대비하고 있다.

다만 해운업계는 사이버 위협으로부터 초래될 수 있는 피해수준이 어느 산업과 비교하더라도 막대함에도 공공기관, 금융, 교육 분야 등 사이버 보안을 선도하고 이미 상당한 관리수준에 이른 타 업계와 비교하면 유독 사이버 보안에 대한 인식수준과 대응이 현저히 부족한 편이다.

해운산업은 세계교역 90%의 물자를 국가 간 운송하는 국제성을 띄고, 초고가의 거대 선박을 운용하여 다양한 파생산업을 창출하는 고도의 부가가치 산업이다. 또 수출에 주력하는 국가 입장에서는 기간산업이라고 할 수 있는 중대한 영역이다. 현대 해상운송은 선박운항과 관련한 경제, 금융활동에 이르는 전 영역을 이미 IT를 기반으로 운영하고 있기 때문에 이제 더 이상 사이버 보안의 위협을 두고 볼 수 없는 상황이 되었다.

이에 2016년 국제해사기구(IMO)는 각 선주들에게 국제안전관리규약(ISM Code)의 안전관리 시스템을 통해 사이버 리스크를 별도 관리하도록 권고했고, 화주단체인 OCIMF(국제 정유사 해운포럼 : Oil Companies International Marine Forum)와 RIGHTSHIP(광탄선 화주검사)은 자체 검사규정을 제정하여 선박의 사이버 보안 수준을 제고할 것을 주문하는 등 해운 유관단체의 주도로 조금씩 사이버 보안에 대한 인식전환이 시도되고 있다.

하지만 아직까지 업계 전반의 인식과 관리수준이 사이버 리스크의 엄중함에 비해 상당히 부족한 것이 사실이다.

본서는 다소 생소하게 느껴지던 사이버 보안의 기본 개념을 설명하고, 관련 규제와 제도가 발전한 연혁을 소개함으로써 사이버 보안업무의 기본 이해를 돕고, 보안인식을 제고시키는 한편 해상 사이버 보안 체계 구축의 실제 사례를 소개하여 해운업계 종사자들의 실무 능력을 향상시키고자 한다.

# A. 사이버 보안의 개념

## 1) 배경 : 해사 보안의 연혁

### a. SUA 협약의 탄생 : 테러에 대한 국가 간 공조

2차 세계대전 이후의 최초의 해상 테러리즘 사건으로 Santa Maria호 사건이 자주 언급된다. 호화 여객선 Santa Maria는 1961년 승객 600여 명을 탑승시키고 캐리비안해를 항해하다 포르투갈 독재정치에 대항하는 테러리스트들에 의해 피랍되었다. 이 과정에서 7명의 인명이 사상하였으나, 당시의 국제법 원리상 미국 등 국제사회는 정치적 망명을 허용받은 이들 테러범들을 처벌할 수 없었다.

Santa Maria호 사건 이후 한동안 잠잠했던 해상 테러 이슈는 1985년 Achille Lauro호 테러 사건으로 다시금 전 세계인의 이목을 집중시키는데, 이 사건은 결국 IMO가 해상테러에 대응하는 국제조약을 긴급하게 마련하게 하는 결정적 계기가 된다.

팔레스타인 출신의 테러범들은 이탈리아 여객선 Achille Lauro호를 납치하고, 자신들의 탈출조건을 놓고 당국과 협상하다 휠체어를 타고 있던 장애인 승객을 산채로 해상에 던져버리는 충격적 만행을 저지르고 만다. 그러나 테러범들은 당국이나 국제사회의 이렇다 할 제지를 받지 않고 도피에 성공하게 된다. 결국 이 사건으로 해상테러 발생 시의 국제공조 필요성이 강력하게 대두됐고 UN총회의 결의, 권고와 IMO의 연구를 거쳐 해상테러에 관한 국가 간 협력 대응의 내용을 담은 SUA 협약(항해의 안전에 대한 불법행위의 억제를 위한 협약)이 탄생하게 된다.[1]

### b. 해적행위와 테러행위

해상위험을 의도적으로 야기하는 유력한 위협행위 중 '해적행위'에 대한 개념은 이미 관습상 개념으로 오래전부터 형성되어 해상보험이나 운송계약 관계에서 널리 사용되어 왔다. 이후 '해적행위' 개념은 '1958년 제네바 공해협약'[2] 으로 성문화되고, 1982년 UN 해양법 협약[3] 에도 반영된다.

해양법에 관한 1958 제네바 공해협약은 해적행위를 '선박 상의 재산에 대해, 사적목적을 위해 범행되는 어떤 불법적인 폭력행위, 구류 또는 약탈행위'라 정의한다. 한편 1982 UN 해양법협약(UNCLOS)은 '해적행위'를 '사적목적으로 선박이나 선박 내의 사람이나 재산에 범하는 불법적 폭력행위, 억류 또는 약탈 행위'라 정의하는데 둘은 대동소이한 정의라 할 수 있다. 한편 국제상공회의소 IMB(국제해사국 : International Maritime Bureau)는 해적행위를 '절도 또는 기타 범죄행위를 의도하고 행동을 실현하기 위하여 무력의 사용을 의도하거나 무력을 갖추고 다른 선박에 승선하는 행위'로 정의하여 UNCLOS의 정의보다 다소 광범위하다.[4]

반면에, '해상테러'에 대한 명확한 정의는 찾아보기 힘들었는데, 그 이유는 '해적'의 개념과는 달리 '해상테러'는 '공포심 유발', '특정한 정치적 목적' 등 기존의 '테러'를 정의하는 조건에 비추어 볼 때 각국의 역사와 정치 환경을 감안하지 않고 보편적으로 정의하기가 곤란한 측면이 있기 때문이다. 그래서 해상테러에 대해서는 통상의 '범죄'의 개념으로만 정의하던 것이 보통이었고 이렇게 하면 다수국의 국제협약 비준을 이끌어 내기에도 유리해진다. 그래서 사이버 침해행위와의 해석상 연관, 유사성을 고찰함에 있어서도 테러의 의미를 굳이 상세히 따져 볼 필요는 없어 보인다.

SUA 협약은 '무력이나 그 밖의 협박에 의하여 선박을 억류, 통제하는 행위', '선박을 파괴하는 행위 또는 선박의 안전한 항해를 위협할 수 있는 훼손을 선박이나 화물에 야기하는 행위', '선박을 파괴할 수 있는 장치나 물질 또는 선박의 안전한 항해를 위협하거나 위협할 수 있는 훼손을 선박이나 그 화물에 야기할 수 있는 장치나 물질을 모든 수단에 의하여 선박에 설치하

1) Convention for the Suppression of Unlawful Acts against the Safety of Maritime Navigation, 1988
2) Convention on the High Seas, 1958
3) 1982년 유엔해양법협약 (UNCLOS : United Nations Convention Law of the Sea, 1982)
4) 해적의 승선을 전제조건으로 규정하고 있어 외부에서 범한 사이버 범죄의 경우 해적으로 해석될 수 없게 된다. 다만, 선내에 침입하여 주요 사이버 공간을 침해하거나 정보, 데이터를 탈취했다면 해적으로 해석할 수 있다. 한편 무력의 사용을 조건으로 하기 때문에 이 정의에 의하면 사이버 공격이 해적으로 인정받기 다소 곤란하다.

거나 설치되도록 야기하는 행위', '항해시설의 파괴 또는 심각한 손상이나 그 운용을 심각하게 방해하는 행위로서 선박의 안전한 항해를 위협할 수 있는 것', '자신이 허위임을 아는 정보를 교신함으로써 선박의 안전한 항해를 위협하는 행위'를 '범죄'라고 규정하고 있으며 '테러'로 표현하지는 않는다.

### c. ISPS Code의 탄생 : 선박과 회사에 의무 부여

한편, 전 세계를 충격과 공포로 몰아넣었던 2001년 9.11 테러는 국가주요시설에 대한 보안 의식을 전반적으로 재점검하게 하는 계기가 되었다.

SUA 협약 이래 국제사회는 '핵물질 방호에 관한 비엔나 협약', '폭탄 테러의 억제를 위한 국제협약', '테러자금 조달억제에 관한 국제협약' 등 테러관련 국제협약을 다수 제정하며 테러에 대비해 오고 있었으나, 9.11 사태를 통해 비로소 본격적으로 21세기 새로운 안보위협으로서의 테러를 재인식하며 국제사회의 일치된 예방노력과 공동대응을 주문하기에 이르게 된다. IMO는 'ISPS Code[5](국제항행 선박 및 항만시설의 보안에 관한 국제규약)'를 개발하여 SOLAS 협약에 삽입하는 방식으로 이를 이행하게 된다.[6]

ISPS Code 제정의 의미와 시사하는 바는 다음과 같다.

ISPS Code의 가장 큰 의미는, 회원국 스스로 테러에 대비하는 의무를 부여한다는 것이다. ISPS Code는 전형적인 국제규제이다. 해당국이 이를 지키지 않을 경우 불이익을 줌으로써 스스로 위험요소를 차단하고 관리하게끔 유도한다. IMO가 그동안 환경과 안전 분야에서 사용하던 규제방식을 보안 분야에도 적용한 것이다.

ISPS Code는 전대미문의 재앙 이후 신속한 사후 대책을 마련했다는 측면에서는 높이 평가할 만하다. 다만 테러의 피해 당사국인 미국의 일방적 주도로 너무 급하게 새로운 제도를 도입하다 보니 체계의 완성도가 부족했다는 평가도 있다. 테러에 대한 보편의 개념 정립보다는 각국의 사후 단속을 우선 주문한 것이라 볼 수 있다.

반면 '해상테러'의 개념 확정은 여전히 보류된 상태로 볼 수 있는데 '해적행위'든 '해상테러'든 그 공격 대상은 '선박 또는 선박 내 재산, 인명'으로 분명하게 정의할 수 있지만, '해상테러'의 원인이나 양태는 '단순 범죄, 보복, 전쟁행위, 정치적 의도'인지 명확히 하기가 어렵고 현대

5) ISPS Code : International Code for the Security of Ships and of Port Facilities (IMO 외교회의 채택 2002.12.12., 발효 : 2004.7.1.)

6) 1974년 해상에서의 인명안전을 위한 국제협약(SOLAS, 1974, International Convention for the Safety of Life at Sea), SOLAS 협약은 제5장, 제11-1, 2장에 'AIS의 탑재, 선박식별번호 표시, 선박이력기록부의 도입, 선박보안경보시스템 도입 및 ISPS Code를 통한 해상보안특별조치'의 내용을 담았다.

사회의 국제성 테러의 상호 의존성, 비국가화 추세를 단일 규범에 일률적으로 규정할 수 없었기 때문일 것이다.

이처럼 해적행위와 해상테러의 정의를 먼저 살펴본 것은, 앞으로 설명할 해사 사이버 보안 위협행위의 개념을 이해하고 필요하다면 이와 구별하기 위해서다. 또 선박보험의 담보위험으로서 해석을 위해서 해적행위의 정의는 실익이 있을 것이다. 이는 2장, 3장에서 재차 언급될 예정이다.

## 2) 사이버 보안의 개념

### a. 안전과 보안

"사이버 보안"을 설명하기 전에 우선 '안전(安全, safety)'과 '보안(保安, security)'이라는 단어를 살펴보자.

안전-安全-safety, 보안-保安-security은 각각 한글-한자-영어 간 정확히 번역, 대응되는 단어임에 이견이 없다. 다만 그 정의가 다소 모호하여 구별이 필요한데 이에 대해 '안전(安全)'과 '보안(保安)'은 사고(또는 사건)로부터 피해를 입지 않으려는 목적성은 서로 같지만, 발생하는 사고의 관점에서 볼 때, "어떻게 발생하였는가?" 즉 고의 또는 인위성에 차이가 있다는 견해가 있다.[7] 이 견해에 따르면 '보안'은 '의도적' 위험, 위협과 관련되며, '안전'은 '우연한' 위험, 위협과 관련된다. 그래서 '보안'은 안전을 유지하기 위한 '어떠한 수단'을 강구해야 한다는 점에서 '안전'과 구분할 수 있다.[8]

안전을 지킬 수 있는 수단이 있다는 점은, 과실에 의한 사고가 아닌 고의에 의한 사고로부터 안전을 확보한다는 의미로, 사고의 주체가 되는 잠재적 위험, 즉 고의로 사고를 일으킬 것이 충분히 예측되는 위험에 대한 준비를 통하여 안전이 유지되는 것을 의미한다. 이와 유사한 관점으로 '안전'(安全, safety)은 '우연한' 피해를 방지하고 대응하는 노력과 관련되고 '보안'(保安, security)은 '악의적' 피해를 방지하고 대응하는 노력이라는 의견도 있다.[9]

한편, 안전(安全), 보안(保安)의 한자 뜻을 풀어보면 保安은 안전(安)을 보호(保)한다는 뜻이므로, '보안(保安)'은 안전(安全)의 하위의 개념이 되고, 안전(安全)보다 더 적극적인 의미로 해석된다. 이는 상기한 안전(安全)과 보안(保安)을 고의, 의도성 유무에 따라 구분하는 관점과 맥을 같이 하는 견해로서 이를 종합하면, '보안(保安)'이란, '어떠한 수단을 통해 고의성 있는 위험으로부터

7) 이창무, 산업보안 개념의 비판적 고찰, 한국경호경비학회제50호(2017) 참조

8) 이장국, 안전에 대한 용어적 및 어원적 연구, 한중대학교, 한국안전학회지, 22권2호, 31-35(2017)

9) Firesmith, Donald G. Common Concepts Underlying Safety, Security_Carenegie Mellon University(2003)

적극적으로 안전(安全)을 지키는 것'으로 정의할 수 있다.[10] 다만, 이는 고의적 위험에 대해 좀 더 적극적인 대처를 강조한 표현일 뿐 모든 보안 사고에서 화재, 인간의 실수, 시스템의 오류 등 의도하지 않은 위험 요소를 완전히 배제할 수는 없다. IMO 결의서의 보안위협에 대한 인식도 이와 같은 입장을 취한다.

## b. SOLAS와 ISPS

이처럼 '고의'의 유무를 기준으로 '고의'를 전제로 하는 해적공격이나 테러행위에는 "보안(security)"을 사용함이 적절하고, 따라서 ISPS Code(International Ship and Port Facility Security Code, 국제항해 선박 및 항만시설의 보안에 관한 국제규약)의 명칭은 적절하다.

또, ISPS Code가 "인명의 안전(safety)"을 목적으로 하는, '해상에서의 인명안전에 관한 국제조약(SOLAS : International convention for the safety of life at sea)'에 반영되어 있는 것은 '안전'이 '보안'을 포섭하는 상위개념이라는 측면에서는 납득할 수 있는 조치이다. '해사보안'이 외부의 고의적 위협으로부터 '선박안전'을 추구하는 활동이나 상태로 해석하여도 마찬가지이다.[11]

## c. 사이버 보안

'사이버 보안'에서의 사이버 위협 또는 사이버 공격 또한 상술한 바와 같이 고의성을 전제로 한다는 점에서 '사이버 보안'에서의 '보안(保安)'이란 단어도 적절한 사용이라 본다. 사용자의 단순 실수로 인해 사이버 정보를 잃는 경우도 있겠지만, 사이버 정보의 탈취, 변조 등을 위해 공격자의 의도가 반영되는 것이 대부분의 경우이므로 '해사 사이버 보안' 또한 'security'로 명명되는 규제나 조약으로 다뤄져야 할 것이다. 그러나 현재 ISPS Code가 존재함에도 '해사 사이버 리스크'를 ISM Code(안전관리규약)에서 관리하고 있으므로 다소 무리가 있다.

한편, "정보 보안"이란 '정보의 수집, 가공, 저장, 검색, 송신, 수신의 과정에서 정보의 훼손, 변조, 유출 등을 방지하기 위한 관리적, 기술적 방법'이라 정의되고, "정보 보호"란 '정보의 수

10) 보안과 유사한 형태의 '안전보장'이라는 단어는 줄여서 안보(安保)라고 하며, 이는 국가를 외부로부터 보호한다는 의미가 강하다. '보안'의 영어표기인 security와 동일하게 번역된다. 사회나 국가의 넓은 의미의 안녕, 질서의 보전을 의미하며 보안(保安)과 같은 단어라고 해도 무방하다고 본다.

11) BIMCO 사이버 보안 가이드 라인 Ver.3 는 사이버 '안보'와 사이버 '보안'을 다음과 같이 구분하고 있다. "Both cyber security and cyber safety are important because of their potential effect on personnel, the ship, environment, company and cargo. Cyber security is concerned with the protection of IT, OT, information and data from unauthorised access, manipulation and disruption. Cyber safety covers the risks from the loss of availability or integrity of safety critical data and OT. Whilst the causes of a cyber safety incident may be different from a cyber security incident, an effective response to both is based upon training and awareness of appropriate company policies and procedures." ; 사이버 보안은 "인가되지 않은" 접근, 조작, 방해로 인한 정보, 데이터의 보호에 관련한다고 하면서, 정보, 데이터. IT, OT의 일상적 사용 또는 의도성 없는 손상에 의한 차이와 구별하고 있음을 참고할 만하다.

집, 가공, 저장, 검색, 송신, 수신 중 발생할 수 있는 정보의 훼손, 변조, 유출 등을 방지하기 위한 관리적 · 기술적 수단을 마련하는 것'이라고 정의하고 있어 "정보 보호"라는 단어와 사실상 구분 없이 사용되어 왔다.[12)]

'사이버 보안' 역시 정보보안, 정보보호와 유사한 개념인데, 다만 '사이버 보안'은 상기한 '정보의 수집, 가공, 저장, 검색, 송신, 수신의 과정'에서 가장 중요한 역할을 하는 '사이버 공간', 곧 인터넷 통신망을 보호의 주요 객체로 보는 측면이 강하다. 이는 모든 정보가 인터넷으로 네트워킹되는 현대 추세에 비추어 적절한 정의라 보인다.[13), 14)]

다만 BIMCO는 '사이버 보안'을 'IT시스템, OT시스템, 정보 및 데이터를 비인가 접근, 조작 및 방해로부터 보호하는 것과 관련이 있다'고 정의하고 있고, '사이버 공격'은 회사와 선박 내 시스템 및 데이터를 손상, 파괴 또는 접근하려고 시도하는 IT 및 OT 시스템, 컴퓨터 네트워크 및/또는 개인 컴퓨터 장치를 대상으로 하는 모든 유형의 공격, '사이버 사고'는 선상 시스템, 네트워크 및 컴퓨터 또는 그들이 처리, 저장 또는 전송하는 정보에 실제로 또는 잠재적으로 악영향을 미치거나, 결과를 완화하기 위해 대응조치 필요로 하는 사고라 정의하고 있는 점에 비추어, 일반적인 사이버 보안과 달리 보안의 대상을 단순히 '정보'에만 국한하지 않고 '정보', 'PC', '데이터', '시스템'으로 명확히 확장해서 규정해 놓았다.[15)] 본서는 IMO, BIMCO 등 해사 유관단체들이 공히 사용하는 'Maritime Cyber Security'를 '해사 사이버 보안'으로 번역하여 사용하기로 한다.[16)] 또한 본서는 상기한 안전, 보안의 설명과는 관계없이 IMO 결의서 MSC-FAL.1 / Circ.3(사이버 보안 가이드 라인[17)])의 원칙과 같이 해사 사이버 보안에 '고의성' 유무는 고려하지 않고 모든 위험요소를 다룰 것이다.[18)]

12) 국가정보화기본법 제3조6호

13) 김성천, 사이버보안 법제에 관한 연구, 중앙법학회(2011), Vol 13, pp. 312

14) 현행 우리나라 사이버 보안의 기본법 역할을 하고 있는 '국가사이버안전관리규정'은 제2조(정의)에서 "사이버 안전"을 사이버 공격으로부터 국가정보통신망을 보호함으로써 국가정보통신망과 정보의 기밀성, 무결성, 가용성 등 안전성을 유지하는 상태라고 정의한다.

15) BIMCO Guideline Ver.3, Cyber attack is any type offensive manoeuvre that targets IT and OT system, computer networks, and/or personal computer devices attempting to compromise, destroy or access company and ship systems and data.Cyber incident is an occurrence, which actually or potentially results in adverse consequences to an onboard system, network and computer or the information that they process, store or transmit, and which may require a response action to mitigate the consequences.

16) 다만 보안의 기술과 이슈가 급변하는 것과 마찬가지로 사이버 보안의 개념 또한 새롭게 창조되고 수정되고 있음은 주의할 필요가 있다.

17) 제2장 IMO 결의서 번역문 참고

18) MSC 101/4/4 문서 'MEASURES TO ENHANCE MARITIME SECURITY Cyber risk management in Safety Management Systems' : IMO MSC 101차 회의 문서는 본서가 지적하듯 사이버 리스크 관리에 있어서 ISPS와 ISM의 동시 적용에 모순이 있음을 인정하되, IMO 가이드 라인(MSC-FAL.1 / Circ.3의 단락 2.1.4) 중 보안의 의도성, 비의도성을 불문한다는 원칙은 고수한다고 확정하였다.

# B. 사이버 보안의 중요성

## 1) 해사 사이버 보안의 중대성 부각

### a. 해상 비즈니스 환경 변화

지금까지 살펴본 것처럼 사이버 보안의 개념과 필요성은 해사산업에도 그대로 적용된다. 이미 모든 선박에 장착된 수많은 항해, 통신장비는 물론 기관 및 전자장비는 모두 중앙의 운항통제 시스템과 연결되어 있다. 특히 전자해도시스템(ECDIS) 등 최근의 항해장비는 그 자체로 컴퓨터 단말기에 가깝다.

선박은 육상에 위치한 선사와 위성통신으로 상시 통신하고 있고, 각종 IT장비를 통해 기국, 항만국의 통제를 받고 있다. 또, 선박의 운항으로 발생하는 운항기록과 에너지 사용량 등 각종 주요 데이터 또한 IT기술로써 수집되고 관리된다. 이러한 선박의 자동화, 전자화는 본격적인 ICT와의 융합을 통해 선박의 스마트쉽화, 무인화 단계로 진화하여 현대 조선, 해운산업의 기준이 되었다. 최근의 스마트쉽 또는 자율운항선박은 블록체인, 빅데이터, 사물 인터넷, AI 등 4차 산업혁명의 핵심기술을 망라한다.

이렇듯 현대의 해사(海事)산업은 '스마트쉽'을 중심으로, 선주-화주-기국-항만국을 IT로 잇는 디지털화의 총 집합체로 설명할 수 있다. 위험화물과 연료를 대량으로 적재한 채 각국 항만을 드나드는 대형선박이 사이버 보안의 위험에 닥쳤을 때 벌어질 폐해를 상상하면, 21세기 해사(海事)산업에서의 사이버 보안의 중요성을 헤아리기는 그리 어렵지 않은 일이다.

### b. 선박 사이버 리스크의 증가 : 사이버 보안사고 사례

앞서 살펴본 것처럼 해사산업은 이미 고도의 디지털화를 이룩했다. 산업이 디지털화 된다는 것은 달리 말해 사이버 공격에 노출될 위험도 커지는 것이라 할 수 있는데, 사실 해운업계는 이미 예전부터 다수의 강력한 사이버 공격 피해를 받아 오고 있다.

2011년, 이란의 Iranian Shipping 서버에 해커가 침입해 요금, 적재화물, 화물번호 등의 데이터를 손상시킴으로써 화물 운송의 대혼란을 야기한 사례가 있고, 2013년에는 마약 밀매업자들이 벨기에 항만 제어시스템을 침입해 코카인과 헤로인을 선적한 컨테이너 정보를 탈취하여 이를 밀반입, 반출하고 사무실 PC는 Trojans으로 감염, 손상시켰던 사건이 있었다.

2017년에는 싱가포르 BW해운의 컴퓨터 시스템이 해킹으로 온전히 작동하지 않은 사건과 독일 선박의 항법장치(Navigation System)가 10시간이나 해킹으로 장악되어 안전항해를 방해받은 사례가 있었다.

세계 최대 해운선사인 머스크라인도 2017년, 랜섬웨어(NotPetya) 공격을 받고 서버 4,000대와 PC 45,000대 등 총 3,000억원 대의 경제적 피해를 입은 바 있다.[19] 한편, 최근의 해적들은 해운선사의 화물관리 시스템을 해킹하여 선박의 운항스케줄을 사전 수집한 다음에 선박을 물리적으로 납치하는 신종 침해수법을 개발하고 있기도 하다. 최근에는 선박 위성통신시스템의 취약점을 통해 운항 선박의 위성통신시스템은 물론 기관실 엔진, 운항통제시스템까지 침투할 수 있다는 사실이 밝혀지기도 했다.[20]

한편 사우디 아람코社로부터 나트타를 가공하여 화학제품을 제조하는 모기업은 중간 아람코 명의의 대금 결재 계좌 변경 이메일을 수신한 후 이를 그대로 신뢰하여 신규계좌로 대금 200억원을 공급했는데, 이는 아람코가 아닌 스피어 피싱 사기 사건이었다.

이처럼 해사 사이버 공격은 다양한 루트와 방법으로 선박 운항 전 영역에 침투될 수 있고 해사산업의 특성상 한 번의 침투로 그 폐해와 규모가 천문학적 수준에 달할 수 있다. 계좌 변경 사기 건과 같이 해운업과 무역업의 계좌 오송금 사기 사이버 범죄도 날로 늘어가고 있다. 또한 전통적 의미의 해적들이 점차 지능화되면서 선박탈취의 방법으로써 사이버 공격을 선택하고 있는 등 해상범죄의 양상이 크게 바뀌고 있음을 알 수 있다.

### c. 해운 패러다임의 전환

한편, EU산하 정보보호전문기구 ENISA[21]는 일찍이 해양분야를 Smart Grid, Financial, Health 산업과 함께 Critical Infrastructure로 분류한 바 있다.[22] 또한 2018년 글로벌 해사이슈 모니터 보고서는 향후 10년의 가장 중요한 해사이슈로 '해사 사이버 보안'을 꼽았다.[23]

반면 발틱국제해운협의회(BIMCO)가 해운업계를 대상으로 실시한 설문조사는 해운업 종사자의 사이버 보안 인식수준에 대해 시사하는 바가 크다.

2016년 실시한 BIMCO의 조사 결과에 따르면, 해운업계에 종사하는 설문 대상자의 25%가 과거에 사이버 공격을 받은 경험이 있다고 응답했다. 하지만 평소 예방조치를 해왔다고 응답한 사람은 이중 40% 에 불과했다고 한다.[24] 상기한 바와 같이 해운산업에 대한 사이버 공격은 선박을 운항하는 인명뿐만 아니라 천문학적 경제손실, 국가차원의 재앙까지 초래할 수 있는 위험성을 갖고 있지만 종사자들의 경각심과 대응능력은 현재까지는 기대 이하 수준인 것이다.

19) https://www.bleepingcomputer.com/news/security/ransomware-infection-cripples-shipping-giant-coscos-american-network/ 참조
20) 정보통신기술진흥센터(IITP) 주간기술동향' 보고서, 2018
21) Agency for Network & Information Security
22) 한국인터넷진흥원 KISA Report 2018. Vol 09.
23) http://www.haesanews.com/news/articleView.html?idxno=83928 참조
24) 한국인터넷진흥원 KISA Report 2018. Vol 09.

## 2) 회사의 지속가능 경영과 업무 연속성

### a. 지속가능 경영을 위한 리스크 관리

해상 사업의 지속가능성을 추구하는 의미는 해상의 위험으로부터 주요 자산을 보존하는 그 자체이다. 해상 사업의 주요 자산은 선박과 그 부속물이며, 안전한 선박관리는 안전한 물품 운송으로 이어져 해운선사는 리스크를 극복하고 수익을 창출한다. 21세기 중대한 재무 리스크로 부상한 사이버 리스크의 관리는 회사의 지속 가능 경영의 주요 과제가 될 것이다. 이는 리스크 관리와 보험관련한 다음 장에서 좀 더 살펴 보기로 한다.

### b. 비즈니스 연속성

비즈니스 연속성이란 9.11 테러사건 이후 부상한 경영 관리기법이다. 재해나 재난으로부터 기업 영업을 빠르고 정확하게 회복하고자 개발된 개념이다. 데이터의 백업과 같은 단순 복구뿐만 아니라 고객과의 관계 지속, 핵심적 업무기능의 연속을 포함한다.

사이버 보안의 체계 구축과 관리는 이런 비즈니스 연속성이 추구하는 가치와 매우 유사하다. 특히 악천후, 태풍, 침몰 등 해상 고유의 위험이 도사리는 해운 사업에서 재해와 재난으로의 신속한 복구는 해상 사업 영위를 위한 리스크 관리의 핵심이다. 이제 사이버 위험이 해상 고유의 위험에 준하는 해상사업의 주요한 리스크로 부각되었기 때문에 비즈니스 연속성 개념은 사이버 보안 관리와 함께 고려될 것이다.

리스크에 대한 이론은 2장에서 비즈니스 연속성(BCP) 개념은 3장 사이버 보안의 복구편에서 더 살펴보기로 한다.

# C. 국제무역의 기본 이론

해운업과 운항 선박에 대한 이해를 위해 국제무역에 관한 개괄적 설명을 하면 다음과 같다.

## 1) 국제 매매계약

### a. 무역계약

#### (1) 무역계약의 특징

국제무역계약 또는 국제매매계약이란 국가와 국가 간에 이루어지는 상거래로서, 영국 매매법에 따르면 매도인(Seller, Export)이 대금지불이라는 약인[25]을 대가로 매수인(Buyer, Import)에게 물품의 소유권을 이전하거나 합의하는 계약을 의미한다.

국가 간 물품 이동을 전제로 하므로 매매계약에는 통상 운송계약이 수반되며 운송계약은 대부분 해상운송계약을 통해 이뤄진다. 해상 외의 육상 운송 구간도 같은 운송계약에 포함하여 계약하는 경우가 많다. 해상에서의 운송은 경제적인 반면 예측 불가한 환경적 리스크가 도사리고 있으므로 화물의 소유자(매도인 또는 매수인)의 보호를 위해 적하보험 또한 필수적이다.

따라서 국제물품매매계약은 그 국제성과 위험성으로 인해 필연적으로 운송계약과 보험계약이 연계된다. 물품운송과 대금의 이동을 도식화하면 아래 〈표-1〉과 같다.

국제 무역계약의 법적 성격은 국내 매매계약과 유사하며 크게 다음의 성격을 갖는다.

① 낙성계약 : 일방의 청약에 대한 상대방의 승낙에 의해 계약이 완성된다.

② 쌍무계약 : 매도인은 물품을 공급하고 매수인은 대금을 지급하는 서로 동시에 의무를 이행하는 관계임을 의미한다.

③ 유상계약 : 매도인의 물품 지급에 대한 대가로 매수인은 대금 지급의 의무가 있음을 뜻한다.

④ 불요식계약 : 별도의 요식행위가 수반하지 않아도 계약이 성립할 수 있음을 의미한다. 하지만 통상 국제 표준의 매매계약서에 따라 계약 체결하는 것이 안전하다.

### (2) 무역거래 조건과 국제통일규칙(인코텀즈 ; Incoterms)

국가 간 매매는 상관습과 국내법이 상이한 관계로 쌍방의 거래조건이 계약서에 온전히 적시되기 어려워 분쟁의 소지가 상존한다. 이런 연유로 국제 상업 회의소(ICC ; International Chamber of Commerce)는 거래 쌍방이 희망하는 무역 거래조건(trade terms)을 국제적 표준으로 통일화하여 단순화시킨 '국제무역의 정형 거래조건' 인코텀즈(International Commercial Terms)를 개발, 보급하여 전 세계 거래 당사자들이 이를 이용하고 있다. 1930년대에 처음 제정된 이래 최근에는 약 10년 단위로 국제경제 정세 변화에 따라 개정되고 있으며 본서는 2010년 인코텀즈를 기준으로 설명한다. 아래는 인코텀즈의 주요 내용이다.

25) 약인(consideration) ; 영미법상의 개념으로 계약의 채무로 제공되는 금전, 작위, 부작위 등을 의미함

| 조건 | | 인도 장소 | 수출상(매도인) 부담 비용 |
|---|---|---|---|
| EXW | 공장 인도 조건 | 수출상의 공장, 영업소 | 모든 비용을 매수인이 부담 |
| FCA | 운송인 인도 조건 | 수입상이 지정한 장소 | 항구, 공항까지의 비용 |
| FAS | 선측 인도 조건 | 본선의 선측 | 본선 선측까지의 모든 비용 |
| FOB | 본선 인도 | 본선 선적 시까지 | FAS조건에 본선 적재비 추가 |
| CFR | 운임 포함 인도 | 〃 | FOB조건에 해상 운임 추가 |
| CIF | 운임, 보험료 포함 | 〃 | FOB조건, 해상 운임, 해상 보험료 포함 |
| CPT | 운송비 지급 인도 | 복합 운송 | FCA조건에 목적지까지 운임 |
| CIP | 운송비 보험료 지급 인도 | 복합 운송 | CPT조건에 보험료 포함 |
| DAT | 도착터미널 인도 | 지정 목적항 | 도착지 통관비용 매수인 부담 |
| DAP | 도착지 인도 | 지정 목적지 | 도착지 내륙운송비용 매수인 부담 |
| DDP | 관세 지급 인도 | 수입상이 지정한 장소 | 통관까지의 모든 비용을 매도인 지급 |

〈표-1〉 Incoterms 2010

Incoterms의 주요 기능은 물품의 인도, 위험의 분기점과 보험 등 비용의 지급의무를 정하는 것이다. 예를 들어 CIF 조건으로 매매계약이 체결됐다면 물품의 인도와 위험의 이전이 매도인으로부터 매수인에게 본선에서 분기되며 보험의 비용은 매도인이 지급하게 된다. 이를 해륙 복합운송의 범위로 확장하여 그림으로 설명하면 다음과 같다.

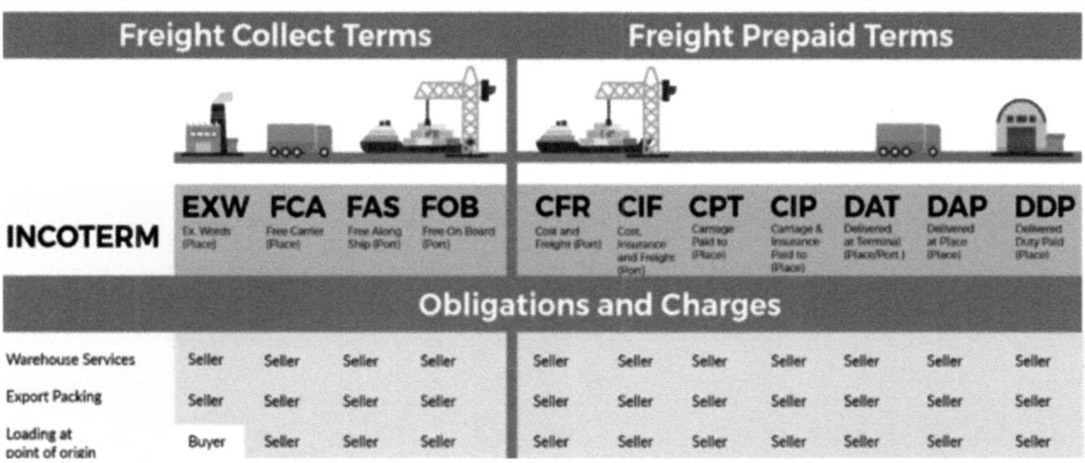


매도인 매수인

물품의 인도와 위험의 분기점 → ← 물품의 인도와 위험의 분기점

〈그림-1〉 CIF 조건의 위험과 물품 이전의 분기

인코텀즈 그 자체는 이행의 강제성이 없으므로 인코텀즈 조건을 상호 선택한 후 이를 매매계약에 삽입함으로써 비로소 조건이행의 의무가 효력을 발휘한다.

### b. 해상운송계약

앞서 살펴본 바와 같이 국제매매계약을 체결할 때 운송의 조건을 언급하게 되므로 매매계약 시 운송의 조건이 정해지는 것과 같다. 매매계약에 기재된 바와 같이 어느 일방이 운송인과 운송방식과 조건을 정하여 운송계약을 체결한다. 예컨대 매매계약이 CIF조건이라면 매도인은 운송계약을 체결하여 선하증권(B/L ; Bill of Lading)[26] 을 발급받고 이 선하증권은 매수인이 물품을 인도받을 수 있는 유가증권으로 작용하는 동시에 적하보험 체결 등에 사용되는 선적서류로 기능한다.

### c. 적하보험

CIF 무역조건은 선적 시에 매도인에서 매수인에게 위험이 분기된다고 앞서 설명하였다. 그러나 보험료의 가입과 보험료 납부는 매도인이 하며 위험을 담보하는 보험의 피보험이익은 매수인에게 있다. 이는 해상보험증권의 송부를 통해 이뤄진다.

## 2) 무역의 결제방식

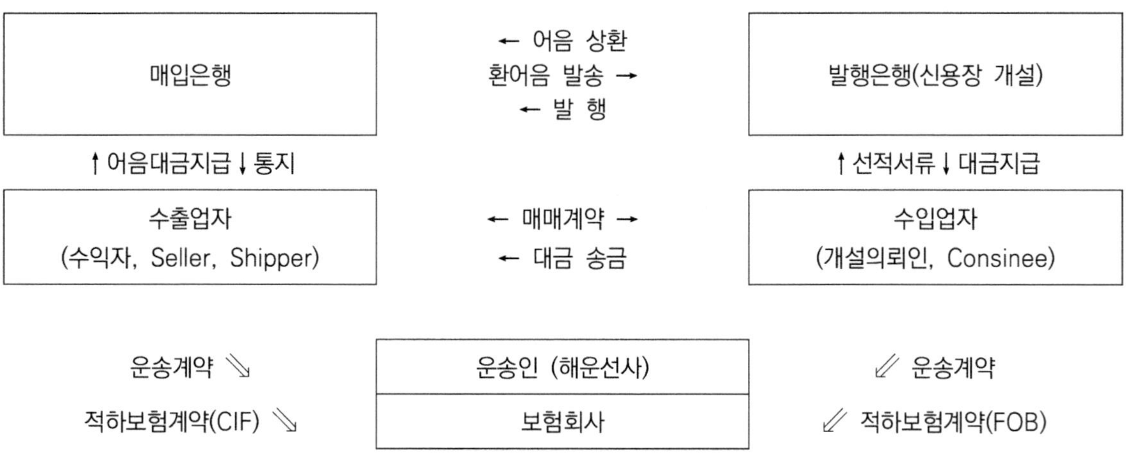


〈표-2〉 매매, 운송계약 당사자 간 관계도

26) 선하증권(B/L) ; 화주(송하인)이 운송물을 운송인에게 인도한 후 운송인이 발행하는 유가증권, 운송물 인도의 증거이자 물품과의 상환 권리의 의미를 포함한다. (상법 852, 선하증권통일규칙 참고)

### a. 신용장(C/L ; letter of credit), 환어음 방식

신용장[27]은 국제무역에서 과거 가장 많이 사용하던 결제수단이다. 신용장이란 수입자가 자신의 거래은행을 통해 물품대금의 지불능력을 보증받는 것을 의미한다. 통상 수입상이 거래은행에 자신의 신용을 보증하는 증서를 요청하고 신용장 개설은행이 이를 발행하여 수출자의 거래은행에 발송하면 이를 신용하고 수출상(수혜자 ; Beneficiary) 은행이 대금을 지급하는 방식이다. 수출서류와 함께 환어음이 발행되어 화환어음으로 표현하기도 한다.

### b. 전신환 송금 T/T(Telegraphic transfer)

외국환을 전신으로 위탁하는 방식으로 신용장 개설이 필요 없는 경우에 보다 편리하게 사용되며 수혜자 은행정보(Beneficiary Bank ; Name, SWIFT Code, BANK Adress), 수혜자 정보(Name, Account NO, Beneficiary Address)를 통해 수일 안에 송금을 완료할 수 있다. 사이버 보안과 관련하여 최근 은행정보를 스피어 피싱(spear phishing)등의 방법으로 접근하여 사기 오송금을 유도하는 피해사례가 매우 빈번하니 무역 종사자들은 이에 주의할 필요가 있다.

## 3) 해상운송사업자

### a. 운송인

운송인이란 해상기업이 해상에서 선박을 통해 물건이나 여객을 운송하여 운임을 지급하기로 약정한 자를 의미하며 사업자 또는 운송수단 자체를 뜻하며 통상 물건을 인수했음을 증명하는 선하증권의 발행자가 될 것이다. 최근에는 선박소유자나 선체용선자 외에 육상, 항공 등 복합물류운송을 주선하는 운송주선인(포워더)도 선하증권을 발행하거나 운송인의 지위를 갖는 경우가 있다.

우리나라 상법은 해상운송사업을 개품운송, 해상여객운송, 용선 등으로 분류하고 있으며 본서에서 자세한 설명은 생략하기로 한다. 다만 해사 사이버 보안 관리의 주요 주체자 선박소유자와 선박관리자 혹은 선원임에 비추어 이를 포괄하는 의미인 '운송인'의 개념과 운송인이 가지는 책임과 면책에 대해서는 이해 관계자들의 최소한의 이해가 필요할 것으로 보여 간단히 소개한다.

중세 이후 해운업의 번성과 함께 영국과 같은 강력한 상선대를 보유한 선주국가들은 해상

27) 신용장의 통일에 관한 국제규칙 (UCP) 참고 ; Uniform Customs and Practice for Commercial Documetary Credits(UCP) ICC(국제상업회의소)가 약 10년 주기로 개정

고유의 위험에 기인한 해운업의 모험성을 근거로 운항선박의 책임을 면제시키는 주장을 일반화하여 화주에 비해 유리한 입장에서 수백 년간 사업을 영위해 왔다. 예컨대 선박의 운항과 관련하여 사람의 사망, 신체 상해 또는 물건의 멸실, 훼손 등이 발생하여도 이의 원인이 고의나 무모한 행위가 아니었다면 운송인은 과실에 대해서 일정 금액을 한도로 책임을 면한다는 것이다.[28)]

그러나 해운업의 모험성과 의외성을 인정하고 해운업의 육성, 장려 측면의 배려를 고려하더라도 운송인만 유독 보호를 받는다는 화주국의 불만은 계속됐다. 이에 국제사회는 운송인의 책임 제한을 축소하는 국제적 합의들을 이끌어 낸다. 대표적으로 헤이그 규칙, 헤이그 비스비 규칙 등이 있다.

## b. 운송인의 책임과 국제조약

### (1) 하터법(Harter Act, 1893)

상기한 바와 같이 운송계약에 있어서 선하증권은 운송인과 화주의 권리관계를 나타내는 계약문서로서의 역할을 해왔고 쌍방의 의무와 책임에 대한 약관을 삽입하고 있다. 과거에 운송인들은 자신들의 권리를 보호하는 면책약관을 이에 삽입해 왔는데 당시 화주(貨主)국의 위치에 있던 미국은 화주의 권익을 보호하고자 운송인의 책임제한을 축소시키기 위한 로비를 펼친 끝에 일명 하터법에 반영되기에 이른다. 하터법은 비록 국제적으로 반영되는데에는 이르지 못했지만 특히 선주의 책임을 상사과실(운영상 과실)과 항해과실로 구분하고 선박이 감항성을 유지하기 위해 상당한 주의(Due Diligence)를 다해야 하는 의무를 규정하는 등 다음의 헤이그 규칙이 탄생하는데 큰 역할을 했던 중요한 의미를 갖는다.

### (2) 헤이그 규칙(Hague Rules, 1924)

정식 명칭은 선하증권에 관한 통일 위한 국제협약이며, 하터법의 취지를 계승하여 운송인의 의무와 책임제한에 관해 좀 더 명확히 하였다. 특히 운송인은 상당한 주의로써 선박의 감항능력을 확보해야 하며 상당 주의의무의 이행은 운송인이 입증해야 한다. 상사과실이 아닌 항해과실은 원칙적으로 운송인 면책이며 책임을 제한하는 상사과실은 포장당 100파운드를 책임의 한도로 한다. 헤이그 규칙은 상당 국가가 이를 비준하여 국내법화해서 국제적으로 통용되기 시작하였다.

### (3) 헤이그 비스비 규칙(Hague-Visby Rules, 1968)

28) 상법769조 참고 (76 해사채권책임제한협약을 수용함)

헤이그 비스비 규칙의 문제점을 수정, 보완하였다. 특히 운송인의 책임제한이 상향 조정되었다. 헤이그 규칙이 포장당 100파운드를 한도로 했던 반면 헤이그 비스비 규칙은 포장당 666.67 SDR[29]또는 2kg당 2 SDR 중 큰 금액을 기준으로 한다. 현행 우리 상법은 상기 책임제한 한도를 원용하고 있다.[30]

앞서 해상운송인(선박소유자, 용선자, 선박관리사)의 책임 제한의 요건으로 채권의 원인이 운송인의 고의나 무모함으로 비롯되지 않아야 할 것임을 언급한 바 있으며 책임을 제한하고자하는 자는 일반 법원칙상 선박소유자에게 있다. 지속가능한 해상사업의 영위를 위해서는 보안의 영역에서도 상당한 주의의무가 필요함을 다시금 일깨우고 있다.

29) 국제통화기금(IMF)의 가상의 국제준비통화; 특별인출권(Special Drawing Rights), 2019.11 기준 환율은 USD1.3(1606.64₩)

30) 상법 797조

# 제2장

# 해사 사이버 보안의 법제(法制)

# 제2장

# 해사 사이버 보안의 법제(法制)

## A. 해사 사이버 보안의 근거

### 1) 해사 사이버 보안 국제규제 동향

해운산업이 디지털화하고 네트워크를 통한 육, 해상 간 정보전송이 확산되면서 선박과 항만시설에 대한 해킹, 정보유출, 사이버 테러가 심각한 보안문제로 대두되었다. IMO는 제94차 MSC 회의에서 항만, 선박 및 해운물류시스템에 사이버 보안을 강화할 것을 제안하였고, 제96차 MSC 회의에서는 사이버 보안 관련 통합지침의 개발을 주장하였다.[31)]

한편, OCIMF(Oil Companies International Marine Forum)는 선박검사 Report Programme(SIRE)[32)] 7.14에 "Cyber Security"를 추가하여 사이버 보안 관리방법, 보안의식 제고 활동, 보안조직 운영, 물리적 보안 통제방법 등을 상세 수록하였고, TMSA[33)](Tanker Management Self Assessment)에는 Element 13 "Maritime Security"편을 추가했다. 광탄선 화주검사 Rightship도 "Inspection & Assessmet Report"[34)]를 개정하여 "Cybersecurity" 편을 추가하는 등 각 선종별 화주검사도

31) Maritime Safety Committee (MSC), 94th session, 17-21 November 2014/ MSC.1/Circ.1526

32) 국제정유사해운포럼(OCIMF)이 운영하는 안전한 탱커선 품질관리를 위한 데이터 베이스 프로그램(The SIRE Programme is a unique tanker risk assessment tool of value to charterers, ship operators, terminal operators and government bodies concerned with ship safety.)

33) 탱커관리 자체평가 제도(Tanker Management and Self Assessment)

34) 광탄선 화주협회(RIGHTSHIP)가 제시하는 자체품질평가제도

사이버 보안 강화에 적극 나서고 있다.

마침내 IMO는 2016년 제98차 MSC 회의에서 "사이버 리스크 관리를 ISM Code의 SMS를 통해 관리할 것"을 권고하는 결의서를 채택하여, 2021년 1월 1일 이후 연차검사부터 DOC 비치여부를 통해 이행 여부의 감시가 시작된다.[35)]

## 2) 해사 사이버 보안 규정

해사 사이버 보안의 구축과 유지는 해운산업의 주체인 선박, 해운선사를 보호하기 위한 장치이면서 그 이행은 곧 의무이기도 하다. 대부분의 해사 국제협약이 해사 운영주체를 보호하면서 동시에 규제한다. 그래서 사이버 보안 법제는 보안 여건을 구축하는 정책적 고려와 함께 보안을 침해하는 세력을 단속할 처벌적 근거도 필요하다.

본서는 해사 사이버 보안을 설명하기 위한 관련 법제를 소개하는 것을 원칙으로 하므로 해사관련 내용을 수록한 법령이나 정보보안법제 기본 이해에 필요한 규정까지만 소개하기로 한다. 한편 개인정보보호에 관한 부분은 논외로 하였다.

이 장에서는 사이버 보안 관련 법령을 국제 규정과 국내 법제로 나누고, 국제 규정은 다시 국제조약과 산업계 가이드 라인, 민간 검사규정으로, 국내규정은 해사 법규와 정보, 보안관련 법령으로 나누어 살펴보기로 한다. 아울러 개선방안이 필요한지 여부를 살펴본다.

### a. 국제 규정

해운업(海運業)을 정점으로 하는 해사(海事)산업은, 선박운항을 통해 국경을 초월한 국제성을 띄기에 해사산업을 규율하는 각종 법률과 규정은 수백 년간 공통의 근거와 기준을 발전시켜 국제 표준화, 일원화를 이뤄왔다.

주로 UN 산하 국제해사기구(IMO)가 해사산업의 국제적 규제를 선도적으로 제정하고, 선사, 화주 등 산업계는 자체 지침, 가이드 라인 등을 통해 이를 보완, 구체화하기도 한다.

#### (1) 국제조약

##### (a) MSC 제98차 회의 결의서 및 회람문서

해사 사이버 보안에 관한 현행 국제규정으로 2017년 IMO 해사안전위원회(MSC) 제98차 회의 결의서와 이를 바탕으로 '해사 사이버보안에 관한 가이드 라인'을 제시한 MSC 회람을 들 수 있다.

35) IMO MSC-Res.428(98), DOC(회사적합증서 ; Dccument of Compliance)

2016년 제98차 MSC 결의서는, 해사 사이버 리스크를 "ISM Code의 목표와 기능적 요건에 맞춰 반영하여야 한다", "각 기국은 2021년 1월 1일 이후 도래하는 첫 번째 DOC 연차심사 시까지 회사 안전관리 시스템 상에 사이버 리스크 관리가 반영될 수 있도록 보장할 것을 촉구한다" 라고 결의함으로써 각 회원국이 해사 사이버 보안 관리를 기존의 ISM Code 안전관리경영시스템(SMS : Safety Management System)에 반영하라는 의무를 부여했다.[36)]

그런데 IMO 위원회가 채택한 결의서는 엄밀하게 말하면 그 자체로는 국제법상 강제 구속력있는 법적지위를 갖춘 상태라고 보기 어렵다. 기존 협약의 개정 또는 협약(Convention), 의정서(Protocol) 또는 ISM이나 ISPS같은 새로운 규약이 탄생하는 모양새도 아니었다. 그래서 기국검사나 항만국 검사의 근거가 부족하다는 의견이 많다.

하지만 결론적으로 본 결의서가 해사 사이버 보안을 이행하는데 법적근거가 결여된 것은 아니라 본다. 그동안 IMO가 제정한 수십 여 종의 국제 해사법은 모두 근본적으로 이런 연성법적인 성격을 가질 수밖에 없었다. 국제해사법이 선박을 규제하기 위해 다루는 인명 안전, 환경 보전의 영역은 생명과 지구 보호라는 인류 공통의 가치를 표방하기 때문에 대부분의 국가들은 협약이 발효되면 자국이익에 반하지 않는 한 이를 비준하여 자국법에 수용하며, 시급한 사안의 협약은 정식의 채택과 비준의 과정을 생략하고도 기존 조약에 삽입하는 방식으로 실질적인 시행을 앞당기기도 하며, 해당국 상황에 따라 협약 논의 단계에서 미리 자국법에 수용하기도 한다.[37)]

따라서 해사 사이버 위협이 공통의 긴급한 해결과제라고 국제사회가 상호 인식하고, IMO가 결의서의 방식으로 시급한 이행을 권고한다면 그 강행성은 보장받을 가능성이 있다. 더욱이 IMO 회원국이 SOLAS 협약을 이미 비준하여 그 의무를 이행하고 있고 이것이 관습이나 다른 조약에 충돌하지 않는다면 그 법적 근거는 충분하다고 본다. 또한 '항만국 통제(PSC)'[38)]라는 강력한 통제수단이 기존에 존재하므로 이행을 강제하는데 무리도 없다. 다만, 항만국 통제 검사관과 화주검사(OCIMF,

36) International Maritime Organization (IMO) MSC-Res.428(98) : Affirms that an approved safety management system should take into account cyber risk management in accordance with objects and functional requirements of the ISM Code. Encourages Administrations to ensure that cyber risks are appropriately addressed in safety management systems no latter than the first annual vertification of the company's Document of Compliance after 1 January 2021

37) 2021년 SOLAS Ⅸ 개정 반영

38) 항만국 통제(PSC : Port State Control) : 외국선박에 의한 해양사고 및 해양오염을 예방하기 위해 우리나라 항만에 입항한 외국선박이 안전관련 국제협약을 준수하고 있는지를 확인하는 선박 점검활동을 말함. 선박을 점검하여 국제안전기준에 미달하는 결함이 있는 선박은 결함사항을 시정토록 조치하고, 만약 인명안전 및 해양오염에 영향을 미칠 수 있는 중대한 결함사항이 있을 경우는 선박에 출항정지 명령 등 결함사항이 시정될 때까지 선박의 운항을 제재함. 항만국 통제는 아태지역, 유럽지역 등 전 세계 각 지역별로 협력체를 구성하여 국제안전기준을 준수하지 않는 기준미달선박의 지역 내 입항을 제재함. 현재 전 세계에 9개의 협력체가 구성되어 있으며 미국은 독자적으로 항만국 통제를 시행중임 (선박안전법 제68조 (항만국통제), 해양환경관리법 제59조 (해양오염방지를 위한 항만국 통제)-해양수산부 질의답변 참조

RIGHTSHIP) 검사원 간의 통일된 적용을 위해서 세부사항의 보완이 필요하며, ISPS Code 시행과의 조화도 필요하다.[39)]

한편, 우리나라는 SOLAS협약(1974년, 해상에서의 인명안전을 위한 국제협약 : International Convention for the Safety of Life at Sea, 1974)을 1980년 비준하고 1981년 발효하였으며, 선박안전법으로 국내법 수용하여 운용하고 있다.

### (b) 항해의 안전에 대한 불법행위 억제를 위한 협약 SUA Convention

항해의 안전에 대한 불법행위에 대응하기 위해 제시된 국제조약으로, 항해 및 안전을 위해하는 행위로써 사이버 범죄, 사이버 테러에 해당할만한 침해의 사례를 열거하고 있어 사이버 리스크 관리에 참고할 만하다. 우리나라 '선박 및 해상구조물에 대한 위해행위의 처벌 등에 관한 법률'로 수용하였다.

**선박 및 해상구조물에 대한 위해행위의 처벌 등에 관한 법률**

**Convention for the Suppression of Unlawful Acts Against the Safety of Maritime Navigation, 1988 (SUA)**

Article 3(1)

Any person commits an offence if that person unlawfully and intentionally:

(a) seizes or exercises control over a ship by force or threat thereof or any other form of intimidation; or

(b) performs an act of violence against a person on board a ship if that act is likely to endanger the safe navigation of that ship; or

(c) destroys a ship or causes damage to a ship or to its cargo which is likely to endanger the safe navigation of that ship; or

(d) places or causes to be placed on a ship, by any means whatsoever, a device or substance which is likely to destroy that ship, or cause damage to that ship or its cargo which endangers or is likely to endanger the safe navigation of that ship; or

(e) destroys or seriously damages maritime navigational facilities or seriously interferes with their operation, if any such act is likely to endanger the safe navigation of a ship; or

(f) communicates information which he knows to be false, thereby endangering the safe navigation of a ship; or

(g) injures or kills any person, in connection with the commission or the attempted commission of any of the offences set forth in subparagraphs (a) to (f).".

39) PSC검사 시 ISM Code 외 타 규정과의 충돌, 해석의 불일치 등 안전의 실질적 결함이 아닌 문서상의 문제로 지적이 발생할 경우 PSC절차서(IMO 결의서 A.1119)를 참고하여 명확한 규정해석을 요구

(c) SOLAS 협약(1974년 해상에서의 인명 안전을 위한 국제협약 (SOLAS, 1974))

International Convention for the Safety of Life at Sea, 1974(SOLAS, 1974)

유명한 타이타닉호 침몰 사건이 계기가 되어 정부 간 해사자문기구(IMCO ; IMO의 전신) 1948년 첫 회의 결과 후 해상에서의 인명안전을 위한 국제협약이 처음 탄생하고 이후 1960년, 1974년 개정되었다.

해상 안전과 보안에 있어서 상위 근거로서 작용하며 해상사업을 영위하는 모든 종사자가 숙지해야할 매우 중요한 국제조약이다. 주요한 조항을 뽑아보면 다음과 같다.

**1974년 해상에서의 인명 안전을 위한 국제협약(SOLAS, 1974)**

**International Convention for the Safety of Life at Sea, 1974(SOLAS, 1974)**

Chapter Ⅹ-1 Special measures to enhance of recognized organizations
(해상안전 강화를 위한 특별조치)
3. Ship Indentification number 선박식별번호
4. Port State Control on operational requirements 항만국 통제
5. Continuous Shnopsis Record, CSR 선박이력기록부

Chapter **XI-2 Special measures to enhance Maritime security**
(해상보안 강화를 위한 특별조치)
1. Definitions 정의
   - ISPS Code (국제 항해선박 및 항만시설 보안 규칙)
   - Security Incident (보안사건)
   - Security Level (보안등급)
   - Declaration of Security (보안합의서) *항만시설과 선박 간의 보안 등급별 상호작용에 합의하는 문서, 선박보안책임자(SSO)가 작성함
   - Recognized Security Organization ; RSO (보안심사 대행기관) (*RO와 구별)
3. Obligation of constracting government with respect to security
(보안에 관한 당사국 정부의 의무)
4. Requirements for companies and ships
(회사 및 선박의 의무사항)
5. Specific Responsibility of Companies
(선사의 특정 책임)
6. Ship Security Alert System ; SSAS (선박보안경보 시스템)
9. Control and Compliance Measures (통제와 규제준수를 위한 조치)

**※ SOLAS 11-2와 아래 ISPS Part 1과의 연계를 유의하여 회사 정책에 반영할 필요가 있다.**
**※ 4,5,9조가 선사, 선박의 사이버 보안 유지관리를 위한 증서 소지 등의 근거조항이 될 것이다.**

(d) ISPS CODE(The International Ship and Port Facility Security)

국제 항해선박 및 항만시설의 보안에 관한 규칙으로 SOLAS협약에 포함되며 우리

나라는 국제항해선박 및 항만시설의 보안에 관한 법률로 별도 수용하고 있음은 전술한 바와 같다. 기본조항인 Part. A와 지침서인 Part. B로 구성되어 있다. Part. A에서 상기 SOLAS XI-2의 강행규정을 규율하고 있다.

사이버 보안 관련 주요 규정은 아래와 같다.

## 국제 항해선박 및 항만시설의 보안에 관한 규칙

### ISPS CODE (The International Ship and Port Facility Security)

Part. A
5. 보안 합의서 (Declaration of Security)
6. 회사의 의무 (Obligations of the Company)
7. **선박 보안 (Ship Security)**
8. **선박 보안 평가 (Ship Security Assessment ; SSA)**
   - 보안평가는 전문가에 의해 이뤄져야 한다.
   - 현장검사를 통한 문서화가 이뤄져야 한다.
9. **선박보안계획서 (Ship Security Plan ; SSP)**
   - RSO (보안심사 대행기관) 작성 가능
   - 기국은 RSO에 SSP 검토, 승인업무를 위임가능
   - SSA에 기반한 계획서이어야 한다.
   - 작성 언어는 선박에서 사용하는 언어로 한다. (영어)
   - SSP의 내용 중 비밀정보가 포함될 경우 당사국 정부의 동의를 요함
10. 기록 (Records)
    - SSP의 이행 관련 내용을 일정 기간 보존
    - **전자문서의 형태로 보존 가능**
11. 총괄보안책임자(Company Security Officer)
    - 복수 지정 가능, 선종별 책임 분담
    - SSP 개발
    - *** 외부인 선임 불가**
12. 선박보안책임자(Ship Security Officer)
    - SSP의 수정을 제안할 수 있음
13. 선박 보안의 훈련, 연습 및 종합훈련 (Trainig, Drill, Exercise)
    - CSO, SSO 및 관계자는 보안 관련 지식습득 및 훈련 이수해야 함

Part. B
**8.3 컴퓨팅, 네트워크를 포함한 항해통신 시스템에 대한 선박보안평가(SSA) 8.3의 "Radio and Telecommunication system, including computer system and networks"**
13.1
회사 보안 책임자 (CSO) 및 적절한 육상 근무자, 선박보안책임자(SSO)는 다음 사항들 중 해당사항에 대하여 적절하게 지식을 갖추고 교육을 받아야 한다.

1. 보안 행정2. 관련 국제협약, 코드 및 권고사항　3. 관련 정부의 법령 및 규칙
4. 타 보안기관의 책임 및 기능　5. 선박보안평가(SSA)의 방법
6. 선박 보안검사의 방법　7. 선박과 항만의 운용

13.6 SSP의 효과적인 시행을 위하여 실습은 최소한 매 3개월에 1회 수행되어야 한다.
13.7 회사보안책임자, 당사국 정부 관계자가 참여하는 다양한 형식의 연습이 매년 1회( 연습사이의 간격은 18개월을 초과하지 않음) 시행될 수 있다. (세미나 등의 방식)
**※ 8.3은 ISPS Code 사이버 보안 의무에 대한 직접 근거로서 가치 있는 조항이다.**
**※ 13.6, 13.7과 관련하여 사이버 보안 사건 시나리오 훈련을 실시하는 것이 좋은 방법이 될 것이다.**

(e) STCW 협약(1978년 선원의 훈련, 자격증명 및 당직근무의 기준에 관한 국제협약(STCW, 1978)_ Amended 2010) International Convention on Standards of Training, Certification and Watchkeeping for Seafarers, 1978(STCW, 1978)

선원의 훈련, 자격증명 및 당직근무의 국제적 기준을 제정함으로써 해상에서의 인명과 재산의 안전 및 해양환경의 보호를 증진시킬 것을 목적으로 제정된 국제조약이다. 우리나라의 선박직원법에 수용되어 있다. 앞으로 보안인력의 자격기준에 대한 근거로 개정 논의가 필요하다는 의견이 많다.

21세기에 접어들면서 선박의 대형화, 디지털화에 따라 선박에 탑재된 장비에 전자식 기기의 사용이 늘어나 기존의 전자기기의 운용 전문가의 필요성이 대두되었다. 이에 따라 2010년 마닐라 개정에서 전자기관사 제도가 도입되었고 우리나라도 선박직원법으로 이를 보완하였다. 그러나 본 개정 논의가 10년 가까이 지나가는 현 시점에서 과연 전자기관사 제도가 지금의 디지털 환경과 사이버 보안 위협에도 적용하기 적절한 장기적 대책이었는지는 의문이 든다. 왜냐하면 당시 논의된 전자기관사 제도는 수년이 지난 최근에 와서야 각국의 국내법에 비로소 수용되었는데 이 자격요건을 가지고는 현재의 사이버 보안에 대응할 수가 없을 만큼 낡은 자격기준이 되었기 때문이다.

이밖에 STCW협약은 선박보안에 관한 훈련에 대한 내용을 포함하는데 ISPS Code가 정하는 보안담당자의 훈련에 대한 요건을 담고 있어 안전 및 보안 관련 기타 협약과 유기적으로 결합하는 조약이라 할 수 있다. 따라서 해사 사이버 보안의 국제적 논의 시 항상 STCW 협약의 보완도 수반되어야 하는 것이다.

### (2) 산업계의 가이드 라인

#### (a) IMO 가이드 라인

법률이 기술적, 시기적 원인으로 규제를 시행하기 위한 선언적 근거만을 제정하고 규제의 세부적, 기술적 내용을 모두 담기 어려울 때, 정부나 산업계는 "가이드 라인"을 제시하는 방법으로 그 이행을 돕기도 한다. 물론 그 자체로 법적 권한을 갖는 것은 아니다.

해사 사이버 보안에 관한 가이드 라인도 여럿 존재한다. 먼저 IMO의 "해사 사이버 리스크 관리를 위한 가이드 라인(이하 IMO 가이드 라인)"이 제98차 MSC 회의에서 승인되어 사용되고 있다. IMO 결의서의 세부지침이라 할 만 하다.[40)]

IMO 가이드 라인은 해상 종사자들에게는 생소한 사이버 보안의 개념과, 적용대상 등을 상세히 소개하고 있다. 특이하게도 더욱 자세한 사항을 BIMCO 등 해사 산업계 자체 가이드 라인, NIST(미국 국립표준기술연구소)의 프레임 워크, ISO(국제표준협회) 표준규격 등으로 보완할 것을 권하기도 하는데, 해사(海事) 외의 전문영역은 기존의 표준을 따르겠다는 취지이다. [41)]

다음은 IMO 사이버 보안 가이드라인의 원문 및 번역 내용이다.

IMO INTERNATIONAL MARITIME ORGANIZATION **E**

4 ALBERT EMBANKMENT
LONDON SE1 7SR
Telephone: +44 (0)20 7735 7611 Fax: +44 (0)20 7587 3210

MSC-FAL.1/Circ.3
5 July 2017

**GUIDELINES ON MARITIME CYBER RISK MANAGEMENT**

1 The Facilitation Committee, at its forty-first session (4 to 7 April 2017), and the Maritime Safety Committee, at its ninety-eighth session (7 to 16 June 2017), having considered the urgent need to raise awareness on cyber risk threats and vulnerabilities, approved the *Guidelines on maritime cyber risk management*, as set out in the annex.

2 The Guidelines provide high-level recommendations on maritime cyber risk management to safeguard shipping from current and emerging cyberthreats and vulnerabilities. The Guidelines also include functional elements that support effective cyber risk management.

3 Member Governments are invited to bring the contents of this circular to the attention of all stakeholders concerned.

4 This circular supersedes the interim guidelines contained in MSC.1/Circ.1526.

***

I:\CIRC\MSC-FAL\1\MSC-FAL 1-Circ 3.docx

IMO CONNECTING SHIPS, PORTS AND PEOPLE

40) International Maritime Organization (IMO) MSC-FAL.1/Circ.3 Guidelines on maritime cyber risk management, July 2017.

41) 현재(2019.11) IMO는 산업별, 단체별 산재한 가이드 라인을 통합, 개발중이다.

# [ IMO 해사 사이버 리스크 관리 가이드 라인 (2017.7.5.) ]
## GUIDELINES ON MARITIME CYBER RISK **MANAGEMENT**

1. The Facilitation Committee, at its forty-first session(4 to 7 April 2017), and the Maritime Safety Committee, at its ninety-eighth session(7 to 16 June 2017), having considered the urgent need to raise awareness on cyber risk threats and vulnerabilities, approved the Guidelines on maritime cyber risk management, as set out in the annex.

2. The Guidelines provide high-level recommendations on maritime cyber risk management to safeguard shipping from current and emerging cyberthreats and vulnerabilities. The Guidelines also include functional elements that support effective cyber risk management.

3. Member Governments are invited to bring the contents of this circular to the attention of all stakeholders concerned.

4. This circular supersedes the interim guidelines contained in MSC.1/Circ.1526.

1. IMO FAL(2017.4.4-7 제41차 회의)와 MSC(2017.6.7-16 제98차 회의)는 사이버 리스크 위협과 취약성 인식을 증진할 긴급한 필요를 고려하여, 해사 사이버 리스크 관리 가이드 라인을 부속서로 승인하였다.

2. 가이드 라인은 최근 증가하는 사이버 위협과 취약성으로부터 해상운송을 보호하기 위해 해사 사이버 리스크 관리에 관한 고도의 권고를 제시한다. 이 가이드 라인은 또한 효율적인 사이버 리스크 관리를 지원하는 기능적 요소를 포함한다.

3. 회원국은 모든 당사자의 주의를 환기할 이 회람서의 내용을 제공하도록 요청받는다.

4. 이 회람은 MSC회람 1526에 포함된 임시 가이드라인을 대체한다.

# ANNEX
## GUIDELINES ON MARITIME CYBER RISK MANAGEMENT

### 1. INTRODUCTION

1.1 These Guidelines provide high-level recommendations for maritime cyber risk management. For the purpose of these Guidelines, maritime cyber risk refers to a measure of the extent to which a technology asset is threatened by a potential circumstance or event, which may result in shipping-related operational, safety or security failures as a consequence of information or systems being corrupted, lost or compromised.

1.2 Stakeholders should take the necessary steps to safeguard shipping from current and emerging threats and vulnerabilities related to digitization, integration and automation of processes and systems in shipping.

1.3 For details and guidance related to the development and implementation of specific risk management processes, users of these Guidelines should refer to specific Member Governments' and Flag Administrations' requirements, as well as relevant international and industry standards and best practices.

1.4 Risk management is fundamental to safe and secure shipping operations. Risk management has traditionally been focused on operations in the physical domain, but greater reliance on digitization, integration, automation and network-based systems has created an increasing need for cyber risk management in the shipping industry.

1.5 Predicated on the goal of supporting safe and secure shipping, which is operationally resilient to cyber risks, these Guidelines provide recommendations that can be incorporated into existing risk management processes. In this regard, the Guidelines are complementary to the safety and security management practices established by this Organization.

# 부속서
## 해사 사이버 리스크 관리를 위한 가이드 라인

### 1. 서론

1.1 이 가이드라인은 해사 사이버 리스크 관리를 위한 고도의 권고를 제공한다.

이 가이드 라인의 목적, 해사 사이버 리스크는 기술적 자산이 잠재적 환경이나 사건에 의해 위협받고, 정보 또는 시스템의 오류, 손상 또는 고장의 결과로서 선박 관련 운영, 안전 또는 보안상의 이행불능을 초래할 수 있는 범위의 조치를 다룬다.

1.2 관련 종사자는 선박운항의 프로세스와 시스템의 디지털화, 통합, 자동화에 관련된 최근의 증가된 위협과 취약성으로부터 운송을 보호하기 위한 필수적인 단계를 거쳐야 한다.

1.3 이 가이드 라인은 특정한 리스크 관리 프로세스의 개발과 이행에 관련된다. 이 가이드라인의 이용자는 국제표준과 산업표준 우수사례 뿐만 아니라 회원국과 기국의 요구사항을 참고해야 한다.

1.4 리스크 관리는 선박 운영을 보호하고 보장하기 위해 필수적이다. 리스크 관리는 전통적으로 물리적

영역의 운영에 초점을 맞췄으나, 디지털화, 통합, 자동화 및 시스템에 기반한 네트워크에 대한 의존도가 커지면서 해운 산업에서 사이버 리스크 관리의 필요성이 증가하였다.

1.5 사이버 리스크에 대한 운용상 탄력있는 안전하고 확실한 선박운항을 지원하는 목적에 기반하여, 이 가이드 라인은 현존하는 리스크 관리 프로세스에 통합될 수 있는 권고사항을 제시한다. 이런 측면에서 이 가이드 라인은 조직에 의해 구축된 안전 및 보안관리 사례와 상호 보완된다.

# 2. GENERAL

## 2.1 Background

2.1.1 Cybertechnologies have become essential to the operation and management of numerous systems critical to the safety and security of shipping and protection of the marine environment. In some cases, these systems are to comply with international standards and Flag Administration requirements. However, the vulnerabilities created by accessing, interconnecting or networking these systems can lead to cyber risks which should be addressed. Vulnerable systems could include, but are not limited to :

1) Bridge systems;

2) Cargo handling and management systems;

3) Propulsion and machinery management and power control systems;

4) Access control systems;

5) Passenger servicing and management systems;

6) Passenger facing public networks;

7) Administrative and crew welfare systems; and

8) Communication systems.

2.1.2 The distinction between information technology and operational technology systems should be considered. Information technology systems may be thought of as focusing on the use of data as information. Operational technology systems may be thought of as focusing on the use of data to control or monitor physical processes. Furthermore, the protection of information and data exchange within these systems should also be considered.

2.1.3 While these technologies and systems provide significant efficiency gains for the maritime industry, they also present risks to critical systems and processes linked to the operation of systems integral to shipping. These risks may result from vulnerabilities arising from inadequate operation, integration, maintenance and design of cyber-related systems, and from intentional and unintentional cyberthreats.

2.1.4 Threats are presented by malicious actions (e.g. hacking or introduction of malware) or the unintended consequences of benign actions (e.g. software maintenance or user permissions). In general, these actions expose vulnerabilities (e.g. outdated software or ineffective firewalls) or exploit a vulnerability in operational or information technology. Effective cyber risk management should consider both kinds of threat.

2.1.5 Vulnerabilities can result from inadequacies in design, integration and/or maintenance of systems, as well as lapses in cyberdiscipline. In general, where vulnerabilities in operational and/or information technology are exposed or exploited, either directly (e.g. weak passwords leading to unauthorized access) or indirectly (e.g. the absence of network segregation), there can be implications for security and the confidentiality, integrity and availability of information.

Additionally, when operational and/or information technology vulnerabilities are exposed or exploited, there can be implications for safety, particularly where critical systems (e.g. bridge navigation or main propulsion systems) are compromised.

2.1.6 Effective cyber risk management should also consider safety and security impacts resulting from the exposure or exploitation of vulnerabilities in information technology systems.

This could result from inappropriate connection to operational technology systems or from procedural lapses by operational personnel or third parties, which may compromise these systems (e.g. inappropriate use of removable media such as a memory stick).

2.1.7 Further information regarding vulnerabilities and threats can be found in the additional guidance and standards referenced in section 4.

2.1.8 These rapidly changing technologies and threats make it difficult to address these risks only through technical standards. As such, these Guidelines recommend a risk management approach to cyber risks that is resilient and evolves as a natural extension of existing safety and security management practices.

2.1.9 In considering potential sources of threats and vulnerabilities and associated risk mitigation strategies, a number of potential control options for cyber risk management should also be taken into consideration, including amongst others, management, operational or procedural, and technical controls.

## 2. 일반사항

### 2.1 배경

2.1.1 인터넷 정보기술은 해상운송의 안전과 보안 및 해양 환경의 보호를 위해 중대한 수많은 시스템의 운용과 관리에 필수적이 되었다. 때론 이 시스템들은 국제 표준과 기국의 요구사항을 충족해야 한다. 하지만, 이들 시스템의 접촉, 연결, 네트워킹에 의해 창출된 위협은 사이버 리스크를 야기하고 이는 고려되어야 한다. 위협시스템은 다음을 포함한다.

1) 선교 시스템

2) 화물관리 시스템

3) 추진 및 기관관리 시스템, 동력제어 시스템

4) 접근 통제 시스템

5) 여객 서비스 및 관리 시스템

6) 여객 공공 네트워크

7) 행정, 승무원 복지 시스템

8) 통신 시스템

2.1.2 정보기술과 운영기술 시스템은 구별되어야 한다. IT 시스템은 정보로서 데이터의 이용에 관해 초점을 맞추는 것으로 이해된다. OT 시스템은 물리적 프로세스를 통제하고 모니터하는 정보의 이용에 관계된다. 그리고 이 시스템 사이의 정보와 데이터 교환의 보호 또한 고려되어야 한다.

2.1.3 이러한 기술과 시스템은 해사산업을 위해 현저히 효과적인 이익을 제공하지만, 또한 선박운항의 필수적인 시스템의 운용과 연관된 중대한 시스템과 프로세스의 위험을 초래한다. 이 같은 위험은 적절하지 않은 운용, 통합, 사이버 관련 시스템의 관리와 설계 또는 의도적이거나 비의도적인 사이버 위협에 기인한 취약성의 결과이다.

2.1.4 위협은 악의적인 행동(해킹 또는 말웨어의 도입) 또는 비의도적 통상의 행동(소프트웨어 관리 또는 사용자 허가)으로도 발생한다. 일반적으로, 이런 행동들은 취약점(구식 소프트웨어 또는 효과 없는 방화벽)을 노출시키거나 운영 또는 정보기술상의 취약점을 악용한다. 효과적인 사이버 리스크 관리는 두 가지 위협을 모두 고려해야 한다.

2.1.5 취약점은 사이버 정책상의 과실 뿐만 아니라 시스템의 설계, 통합 및 유지관리의 부적절에 의해서도 발생할 수 있다. 일반적으로 운영기술/정보기술 상 취약점이 노출되고 악용될 때, 직접적으로나(비인가자의 접근을 유도하는 취약한 비밀번호) 간접적으로나(망분리 하지 않은 경우), 보안과 정보의 기밀성, 무결성, 가용성에 영향이 생길 수 있다. 또 운영기술/정보기술 취약성이 노출되고 이용될 때, 안전의 영향이 생기고 부분적으로 중대한 시스템(선교 항해 또는 주기관 추진시스템)이 손상될 수 있다.

2.1.6 효과적인 사이버 리스크 관리는 IT시스템에서의 취약성 노출 및 악용에 의한 안전 및 보안 영향을

고려해야 한다. 이것은 운영기술 시스템의 부적절한 접속과 개인 또는 외부인에 의한 절차상의 하자로부터 초래될 수 있고 이들 시스템을 고장낼 수 있다. (예. 메모리 스틱의 부적절한 제거)

2.1.7 취약성과 위협에 관한 더 많은 정보는 섹션 4에 언급된 추가 가이드 라인과 표준에서 찾아볼 수 있다.

2.1.8 이런 급속한 기술변화와 위협은 오직 기술적 표준으로만 리스크를 관리하기 어렵게 만들었다. 그래서 이 가이드 라인은 회복력있는 사이버 리스크 접근법을 권장하고 기존의 안전, 보안 관리 사례로써 발전시키도록 권고한다.

2.1.9 위협과 취약성 및 관련 리스크 경감 전략의 잠재적인 소스를 고려하여, 사이버 리스크 관리를 위한 잠재적 통제 옵션은 관리, 운영, 절차, 기술 통제 등을 포함하여 고려되어야 한다.

## 2.2 Application

2.2.1 These Guidelines are primarily intended for all organizations in the shipping industry, and are designed to encourage safety and security management practices in the cyber domain.

2.2.2 Recognizing that no two organizations in the shipping industry are the same, these Guidelines are expressed in broad terms in order to have a widespread application. Ships with limited cyber-related systems may find a simple application of these Guidelines to be sufficient; however, ships with complex cyber-related systems may require a greater level of care and should seek additional resources through reputable industry and Government partners.

2.2.3 These Guidelines are recommendatory.

## 2.2 적용

2.2.1 이 가이드 라인은 주로 해운산업 모든 관련기관에 적용되도록 고려되었고, 사이버 영역에서의 안전과 보안관리 실무를 위해 고안되었다.

2.2.2 해운업계 내 모든 구성원의 상황이 동일하지 않음을 인식하고, 이 가이드 라인은 광범위한 적용을 위해 넓은 의미의 용어를 사용하였다. 한정된 사이버 시스템을 가진 선박은 이 가이드 라인의 단순한 적용으로 충분할 것이다. 하지만 복잡한 사이버 관련 시스템을 보유한 선박은 수준 높은 관리를 필요할 것이고 신뢰할 수 있는 산업계, 정부기관을 통해 추가적인 정보를 구하는 것이 좋을 것이다.

2.2.3 이 가이드 라인은 권고사항이다.

## 3. ELEMENTS OF CYBER RISK MANAGEMENT

3.1 For the purpose of these Guidelines, cyber risk management means the process of identifying, analysing, assessing, and communicating a cyber-related risk and accepting, avoiding, transferring, or mitigating it to an acceptable level, considering costs and benefits of actions taken to stakeholders.

3.2 The goal of maritime cyber risk management is to support safe and secure shipping, which is operationally resilient to cyber risks.

3.3 Effective cyber risk management should start at the senior management level. Senior management should embed a culture of cyber risk awareness into all levels of an organization and ensure a holistic and flexible cyber risk management regime that is in continuous operation and constantly evaluated through effective feedback mechanisms.

3.4 One accepted approach to achieve the above is to comprehensively assess and compare an organization's current, and desired, cyber risk management postures. Such a comparison may reveal gaps that can be addressed to achieve risk management objectives through a prioritized cyber risk management plan. This risk-based approach will enable an organization to best apply its resources in the most effective manner.

3.5 These Guidelines present the functional elements that support effective cyber risk management. These functional elements are not sequential-all should be concurrent and continuous in practice and should be incorporated appropriately in a risk management framework :

1) Identify : Define personnel roles and responsibilities for cyber risk management and identify the systems, assets, data and capabilities that, when disrupted, pose risks to ship operations.
2) Protect : Implement risk control processes and measures, and contingency planning to protect against a cyber-event and ensure continuity of shipping operations.
3) Detect : Develop and implement activities necessary to detect a cyber-event in a timely manner.
4) Respond : Develop and implement activities and plans to provide resilience and to restore systems necessary for shipping operations or services impaired due to a cyber-event.
5) Recover : Identify measures to back-up and restore cyber systems necessary for shipping operations impacted by a cyber-event.

3.6 These functional elements encompass the activities and desired outcomes of effective cyber risk management across critical systems affecting maritime operations and information exchange, and constitute an ongoing process with effective feedback mechanisms.

3.7 Effective cyber risk management should ensure an appropriate level of awareness of cyber risks at all levels of an organization. The level of awareness and preparedness should be appropriate to roles and responsibilities in the cyber risk management system.

## 3. 사이버 리스크 관리의 요소

3.1 이 가이드 라인의 목적을 위해, 사이버 위험 관리는 사이버 관련 위험을 식별, 분석, 평가 및 소통하고 이해 관계자에 관련한 비용과 이익을 고려하여 이를 수용(수락), 회피, 전가 또는 완화(감소)하는 절차를 의미한다.

3.2 해사 사이버 리스크 관리의 목표는 사이버 리스크에 대한 운영상 회복력 있는 안전하고 확실한 운항을 지원하는 것이다.

3.3 효과적인 사이버 리스크 관리는 고위 관리자 수준에서 시작되어야 한다. 고위 관리직은 조직의 전 수준의 사이버 리스크 인식문화를 구축하고, 효과적인 피드백 절차를 통한 지속적인 운영, 평가가 가능한 전사적이고 유연한 관리 정책을 보장해야 한다.

3.4 위와 같은 목표를 달성하기 위한 하나의 접근 방식은 조직의 현재 그리고 기대하는 사이버 위험 관리 자세를 종합적으로 평가하고 비교하는 것이다. 이러한 비교는 우선순위를 설정한 사이버 리스크 관리 계획을 통해 리스크 관리 목표를 달성하기 위해 고려되는 차이를 드러낼 것이다. 이 리스크 기반 접근법은 조직이 가장 효과적인 방법으로 그들의 자원을 적용할 수 있게 해 준다.

3.5 이 가이드 라인은 효과적인 사이버 리스크 관리를 지원하는 기능적 요소를 제시한다. 이 기능 요소들은 순차적이지 않다. 실무적으로 동시에 일어나고 반복적일 수 있으며, 모든 요소들은 리스크 관리 체계에 적절히 포함되어야 한다.

1) 식별 : 사이버 리스크 관리를 위한 인적 역할 및 책임을 정의하고, 선박 운항에 위험을 초래할 수 있는 시스템, 자산, 데이터 및 기능을 식별한다.

2) 보호 : 리스크 통제 절차와 방안, 사이버 사고에 대비한 비상계획을 이행하고 선박 운항의 연속성을 보장한다.

3) 탐지 : 적시에 사이버 사고를 탐지하는데 필요한 행동을 개발하고 구현한다.

4) 대응 : 사이버 사고로 인해 손상된 선박운항 및 서비스에 필요한 시스템을 복원하고 회복력을 제공하는 행동과 계획을 개발하고 구현한다.

5) 복구 : 사이버 사고로 영향 받은 선박운항에 필요한 사이버 시스템을 백업하고 복원하는 조치를 식별

한다.

3.6 이러한 기능적 요소들은 해운과 정보교환에 영향을 미치는 중대한 시스템 전반에 걸쳐 효과적인 사이버 리스크 관리의 기대되는 결과와 행동들을 아우르며, 효과적인 피드백 구조를 갖춘 기존의 프로세스를 구성한다.

3.7 효과적인 사이버 리스크 관리는 조직의 모든 수준에서 사이버 리스크 인식의 적절한 수준을 보장해야 한다. 인식과 준비수준은 사이버 리스크 관리 체계에서 역할과 책임에 부합해야 한다.

## 4. BEST PRACTICES FOR IMPLEMENTATION OF CYBER RISK MANAGEMENT

4.1 The approach to cyber risk management described herein provides a foundation for better understanding and managing cyber risks, thus enabling a risk management approach to address cyberthreats and vulnerabilities. For detailed guidance on cyber risk management, users of these Guidelines should also refer to Member Governments' and Flag Administrations' requirements, as well as relevant international and industry standards and best practices.

4.2 Additional guidance and standards may include, but are not limited to:1

1) The Guidelines on Cyber Security Onboard Ships produced and supported by BIMCO, CLIA, ICS, INTERCARGO, INTERTANKO, OCIMF and IUMI.
2) ISO/IEC 27001 standard on Information technology - Security techniques - Information security management systems - Requirements. Published jointly by the International Organization for Standardization (ISO) and the International Electrotechnical Commission (IEC).
3) United States National Institute of Standards and Technology's Framework for Improving Critical Infrastructure Cybersecurity (the NIST Framework).

4.3 Reference should be made to the most current version of any guidance or standards utilized.

## 4. 사이버 리스크 관리 구현의 우수 사례

4.1 여기에 설명된 사이버 리스크 관리 접근법은 사이버 리스크를 더욱 잘 이해하고 관리하기 위한 토대를 제공하고, 사이버 위협과 취약성을 고려한 리스크 관리 접근법을 가능하게 한다. 사이버 리스크 관리에 관한 더욱 자세한 적용을 위해 이 가이드 라인의 사용자는 국제표준 및 산업 표준 뿐만 아니라 회원국 정부 및 기국의 요구사항을 참조해야 한다.

4.2 추가적인 지침과 표준은 아래를 참고할 수 있으며 이에 한정되는 것은 아니다.

1) BIMCO, CLIA, ICS, INTERCARGO, INTERTANKO, OCIMF, IUMI에 의해 제작되고 배포된 선상 사이버 보안 가이드 라인

2) ISO/IEC 27001 정보보안 관리시스템 표준

3) 주요 기반시설 사이버보안 개선을 위한 NIST 프레임 워크 표준

4.3 이용되는 지침이나 표준은 가장 최신의 버전을 참고해야 한다.

### (b) BIMCO 등 해운업계의 가이드 라인

발틱국제해사협의회(BIMCO)는 100년 역사의 세계 최대 민간해사기구로서, 민간기구이지만 국제기구에 다름없이 업계를 주도하고 표준을 창출하는 단체이다. BIMCO는 세계크루즈선사협회(CLIA), 국제해운회의소(ICS), 국제건화물선주협회(INTERCARGO), 국제유조선주협회(INTERTANKO), 국제해상보험연맹(IUMI) 및 국제정유사 해운포럼(OCIMF)과 함께 "선상 사이버 리스크 관리 가이드 라인"을 제작하여 관계 기관에 공유하고 있다.[42)]

다만 BIMCO는 본 가이드 라인이 선박소유자와 선박운영자에게 해사 사이버 시스템 보안의 절차를 마련하고 운용할 수 있는 지침을 제시하려는 취지일 뿐 외부감사나 검사 대비용으로 제작된 것은 아니라고 못 박고 있다. 하지만 BIMCO 가이드 라인은 MSC 제98차 회의 IMO 가이드 라인의 취지를 반영한 산업계 최초의 지침으로서 종사자들에게 실질적 도움을 주고 있다.[43)]

### (c) 각국 선급의 가이드 라인

IACS(세계선급협의회)에 회원으로 가입된 글로벌 선급법인은 자체 가이드 라인을 제작하여 산업계에 제공한다.

LR(영국선급)은 'Cyber-enabled ship(CES)', DNV-GL(노르웨이-독일)은 'Recommended Practice', ABS(미국선급)는 'Guidance notes on the Application of Cybersecurity principles to marine', KR(한국선급)은 '해상 사이버 보안 가이드 라인'을 개발하여 운영하고 있다.

42) BIMCO, CLIA, ICS, INTERCARGO, INTERTANKO, OCIMF and IUMI The Guidelines on Cyber Security Onboard Ships, July 2017

43) The International Maritime Oranization(IMO) has developed guidelines that provide high-level recommendations on maritime cyber risk management to safeguard shipping from current and emerging cyber threats and vulnerabilities. The Guidelines on Cyber Security Onboard Ships are aligned with the IMO guidelines and provide practical recommendations on maritime cyber risk management covering both cyber security and cyber safety.

### (3) 정보보안 국제표준

BIMCO가 해운업계에 가이드 라인을 제정, 배포하면서 보안 관련 기존 표준을 사용했음은 전술한 바와 같다.

정보보안에 관련한 국제표준은 국제표준협회(ISO), 미국국립표준기준연구소(NIST), 영국표준협회(BSI) 등 국제적 영향력을 가진 표준 인증, 기술단체가 제정, 운용하고 있다.

#### (a) ISO 27001

ISO(International Standardization Organization)은 1947년 국제적으로 통일된 표준을 제정하여 국제협력증진을 목적으로 하는 국제기구이다. 비조약기구이지만 회원 대부분이 각국 정부 또는 국가기관이기 때문에 제정, 공표된 표준은 각국의 이행을 사실상 담보한다. 산업 각 분야에 걸친 1만 여 종의 국제표준을 제정해 왔는데, ISO의 표준은 기존의 표준기관과 협력하거나 타 표준을 수용하는 방식으로도 국제 표준을 제정하기도 한다.

보안분야의 대표적 국제표준인 ISO/IEC 27001은 ISO가 제정한 정보보호관리체계(ISMS : Information Security Management System)의 요구사항을 규정한 국제표준으로서, 권위있는 정보보호 국제인증기관인 BS(영국표준) 7799를 기반으로 IEC(국제전기기술위원회)와 함께 이를 보완, 수정 개발하여 발간한 것이다. ISO/IEC 27001은 정보보호분야에서 현존하는 가장 권위 있는 국제인증이다.

#### (b) ISO 28000(물류보안 경영 표준)

9.11 테러 이후 보안에 대한 관심이 강화되면서 미국의 Safe Port Act에 의한 컨테이너 안정협정과 세계 관세기구의 무역안전 및 원활화에 관한 표준, IMO의 ISPS Code 등 다양한 물류 관련 규제가 탄생하였다.

또한 주요 테러피해국 위주로 물류보안법, 미국 C-TRAT(Customs-Trade Partnership Against Terrorism)를 개발 운영하였고 세계관세기구(WCO)의 AEO(수출입안전관리공인)가 국제표준으로 지정되어 전세계 대다수 국가의 관세당국이 수출입 절차에서의 보안수단으로 활용하고 있다.

ISO 28000은 화물을 제조, 운송 처리하는 사업자를 대상으로 제조에서 운반까지의 전 물류절차의 보안을 인증하는 표준이다. 앞서 소개한 물류관련 규정, 제도는 대부분 테러에 대비한 물리적 보안을 대상으로 한다. 하지만 해상운송 또한 물류의 과정 내에 속해있고 전 과정이 시스템으로 통합되는 추세이기 때문에 물류에 관한 보안 표준 또한 해운업과 밀접하게 연계가 된다. 다만 제조, 운반 등 공급사슬 전반과 해상

운송 간에 이어지는 네트워크에 대한 심도있는 통합 대책이 앞으로 시급하다는 사실을 관련 종사자 모두가 인지하고 있어야 한다.

| 구분 | ISO 31000 | ISO 28000 | ISO 27001 |
|---|---|---|---|
| 목적 | 리스크 관리 표준 | 물류 보안 | 사이버 보안관리 |
| 대상 | 전 영역 | 물류, 공급망 사슬 | 전 영역 |

〈표-2〉 보안관련 ISO 표준규격

### (c) NIST 프레임 워크

미국국립표준기술연구소(NIST)는 미국상무부(U.S. Department of Commerce) 기술관리국 산하의 기술표준연구소로 국제기구가 아닌 국가기관이다. 미국의 경제안보를 강화하고 표준 및 기술을 진보시킴으로써 미국 산업 경쟁력을 제고하는 것이 NIST의 설립목적이지만, 미국의 독보적인 기술력과 경제적 우위에 따라 국제적인 영향력을 가지게 되었다.

NIST의 정보보안 프레임워크는 본래 국가기반시설을 대상으로 주요기반시설의 운영주체가 사이버 위협상황에 적절한 대응을 할 수 있도록 마련된 것으로 강제사항은 아니지만 산업계가 참고할 만하다.

한편, ENISA(European Netwrk and Information Security Agency)도 2011년 EU Report에서 IMO와 EU Commission은 사이버 보안에 관해 국제적 통합이 필요하다고 주장했다. 결국 이러한 흐름을 IMO 사이버 보안 가이드라인이 수용하여 BIMCO 등을 중심으로 하는 업계 표준이 사실상 마련되었다고 할 수 있다.

### (d) ISO 27001, KISA ISMS, KR 시스템 인증 비교

사이버 보안 침해에 따른 기업과 공공부문의 피해에 대해 근본적인 해결책 마련을 위해 각 국은 정보서비스 제공자 등을 대상으로 정보보호 관리체계의 구축을 주문하기에 이르게 된다.

우리나라는 2001년 '정보통신망법'에 따라 기업이나 조직의 정보보호 관리체계(ISMS : Information Security Management System)가 기준에 적합한지를 평가하는 인증제도를 시작하였다. 초기 정보통신서비스 제공자만 대상으로 하다 2016년부터 매출액 1,500억원 이상의 상급병원과 재학생 수 1만 명 이상의 대학교 등으로 의무대상자가 확대되었다. 이후 2018년 개인정보보호 관리체계를 통합하여 현재 통합인증제도

(ISMS-P)로 운영되고 있다.

ISMS는 전기통신 사업자(ISP), 집적통신시설 사업자(IDC), 대형종합병원 등의 법정 의무대상자 또는 정보보호 관리체계를 구축, 운영하며 이에 대한 적절성을 인증받고자 하는 모든 기관이나 사업자에 해당한다. 이들 사업자는 '정보통신망법'에 근거한 인증심사기관인 KISA(한국인터넷진흥원)로부터 인증심사 기준에 따른 심사를 받아 이를 충족하면 인증서를 발급받게 된다.[44]

KISA 주관 ISMS와 ISO 27001은 각각 국내표준, 국가표준으로서 인증을 취득하고자 하는 기관이 국내시장에서만 활동한다면 국내 실정에 특화한 KISA ISMS 인증이면 충분하고, 글로벌 시장 활동 기업이라면 국제표준 ISO 27001인증을 획득하는 것이 적합할 것이다.

한편 KISA ISMS와 ISO 27001는 모두 일반조직을 대상으로 한 표준이기는 하지만 해운회사나 선박의 특수 환경에 적용하기에 무리가 있었다. 그래서 각국 선급, 인증기관은 해운기업과 선박에 특화한 사이버 보안 인증기준을 설계했는데, 대표적으로 한국의 KR(한국선급)은 선박과 해운회사를 대상으로 한 '사이버 보안 시스템 인증지침 CS1, CS2, CS3', 신조선을 대상으로한 'CS-Ready 인증지침', 선박용 물건을 대상으로한 '형식승인 인증 지침'을 개발하여 운영 중이다. 선박이나 해운회사가 KR 인증을 취득하면 사이버 보안 국제표준과 IMO 권고사항을 충족시킨다고 인정받을 수 있다.

ISMS는 정보보호 관리(14개), 정보보호 대책(120개)의 검사기준을 갖추고 있고, ISO 27001은 10개 분야 114개의 통제항목을, KR 시스템인증(CS 1단계 기준)은 19개 검사영역 89개의 세부 통제항목을 두고 있다. ISMS, ISO 27001, KR 시스템 인증을 자세히 비교하면 다음과 같다.

| 구분 | KISA ISMS | ISO 27001:2013 | KR 시스템 인증 |
|---|---|---|---|
| 근거 | 정보통신망법<br>한국인터넷진흥원(KISA) | ISO/IEC<br>BSI BS 7799 | KR 선급규칙<br>IMO MSC 결의서 |
| 인증기관 | 한국인터넷진흥원(KISA) | BSI, DNV, SGS 인증원 | 한국선급(KR) |
| 통제항목 | 정보보호 관리과정 14개 항목<br>정보보호대책 15개 분야 120개 총 137개 항목 세부항목 | 정보보호 관리과정 10개 도메인<br>Annex 14개 도메인<br>총 114개 세부 통제항목 | 19개 검사영역<br>총 89개 통제항목<br>(1단계 검사) |

44) 한국인터넷진흥원(KISA : Korea Internet and Security Agency)은 '정보통신망 이용촉진 및 정보보호 등에 관한 법률'에 근거하여 민간분야 사이버 침해사고 예방 및 대응, 개인정보 및 피해 대응, 정보보호산업 및 인력 양성 등의 업무를 수행하고 있다.

| 사후심사 | 1년 주기 사후검사<br>3년 주기 재검사 | 6개월 주기 사후심사<br>3년 주기 재심사 | 1년 연차검사<br>5년 주기 재심사 |
|---|---|---|---|

〈표-3〉 사이버 보안 인증지침 통제항목 비교

### (4) 민간 검사규정

#### (a) KR 사이버 보안 시스템 지침

한국선급(KR : Korea Registers)은 해상 안전을 도모하고 해양에 대한 기술 진흥을 위해 설립된 선급법인이다. 종래의 정부 대행 선박검사 업무 외에도 각종 기술표준의 인증업무를 수행하고 있는데, 해사 사이버 보안에 관해서는 선박과 회사, 선박용 물건 형식승인을 위한 시스템 인증 지침을 개발, 운영 중이다. 본 지침은 2018년 IMO 가이드 라인과 ISO 27001, NIST 등 국제표준을 반영하여 개발되었기 때문에 각 선박과 회사는 이에 따른 시스템 인증을 획득할 경우 국제기준을 충족했다고 인정받을 수 있다.

#### (b) 화주 검사규칙 : TMSA, Rightship

탱커선과 철광석 화주단체는 화물의 안정적인 운송을 담보하기 위해 운송선박을 대상으로 자체적인 운항능력 검사를 실시하기도 한다.

오일 메이저 화주 협회인 OCIMF는 TMSA(탱커선자체평가)와 SIRE(Ship Inspection Report : 광탄선 품질평가 프로그램)를 통해 운송선박의 운항능력을 자체 평가하며, 광탄선 화주 검사단체인 RIGHTSHIP은 Inspection & Assessmet Report를 통해 화물 운항능력을 검사한다.

이런 화주 검사들은 국제조약이나 국가기관의 제재를 수반하지는 않지만 검사기준에 미달할 경우 선주는 운송행위를 영위할 수 없게 되므로 공권력에 의한 선박검사 못지않게 강력한 규제로 작용한다.

각 화주검사는 자체 검사항목을 통해 2017년부터 사이버 리스크를 관리하도록 요구하고 있다. 화주검사의 검사항목은 KR, BIMCO 등이 제시하는 가이드 라인에도 반영되어 있다.

다음은 OCIMF와 RIGHTSHIP 규정의 원문과 번역본이다.

# [ The third edition of the Tanker Management and Self Assessment A Best Practice Guide (TMSA 3). Rev. 2017.04.10. ]

## TMSA 3 (ELEMENT 13 MARITIME SECURITY) Stages :

### STAGE 1

1.1 Documented security plans are in place.

문서화된 보안 계획의 수립

1.2 The company has documented procedures in place to identify security threats applicable to vessels trading areas and shore-based locations.

회사는 선박운항 구역과 육상사무실에 적용할 보안 위협을 인식하는 절차서를 갖추고 있다.

1.3 Measures have been developed to mitigate and respond to all identified threats to vessels and shore-based locations.

보안방안은 선박과 육상 간 모든 식별된 위협에 대응하고 이를 경감할 수 있도록 개발되어야 한다.

1.4 Procedures are in place to obtain, manage and review current security related information.

절차는 현행의 보안 관련 정보를 활용, 관리 및 검토하여 준비한다.

1.5 Procedures include the reporting of potential security threats and actual security incidents.

절차는 잠재의 보안위협 및 실제 보안사고 보고를 포함한다.

### STAGE 2

2.1 Formal risk assessments of company activities are undertaken to identify and mitigate potential security threats.

회사의 공식적 리스크 평가는 잠재 보안 위협을 식별하고 경감하도록 수행되어야 한다.

2.2 The personnel responsible for security receive training appropriate to their role and the company's activities.

회사 보안 책임자는 자신과 회사 기업 활동에 적합한 훈련을 받는다.

2.3 Policy and procedures include cyber security and provide appropriate guidance and mitigation measures.

정책과 절차는 사이버 보안을 포함하고 적절한 지침과 리스크 경감 방안을 제시한다.

2.4 The company actively promotes cyber security awareness.

회사는 사이버 보안 인식을 적극적으로 증진한다.

Effective means are used to encourage responsible behaviour by shore-based personnel, vessel personnel and third parties.

해상직원, 육상인원 및 외부 인력의 책임 있는 행동을 효과적인 수단을 통해 장려한다.

Such behaviour may include :

아래의 조치를 포함한다.

· Locking of unattended work stations.
  작업장의 폐쇄
· Safeguarding of passwords.
  비밀번호 보호
· No use of unauthorised software.
  비인가 소프트웨어 금지
· Responsible use of social media.
  소셜 미디어의 책임있는 사용
· Control/prevention of misuse of portable storage and memory sticks.
  휴대용 저장장치와 메모리 스틱의 오용 방지

## STAGE 3

3.1 A travel policy is in place to minimise security threats to personnel.

출장정책은 개인의 보안위협을 최소화할 수 있어야 한다.

The policy is based on risk assessment and includes vessel personnel, shore-based personnel and contractors travelling on company business.

이 정책은 리스크 평가에 기초하여 기업경영 상의 승조원, 육상인원 및 외부계약자를 포함한다.

3.2 Security procedures are updated taking into account current guidance.

보안 절차는 최신의 지침을 고려하여 업데이트된다.

3.3 The security policy and related procedures are included in the internal audit programme.

보안 정책과 관련 절차는 내부 감사 프로그램에 포함된다.

The audit assesses compliance with all aspects of company security procedures, including personal awareness and behaviour.

감사 평가는 회사 보안 절차의 모든 사항에 부합하고 이는 개인의 인식과 태도를 포함한다.

## STAGE 4

4.1 Assessments are undertaken of the company's security measures and preparedness.

회사 보안 대책과 준비를 위한 평가를 수행한다.

The assessments may be conducted by in-house personnel or by external resources.

이 평가는 내부자 또는 외부 전문가로부터 수행될 수 있다.

4.2 Independent specialist support is used to mitigate identified security threats.

독립적인 전문가의 조력은 식별된 보안 위협의 경감에 사용될 수 있다.

Any contracts for specialist support both onboard and ashore, are supported by a comprehensive scope of work.

선박과 회사를 위한 전문 조력 외부 계약은 종합적인 업무 범위로 수행될 수 있다.

4.3 Vessels are provided with enhanced security and monitoring equipment.

향상된 보안 모니터링 장비가 선박에 제공된다.

4.4 Security enhancements are considered for inclusion in refit specifications and new-build design.

보안 강화는 선박 개조와 리빌딩에 포함하여 고려할 수 있다.

4.5 The company is involved in the testing and implementation of innovative security technology and systems.

회사는 혁신적인 보안기술과 시스템의 시험과 이행에 관여한다.

This may include :

아래사항을 포함한다.

· Physical measures to improve security.

보안을 증진하는 물리적인 방법

· Software enhancements to IT systems.

IT 시스템 소프트웨어 개선

## [ Inspection and Assessment Report For Dry Cargo Ships (FOD06) 11. Rev. 2017.05.11. ]

### 4.7 Cybersecurity

4.7.1 Does the vessel and/or company have documented software/firmware and hardware maintenance procedures?

선박/회사는 소프트웨어/펌웨어와 하드웨어 유지 및 관리절차 문서를 갖고 있는가?

4.7.1.1 Are service reports available?

서비스 레포트를 갖고 있는가?

4.7.2 Does the vessel and/or company have any cyber security procedures?

선박/회사는 사이버 보안 절차를 갖고 있는가?

4.7.2.1 Has a Risk Assessment for Cyber attack been completed?

사이버 공격에 대한 리스크 평가가 완료되었는가?

4.7.2.2 Is a Cyber attack Response Plan available?

사이버 공격 대응계획이 수립되었는가?

4.7.3 Does the vessel and/or company provide any cyber security training?

선박/회사는 사이버 보안 훈련을 제공하는가?

## [ Ship Inspection Report (SIRE) Progrmme VIQ 7. Rev. 2017.05.11. ]

### Chapter 7 Maritime Security

### Cyber Security

7.14 Cyber Security Policy and Procedures Are  part of the Safety Management System and is there a Cyber Response Plan onboard?

SMS에 사이버 보안 정책과 정책이 포함되어 있고 사이버 보안 대응계획이 선상에 비치되어 있는가?

Note : Do the procedures include a risk assessment of issues such as :

절차에 다음 항목에 대한 리스크 평가를 포함시켜야 한다.

· Threats such as from malware; phishing attacks etc.
  말웨어, 피싱공격 등에 의한 위협

· Identification and protection of Vulnerable systems (ECDIS etc)
  취약 시스템의 식별과 보호

· Mitigation measures, (USB control etc)
  리스크 감소 방안

· Identify key personnel within the company (including who the master reports suspected incidents to)
  의심되는 사고에 대한 보고 의무를 포함하여, 회사 내 주요인원 확인

· Hard copy of key contacts (e.g. DPA; CSO etc).
  비상 연락망의 출력본 (육상 안전담당자, 선박보안책임자)

· Password management/record?
  비밀번호 관리 및 관리 기록

· Contractor compliance
  외부계약자 준수사항

Note: Does the Cyber Response plan contain guidance on :

  대응 계획은 다음에 대한 지침을 포함하고 있는가?

· What ‘symptoms’ to look for,
  어떤 징후를 찾아야 하는지

· Immediate actions to be taken and
  즉시 취해야 할 조치

· Name, position, phone number and email for the Responsible Person to be contacted
  연락을 취할 자의 이름, 직위, 전화번호 및 이메일

7.15 Are the crew aware of the company policy on the control of physical access to all shipboard IT/OT systems?

선원은 모든 선상 IT/OT 시스템에 대한 물리적 접근 통제에 관한 회사 정책에 대해 인식하는가?

Note: Inspectors should observe if access to USB ports on 'Shipboard IT/OT' terminals are controlled (i.e. there are measures in place to block/lock USB/RJ-45 ports on these terminals). Procedures should include the protection of Critical equipment such as ECDIS from malware and virus attacks. Procedures should include the control of access to all shipboard IT/OT terminals including access to Servers which should be in a secure location. The procedures should also include access by any third-party contractors and technicians.

7.16 Does the company have a policy or guidance on the use of personal devices onboard?

회사는 선박에 탑재된 개인장치의 사용에 관한 정책이나 지침을 갖고 있는가?

Personal devices include phone/tablets etc and storage devices such as USB sticks.

Check if the policy is implemented by both, crew and visitors, e.g. all third-party contractors and technicians.

7.17 Is Cyber Security awareness actively promoted by the company and onboard?

사이버 보안에 대한 인식이 회사와 선원에 의해 적극적으로 증진되는가?

Note: Examples of active promotion include :

적극적인 증진 사례는 다음과 같다.

· 'Cyber Awareness Material' displayed by all IT terminals and in crew rest rooms

  사이버 보안인식 자료는 모든 IT 단말장치 및 선원 휴게공간에 게시된다.

· Training films shown to crew

  교육영상의 상영

· Crew specific training

  선원별 훈련

· Instruction on safeguarding of passwords

  비밀번호 보호 정책

· Responsible use of social media.

  소셜미디어의 책임있는 이용

· Policy on the use of personal devices and its inclusion in shipboard joining familiarisation checklists.

개인 장비의 사용 및 선내 체크리스트 친숙화를 포함한 정책수립

· May include companies own employee/contractor Authorised User Policy (AUP) agreements.

내부자/외부계약자 인가된 사용자 정책을 포함

· Company certified as per ISO 27001

회사 ISO 27001 인증

Additional comments :

If the Inspector has comments in respect of the subject matter covered by the Chapter additional to those which the Inspector may make in response to the specific questions in the Chapter, the Inspector should include such additional comments in this section.

## b. 해사 보안관련 각국의 법률제정 동향

### (1) 대한민국

#### (a) 해사법규(Maritime Law)

해사법규는 주로 IMO협약을 국내에 수용한 법률을 말한다. 바다를 활동영역으로 하거나 선박에 관련되는 전체 법규를 의미하며, 해사법(Maritime law), 해법(Shipping law) 등으로 불린다.

해상운송 기업 활동을 규율하는 해상법(海商法)은 사인(私人)간의 문제를 다루므로 해사사법(私法), 국가 간 또는 국가와 개인 간의 관계를 규율하는 기타의 모든 법은 해사공법(公法)이라 할 수 있으며, 여기서는 후자만 고려하기로 한다.

국가나 국제기구가 인명안전, 해양환경보호 등의 인류 공통의 문제를 규제하고자 생겨난 해사 공법은 제정 목적상 선박관련, 선원관련, 안전관련, 환경관련 법 등으로 구분할 수 있다.

SOLAS협약(해상인명안전협약), STCW협약(선원훈련, 자격증명, 당직기준에 관한협약), MARPOL협약(해양오염방지협약) 등은 대표적인 해사 국제조약이다. 통상 국제 해사조약이 체결되면 그 자체로 국내법과 동일한 효력을 갖지만 우리나라는 국민의 이해를 도와 이행에 충실하기 위해 별도의 법률을 제정하여 수용한다.

대표적으로 SOLAS협약은 선박안전법과 해사안전법, MARPOL협약은 해양환경

보전법, STCW협약은 선박직원법으로 수용되어 있다.

이 장에서는 대표적인 해사 국제조약의 국내법 중 '해사 사이버 보안'과 밀접한 관련이 있는 조항만을 살펴보기로 한다.

① SOLAS 협약을 수용한 선박안전법

선박안전법은 선박의 감항성 유지 및 안전운항에 필요한 사항을 규정하여 국민의 생명과 재산을 보호함을 목적으로 한다. 이를 위해 선박의 선체, 기관, 설비에 대한 기술 기준을 정하여 이행을 규제하고 있고 이를 담보하기 위한 선박검사를 규정하고 있는데 사이버 해사 보안에 대한 강제성의 근거로도 삼을 만하다.

예컨대 이 법 제2장과 제3장은 선박의 검사, 선박용 물건의 형식승인규정을 두어 선박의 선체, 설비가 갖춰야할 기준을 마련하고 있는데, 이는 해사 사이버 보안의 검사 및 설비요건에 대한 기준 규정에도 적용 가능할 것이다.

**해사 사이버 보안에 대한 선박검사 기준제시 필요**

그런데 현재 '해사 사이버 보안의 관리'의 국제적 근거라 할 만한 MSC 결의내용은 사이버 리스크를 SMS에 포함하여 관리하라는 선언적 지침에 불과할 뿐 사이버 보안 관련 선박의 선체, 설비에 대한 기술 기준은 제시하고 있지 않기 때문에 국내법에도 아직 구체적 기준이 없다.

선박 내 IT 시스템, 단말기, 서버 및 각 기기 간, 육해상 간 네트워크와 선박에 장착되는 OT, IT 설비에 대한 보안성 평가가 이뤄져야 하는데, 현존선 검사, 신조선 검사 및 형식승인에 해사 사이버 보안에 대한 기준이 마련되어 있지 않기 때문에 연관 법률과 지침 간 적용에 있어 혼란을 일으킬 가능성이 많다.

따라서 만약 앞으로 해사 사이버 관리가 SMS상의 관리의 방법으로 계속 운영된다면, 협약의 재개정 여부와 관계없이 선박안전법 제2장 선박의 검사, 제3장 형식승인 검정 편에 선급법인이나 보안업계가 제시하는 해사 사이버 보안 기준을 명시하는 것이 좋을 것이다.

② ISM Code를 수용한 해사안전법

선박안전법이 선박의 안전을 보장하기 위해 선박 자체의 감항성[45] 유지에 초점을

45) 감항성(堪航性) : 선박이 자체의 안정성을 확보하기 위하여 갖추어야 하는 능력으로서 일정한 기상이나 항해조건에서 안전하게 항해할 수 있는 성능(선박안전법 참조, 유사 ; 내항성耐航性)

맞춘 법률이라면, 해사안전법은 선박의 안전운항을 위한 안전관리체계 확립, 선박항행의 위험 제거, 원활한 교통을 확보하는 것을 목적으로 한다.

이 법은 본래 해상에서의 항법을 규율한 국제해상충돌예방규칙협약(COLREGS)[46]을 수용한 '해상교통안전법'으로 시작되었으며, 이후 해상안전관리계획 등 우리나라 해사안전의 종합 정책을 수록하는 법률로 발전하였다. 이런 취지에 따라 1989년 IMO에서 채택된 '국제안전관리규정(ISM Code)[47]'은 이 법에 수용되어 '제5장 선박 및 사업장의 안전관리 제1절 선박의 안전관리체제'에 담겨 있다.

2016년 IMO MSC 제98차 회의가 해사 사이버 리스크를 ISM Code의 SMS(Safety Management System : 안전경영시스템)으로 관리하라고 결의함에 따라 앞으로 해운선사와 선박은 사이버 리스크 관리체계를 수립하여 기존의 SMS에 수록하고 관리, 유지하여야 한다.

③ ISPS Code를 수용한 국제항해선박 및 항만시설의 보안에 관한 법률

국제항해 선박과 항만의 보안에 관한 사항을 정함으로써 보안상의 위협을 방지하여 국민의 생명과 재산을 보호하기 위해 제정되었다.

IMO는 전 세계를 경악시킨 2001년 9.11 테러사건을 계기로 해상에서의 테러를 미연에 방지하고자 SOLAS협약을 개정하는 방식으로 ISPS Code(국제선박 및 항만시설 보안에 관한 규약)를 제정했다. 이 코드는 ISM Code가 SOLAS협약에 추가됐던 방식과 유사하게 탄생하였으나 선박안전법이나 해사안전법에 수용되지 않고, 국제항해선박 및 항만시설의 보안에 관한 법률이라는 새로운 법률로 수용되었다.

### 해사 사이버 리스크 평가 – ISPS의 보안평가 방식 활용

ISPS Code는 보안체계를 구축하는 중요한 절차로 선박보안평가(SSA)와 선박보안계획(SSP)수립을 규정하고 있다.

선박 검사를 위한 '설비 기준'과 마찬가지로 해사 사이버 보안 관리체계 구축을 위한 '절차상의 기준'도 필요한데, IMO는 ISM이나 ISPS Code의 예를 활용하라고 권고하고 있으므로, 해사 사이버 리스크 평가를 위한 자산식별, 위험성 평가 등 일련의 절차는 ISPS Code이 현재 시행하고 있는 선박보안평가(SSA)와 선박보안계획(SSP)을 활용할 수 있다.

46) The International Regulations for Preventing Collisions at Sea, 1972

47) International Safety Management Code(ISM Code) : 1989년 10월 제16차 총회에서 SAFETY MANAGEMENT SYSTEM를 채택하여 1993년 5월 해사안전위원회에서 ISM Code 초안을 확정하고 그해 11월 IMO 제18차 총회에서 ISM Code 채택 및 SOLAS 제 9장 신설을 결정

### 해사 사이버 보안 조직 - ISPS Code 조직과 일원화

한편, ISPS Code는 선박 보안관리 조직으로서 회사보안책임자(CSO)와 선박보안책임자(SSO) 체계를 제시하고 있다. 한편, 전통의 사이버 보안 표준 또한 보안조직 체계를 갖고 있는데 일반적으로 사이버 보안 최고책임자(Chief Information Security Officer : CISO)를 정점으로 그를 보좌하는 물리적 보안책임자, 관리 보안책임자, 기술적 보안책임자를 두고 있다.

ISPS Code가 제시하는 보안조직 체계가 사이버 보안 조직과 다른 점은, 외부 전문가의 조력을 배제한다는 점인데, 이는 ISPS가 외부의 침입, 테러같은 물리적 공격으로부터의 보안에 초점을 맞추고 있기 때문에 철저히 내부인력만을 '보안인력'으로 고려하기 때문이다.

하지만 사이버 위협은 비전문가만의 능력으로 통제, 관리할 수 없고 필연적으로 외부 전문가의 조력을 요구한다. 그래서 기존의 '안보' 측면만을 강조하는 보안개념은 수정이 필요하다. 조직통제와 업무효율을 위해서 보안조직은 일원화되어야 하므로 사이버 보안 외부 전문 인력을 기존 보안조직에 흡수시키는 방식으로 보안조직 구성을 재조직하는 방안을 고려해야 한다.

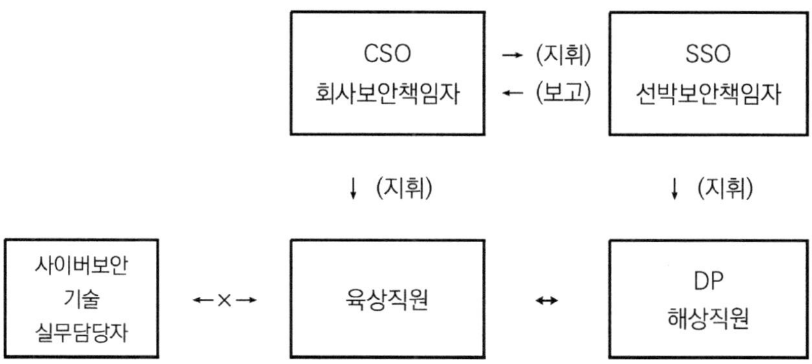


[그림 3] ISPS의 현행 보안조직도

### 해사 사이버 보안담당자의 자격요건 - ISPS Code 조직과 일원화

한편, 국제항해선박 및 항만시설의 보안에 관한 법률 제7조(총괄보안책임자)는 '선박소유자는 소속 선원 외의 자 중에서 전문지식 등 자격요건을 갖춘 자를 보안책임자

48) 선박소유자는 선박 및 항만시설보안법 제9조에 따라 선박보안평가의 의무를 가지며, 선박보안평가의 항목에는 선박의 통신장비가 포함된다. 이는 ISPS Code Part B 8.3의 "Radio and Telecommunication system, including computer system and networks"를 수용한 것으로 이를 위반하면 300만원 이하의 과태료를 부과한다.

49) 다만, SSP는 항만당국의 허가 없이 변경이 어렵기에 ISM Code를 통한 사이버 리스크 관리에 있어 ISPS Code의 리스크 평가방식을 활용하려면 개선이 필요하다.

로 지정해야 한다'라며 보안담당자의 자격요건을 제시하고 있는데, 이에 따르면 총괄보안책임자는 승무경력, 보안업무 또는 해양수산 관련 단체 근무 경력을 합쳐 5년 이상인 자가(혹은 각 단일 경력 3년 이상) 보안교육을 18시간 이상 받을 것을 요건으로 한다. 또, 선박보안책임자는 선박직원 승무경력 3년 이상인 자가 보안교육을 12시간 이상 받아야 자격을 갖출 수 있게 된다.

이 요건을 충족하기 위해 현재 선박보안책임자는 한국해양수산연수원에서 양 일 간의 교육, 총괄보안책임자는 한국선급에서 3일 간의 교육을 이수하고 있다. 통상 총괄보안책임자는 교육을 이수한 선박회사의 간부직원이, 선박보안책임자는 선장 또는 1등 항해사가 수행하고 있다.

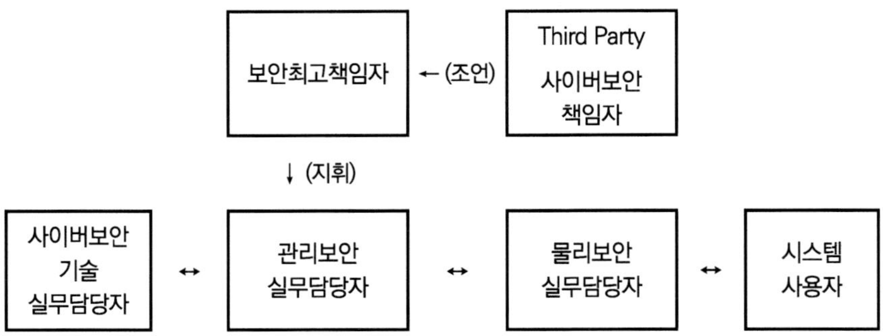


[그림 4] 사이버 보안 조직도의 예

경력요건과 전문 지식요건의 타당함은 논외로 하고 기존의 보안담당 조직 구성과 '해사 사이버 보안' 보안담당자의 지정을 연계할 방안을 찾는 것이 중요하다.

현행대로 해사 사이버 리스크 관리를 ISM Code SMS로써 계속 관리하고, ISPS Code의 특별한 개정 계획이 없다면, ISPS Code 및 국제항해선박 및 항만시설보안법의 선박보안평가업무의 연속성을 감안하여 CSO(회사보안책임자), SSO(선박보안책임자)로 구성되는 현 보안조직은 유지하되, 법7조(총괄보안책임자)을 '선박소유자는 소속 선원 외의 자 중에서 자격요건을 갖춘 자를 총괄보안책임자로 지정하여야 하며, 해사 사이버보안에 관한 자격요건을 갖춘 자를 외부 전문가로 보안 조직에 포함하여야 한다.' 로 개정하며, 시행규칙 별표2(총괄보안책임자, 선박보안책임자의 자격요건)에 '해사 사이버 보안 외부 전문가'의 자격을 추가하는 방법이 있다.

한편 STCW협약은 선박보안책임자에 대한 기술 요건(VI/5)에서 해적과 무장 강도 등에 대한 대처 능력 등 주요 물리적 보안에 관한 자격 요건을 기술하고 있는데 앞으로 동 협약과 협약의 해기기술 명세표에 '사이버 보안 지식'을 수록하는 것을 검토할 필요성이 있다.

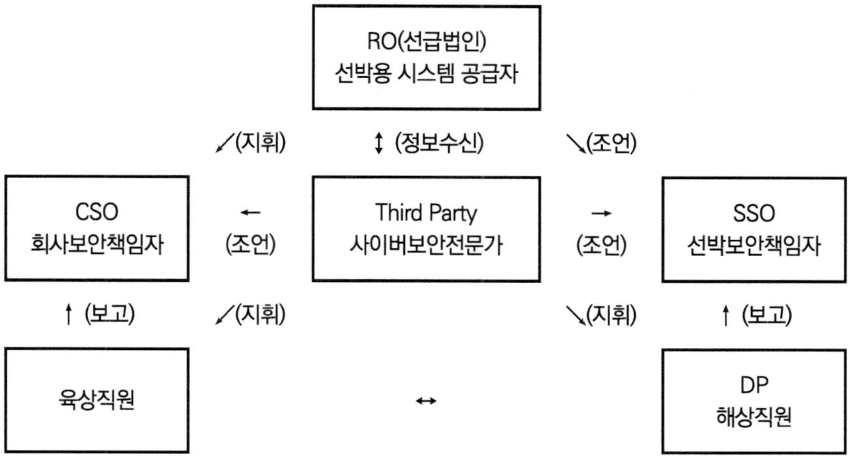


[그림 5] 사이버 전문인력을 포함한 해사 사이버 보안 조직도 제안

④ STCW 협약을 수용한 선박직원법

⑤ 해양사고의 조사 및 심판에 관한 법률

해양사고에 대한 조사 및 심판을 통해 해양사고의 원인을 밝혀 해양안전을 확보할 목적으로 제정되었으며 해양안전심판원의 설립 근거이다.

IMO 해양사고 조사업무 처리지침을 수용하였으며 1962년 제정된 구)해난심판법이 1999년 이름을 바꿔 현재에 이르고 있다.

돌사고의 과실률을 산정할 때 본 법에 따른 심판 재결서를 원용하고 있으므로 사이버 공격, 해킹 등에 기인한 사고의 조사, 디지털 포렌식에도 본 법의 조사, 심판 절차를 참고할 수 있을 것이다. 디지털 포렌식에 대해서는 제3장에서 자세히 다루기로 한다. 아래는 사고조사와 관련된 주요 조항이다.

**해양사고의 조사 및 심판에 관한 법률**

제33조(사실조사의 요구)

① 해양사고에 대하여 이해관계가 있는 사람은 그 사실을 자세히 기록하여 관할 조사관에게 사실조사를 요구할 수 있다.

② 제1항의 요구를 받은 조사관은 사실조사를 하여 심판청구 여부를 결정하고 이를 요구자에게 알려야 한다.

제34조(해양사고의 조사 및 처리)
① 조사관은 해양사고가 발생한 사실을 알게 되면 즉시 그 사실을 조사하고 증거를 수집하여야 한다.
② 조사관은 조사 결과 사건을 심판에 부칠 필요가 없다고 인정하는 경우에는 그 사건에 대하여 심판불필요처분을 하여야 한다.

제35조(증거보전)
③ 해양사고가 발생한 경우 누구든지 다음 각 호의 어느 하나에 해당하는 행위를 하여서는 아니 된다. 다만, **선원이나 선박의 안전 확보, 해양환경의 보호 등 공공의 중대한 이익 보호 또는 인명 구조 등을 위하여 제5호에 따른 행위를 하여야 할 필요가 있는 경우에는 그러하지 아니하다.**
1. 해당 해양사고와 관련된 **선박에 비치하거나 기록 · 보관**하는 다음 각 목의 간행물 또는 서류 등(**전자적 간행물 또는 서류 등을 포함**하며, 이하 이 항에서 "기록물"이라 한다)의 파기 또는 변경
   가. 「선박안전법」 제32조에 따라 선박소유자가 선박에 비치하여야 하는 **항해용 간행물**
   나. 「선원법」 제20조제1항에 따라 선장이 선내에 비치하여야 하는 서류 및 같은 조 제2항에 따라 선장이 기록 · 보관하여야 하는 서류
2. 해당 해양사고와 관련된 선박으로서 「해사안전법」 제46조제2항에 따른 안전관리체제를 수립 · 시행하여야 하는 선박의 소유자 또는 같은 법 제51조에 따른 안전관리대행업자가 해당 선박의 안전관리체제 수립 · 시행과 관련하여 작성 · 보관하거나 선박에 비치하는 기록물의 파기 또는 변경
3. 해당 해양사고와 관련된 선박으로서 제2호에 따른 선박 외의 선박의 소유자 또는 「선박관리산업발전법」 제2조제2호의 선박관리사업자가 해당 선박의 운용, 선원의 관리 또는 선박의 정비와 관련하여 작성 · 보관하는 기록물의 파기 또는 변경
4. 해당 해양사고와 관련된 선박과 「해사안전법」 제36조에 따른 **선박교통관제** 또는 「선박의 입항 및 출항 등에 관한 법률」 제19조에 따른 선박교통관제를 시행하는 기관 사이의 **선박교통관제 또는 해상교통관제와 관련하여 작성 · 보관되는 기록물**의 파기 또는 변경
5. 해당 해양사고와 관련된 선박의 손상된 **선체 · 기관 및 각종 계기**(計器)와 그 밖의 부분에 대한 수리

④ 「선박안전법」 제26조에 따라 선박시설기준에서 정하는 항해자료기록장치(이하 이 항에서 "항해자료기록장치"라 한다)를 설치한 선박의 선장은 해당 선박과 관련하여 해양사고가 발생한 경우 지체 없이 **항해자료기록장치의 정보를 보존하기 위한 조치**를 하여야 한다.

제48조(증거조사) ① 지방심판원은 조사관, 해양사고관련자 또는 심판변론인의 신청에 의하거나 직권으로 필요한 증거조사를 할 수 있다.
② 지방심판원은 제1회 심판기일 전에는 다음의 방법에 따른 조사만을 할 수 있다.
1. 선박이나 그 밖의 장소를 검사하는 일
2. 장부 · 서류 또는 그 밖의 물건을 제출하도록 명하는 일
3. 관공서에 대하여 보고 또는 자료제출을 요구하는 일

③ 지방심판원은 구속 · 압수 · 수색이나 그 밖에 신체 · 물건 또는 장소에 대한 강제처분을 하지 못한다.

### (b) 형사, 경비관련법

범죄와 형벌을 규정하여 어떤 행위가 범죄이고 이를 어기면 어떤 형벌을 부과하는지를

규정하는 형법에는 사이버 보안을 위협하는 범죄에 대한 처벌도 빈틈없이 마련되어 있다. 다만 이런 처벌조항은 형사(刑事)의 기본법인 형법 외에 보안 관련 개별 법률에도 일부 분산되어 있다.

그래서 사이버 보안을 침해하는 범죄에 대한 처벌규정을 형법에 독립된 장으로 새로 제정하자는 의견이 있고 이는 일견 타당하다 생각된다. 하지만 처벌만을 일원화한다고 해서 보안영역 전체의 체계적 법제화가 완성되는 것은 아니다. 왜냐하면 소위 '보안' 관련 법제는 기술과 산업의 발전과 이에 따른 개념의 형성과정에서 국가안전보장, 산업기밀, 군사보안, 정보통신보안, 개인정보 영역 등 관련 분야에서 다양한 체계의 법령이 개발되어 왔고, 이들 개별법령은 보안확보를 위한 제도, 여건조성 등 정책의 제시는 물론 일부 처벌조항도 함께 다루기 때문이다.

한편, 사이버 침해에 대한 처벌조항을 살펴보기 전에, 국제협약에 따른 운항상의 제재와 국내법 상의 규제의 개념을 구분해 볼 필요가 있다.

운항 상의 제재란, 선박이 국제항해를 영위하면서 국제합의를 충족하지 않음으로써 부과되는 선박 운항과 관련한 경제적 제재로 주로 항만국에 의해 부과될 것이다. 반면 국내법상의 규제는, 국제조약 이행여부를 점검하는 국내검사에 성실히 임하지 않을 경우 부과하는 제재로 대부분 국내법상의 벌칙 또는 과태료에 해당할 것이다. 예를 들어 선박안전법이나 해사안전법 등에 규정된 각종 선박검사의 의무를 이행하지 않았을 경우에 자국 국가기관이 부과하는 벌칙이 있다. 이는 명목상으로는 선박의 감항성, 인명의 안전, 해양오염의 방지 등 국제조약 제정 취지를 목적으로 하겠으나 실제로는 이를 규율하는 국내제도와 공권력을 보장하려는 취지가 더 크다 하겠다.[50)]

50) 국제 해사조약, 산업계 규정을 수용한 국내 해사법규는 한국 국적 선박이 국제사회의 합의내용을 준수함으로써 국제해상운송의 정당한 일원으로 참여하는 것을 우선 목표로 한다. 이를 통해 한국 해운업은 국제사회에서 신뢰를 보장받고 글로벌 경제활동을 영위할 수 있다. 인명 안전과 해양오염 방지의 측면에서 인류 공통의 자원을 함께 보호하자는 취지로써 국제 해사법규가 제정되면 회원국은 이에 합의하고 국내법으로 수용하여 이를 이행하는 과정을 거치는 것이다. 그런데 이것은 한편으로는, 각 국가가 국제기구가 제정한 국제적 표준을 활용하여 국내법을 통해 국가적 이익을 도모한다는 의미도 된다.

| 국방, 안보 | | 국가보안법 | 통합방위법 | 테러방지법 |
|---|---|---|---|---|
| | | 보안업무규정 | 군사기밀보호법 | 산업기술 유출방지법 |
| 정보 보호 정책 | 공공 | 국가사이버안전규정 | 전자정부법 | |
| | 공공 민간 | 정보통신기반사업법 | 국가정보화기본법 | |
| | 민간 | 정보통신망이용촉진 및 정보보호법 | 전자금융거래법 | |
| 해양보안 | | 국제항해선박 및 항만보안법 | 선박안전법 | |
| 무역, 물류 | | 전자무역촉진법 | 물류정책기본법 | |
| 침해행위 처벌 | | 형법 | 선박 및 해상구조물에 대한 위해행위의 처벌법 | |

〈표-4〉 입법목적에 따른 보안 관련법령 구분

① 형법

범죄와 형벌을 규정하여 어떤 행위가 범죄이고 이를 어기면 어떤 형벌을 부과하는지를 규정하는 형사(刑事)의 기본법이다. 형법에서 규정하는 사이버 침해범죄와 그 처벌조항을 침해행위별로 크게 구분하면 다음과 같다.

- 정보 변조

형법 제227조의2 : 공전자기록의 위작, 변작 (10년 이하의 징역)

형법 제232조의2 : 사전자기록의 위작, 변작 (5년 이하의 징역 또는 1천만원 이하의 벌금)

- 정보 손괴(해킹, 비밀번호 도용 포함)

형법 제314조 제2항 : 특수매체기록을 손괴, 허위나 부정한 명령을 입력하여 업무를 방해 (5년 이하의 징역 또는 1천500만원 이하의 벌금)

- 정보 유출

형법 제316조 제2항 : 비밀장치한 전자기록 등 특수매체기록의 내용을 기술적 수단으로 알아냄 (3년 이하의 징역이나 금고 또는 500만원 이하의 벌금)

## 형법

제20장 문서에 관한 죄

제227조의2(공전자기록위작·변작) 사무처리를 그르치게 할 목적으로 공무원 또는 공무소의 전자기록등 특수매체기록을 위작 또는 변작한 자는 10년 이하의 징역에 처한다.

제232조의2(사전자기록위작·변작) 사무처리를 그르치게 할 목적으로 권리 · 의무 또는 사실증명에 관한 타인의 전자기록등 특수매체기록을 위작 또는 변작한 자는 5년 이하의 징역 또는 1천만원 이하의 벌금에 처한다.

제39장 사기와 공갈의 죄

제347조의2(컴퓨터등 사용사기) 컴퓨터등 정보처리장치에 허위의 정보 또는 부정한 명령을 입력하거나 권한 없이 정보를 입력 · 변경하여 정보처리를 하게 함으로써 재산상의 이익을 취득하거나 제3자로 하여금 취득하게 한 자는 10년 이하의 징역 또는 2천만원 이하의 벌금에 처한다.

제34장 신용, 업무와 경매에 관한 죄 : 5년 이하의 징역 또는 1천500만원 이하의 벌금

제314조(업무방해) ②컴퓨터등 정보처리장치 또는 전자기록등 특수매체기록을 손괴하거나 정보처리장치에 허위의 정보 또는 부정한 명령을 입력하거나 기타 방법으로 정보처리에 장애를 발생하게 하여 사람의 업무를 방해한 자도 제1항의 형과 같다.

제35장 비밀침해의 죄 : 3년 이하의 징역이나 금고 또는 500만원 이하의 벌금

제316조(비밀침해) ② 봉함 기타 비밀장치한 사람의 편지, 문서, 도화 또는 전자기록등 특수매체기록을 기술적 수단을 이용하여 그 내용을 알아낸 자도 제1항의 형과 같다.

이미 살펴본 바와 같이 사이버 보안을 정보의 수집, 가공, 저장, 검색, 송신, 수신의 과정에서 정보의 훼손, 변조, 유출을 방지하기 위한 행위로 볼 때, 형법이 규정하는 정보 변조, 손괴, 유출에 대한 벌칙 조항을 통해 대부분의 사이버 보안 범죄에 대한 처벌이 가능하다.[51]

한편, 정보통신망 침입에 대한 처벌은 정보통신망법 제48조1항(누구든지 정당한 접근권한없이 정보통신망에 침입하여서는 아니 된다)으로, 주요정보통신기반시설에 대한 침해행위는 정보통신기반보호법 제12조(주요정보통신기반시설 침해행위 등의 금지)으로 처리할 수 있을 것이다.

51) 보안의 3요소로서 CIA (Confidentiality : 기밀성, Integrity : 무결성, Availability : 가용성)와 처벌조항의 침해법익을 대응해 볼 수 있다. 이는 3장 보안실무에서 다시 살펴본다.

### ② 선박 및 해상구조물에 대한 위해행위의 처벌 등에 관한 법률

운항 중인 선박 및 해상구조물에 대한 위해행위를 방지함으로써 선박의 안전한 운항을 목적으로 하며 SUA 협약의 국내수용법이다.

이 법에서 해사 사이버 보안에 관련한 부분은 제7조(선박 등의 손괴죄)와 제10조(거짓 정보 전달죄)이다. 제7조에 따르면 '운항 중인 선박을 파괴하거나, 운항 중인 선박이나 그 화물에 그 안전을 위험하게 할 만한 손상을 입힌 사람은 3년 이상의 유기징역에 처한다'고 하고, 제10조에 따르면 '거짓된 정보를 전달하여 선박의 안전운항을 위험하게 한 사람은 7년 이하의 징역 또는 5천만원 이하의 벌금에 처한다'고 하므로 사이버 침해로 인한 선박이나 그 화물의 안전을 위험하게 할 만한 손상을 입힌 사람은 이 법에 의해서도 처벌할 수 있다.

이 법은 본래 주로 해적에 의한 선박의 피해를 보호하기 위해 제정되었으나 해적의 선박 위해행위는 사이버 침해로도 실현 가능한 범죄라고 본다.

> **선박 및 해상구조물에 대한 위해행위의 처벌 등에 관한 법률**
>
> 제7조(선박 등의 손괴죄) 운항 중인 선박 또는 해상구조물을 파괴하거나, 운항 중인 선박이나 해상구조물 또는 그에 적재된 화물에 그 안전을 위험하게 할 만한 손상을 입힌 사람은 3년 이상의 유기징역에 처한다.
>
> 제8조(선박 운항 관련 기기 · 시설의 손괴죄 등) 운항 중인 선박의 안전을 위험하게 할 목적으로 그 선박 운항과 관련된 기기 · 시설을 파괴하거나 중대한 손상을 가하거나 기능장애 상태를 발생시킨 사람은 10년 이하의 징역에 처한다.
>
> 제10조(거짓 정보 전달죄) 거짓된 정보를 전달하여 선박의 안전운항을 위험하게 한 사람은 7년 이하의 징역 또는 5천만원 이하의 벌금에 처한다.

### ③ 해양경비법

이 법은 경비수역에서의 해양안보, 치안질서 유지, 해양시설의 보호를 위해 해양경비에 관한 사항을 규정한다.

이 법에서 '해양경비'란, 해양경찰청장이 행하는 해양안보 및 해양치안의 확보 등을 위한 경찰권의 행사를 말한다. 또한 제4조는 '적용범위'를 경비수역에 있는 선박이나 해양시설 또는 경비수역 외 대한민국 선박이라고 규정하고 있고, 제7조는 '경비 활동의 범위'로서 해양 관련 범죄의 예방, 해상 대테러, 해양시설의 보호, 항행보호, 공공의 안녕질서 등 전 분야를 망라하고 있다. 따라서 이 법은 해양경찰이 해사 사이버 범죄를 전담 관할할 수 있는 충분한 근거를 제시하고 있다고 본다.

현재 한국은 해양관련 보안주체가 해양수산부, 해양경찰청 양 기관으로 분리되어 있고, 수사권은 경찰청, 해양경찰청이 나눠 갖고 있는데 해양에 전문성을 지닌 해양경찰청이 항만 및 선박보안, 해상테러, 해상 사이버범죄를 전담하는 방향으로 권한이 집중되는 것이 합리적이라 생각된다.

**해양경비법**

제1장 총칙

제1조(목적) 이 법은 경비수역에서의 해양안보 확보, 치안질서 유지, 해양수산자원 및 해양시설 보호를 위하여 해양경비에 관한 사항을 규정함으로써 국민의 안전과 공공질서의 유지에 이바지함을 목적으로 한다.

제2조(정의) 이 법에서 사용하는 용어의 뜻은 다음과 같다.

1. "해양경비"란 해양경찰청장이 경비수역에서 해양주권의 수호를 목적으로 행하는 해양안보 및 해양치안의 확보, 해양수산자원 및 해양시설의 보호를 위한 경찰권의 행사를 말한다.

제7조(해양경비 활동의 범위) 해양경찰청 소속 경찰공무원(이하 "해양경찰관"이라 한다)은 다음 각 호의 어느 하나에 해당하는 해양경비 활동을 수행한다.

1. 해양 관련 범죄에 대한 예방
2. 해양오염 방제 및 해양수산자원 보호에 관한 조치
3. 해상경호, 대(對)테러 및 대간첩작전 수행
4. 해양시설의 보호에 관한 조치
5. 해상항행 보호에 관한 조치
6. 그 밖에 경비수역에서 해양경비를 위한 공공의 안녕과 질서유지

### (c) 정보보안 관련법제

#### ① 정보통신망법

정보통신망법(정보통신망 이용촉진 및 정보보호 등에 관한 법률)은 정보통신망의 이용을 촉진하고, 정보통신망을 건전하고 안전하게 이용하는 것을 목적으로 제정되었다.

이 법은 현대의 사이버 범죄가 이뤄지는 실질적인 공간인 정보통신망에 대한 보호를 위해 제2조 제1항에서 정보통신망을 '전기통신설비를 이용하거나 전기통신설비와 컴퓨터 및 컴퓨터의 이용기술을 활용하여 정보를 수집, 가공, 저장, 검색, 송신 또는 수신하는 정보통신체제'라고 정의하여 기존의 사이버 보안의 정의와 같은 맥락의 정의를 하고 있다.

또, 사이버 침해행위 중 정보통신망에 대한 침해행위를 상세히 규정하고 있다. 제

48조 제2항에 정보통신시스템, 데이터를 훼손, 멸실, 변경, 위조하거나 운용을 방해하는 프로그램을 유포하는 행위를 규정했고, 제1항에 정당한 접근권한 없는 자의 정보통신망 침입, 제3항에 대량의 신호, 정보통신망에 장애를 발생시키는 행위 등을 규정하고 있다.

> **정보통신망 이용촉진 및 정보보호 등에 관한 법률**
>
> 제48조(정보통신망 침해행위 등의 금지) ① 누구든지 정당한 접근권한 없이 또는 허용된 접근권한을 넘어 정보통신망에 침입하여서는 아니 된다.
> ② 누구든지 정당한 사유 없이 정보통신시스템, 데이터 또는 프로그램 등을 훼손 · 멸실 · 변경 · 위조하거나 그 운용을 방해할 수 있는 프로그램(이하 "악성프로그램"이라 한다)을 전달 또는 유포하여서는 아니 된다.
> ③ 누구든지 정보통신망의 안정적 운영을 방해할 목적으로 대량의 신호 또는 데이터를 보내거나 부정한 명령을 처리하도록 하는 등의 방법으로 정보통신망에 장애가 발생하게 하여서는 아니 된다.
>
> 제70조의2(벌칙) 제48조제2항을 위반하여 악성프로그램을 전달 또는 유포하는 자는 7년 이하의 징역 또는 7천만원 이하의 벌금에 처한다.
>
> 제71조(벌칙) ①다음 각 호의 어느 하나에 해당하는 자는 5년 이하의 징역 또는 5천만원 이하의 벌금에 처한다.
> 9. 제48조제1항을 위반하여 정보통신망에 침입한 자
> 10. 제48조제3항을 위반하여 정보통신망에 장애가 발생하게 한 자

**② 정보통신기반 보호법**

정보통신기반 보호법은 전자적 침해행위에 대비하여 주요정보통신기반시설의 보호에 관한 대책을 수립, 시행하기 위한 목적으로 제정되었다.

이 법이 말하는 '정보통신기반시설'이란 국가안전보장, 행정, 국방, 치안, 금융, 통신, 운송, 에너지 등의 업무와 관련된 전자적 제어, 관리시스템 및 정보통신망법에 따른 정보통신망을 말한다.

제8조(주요정보통신기반시설)는 '중앙행정기관의 장은 소관분야의 정보통신기반시설 중 중요성 등을 고려하여 주요정보통신기반시설을 지정할 수 있으며 이를 관리하여야 한다'고 규정하며, 제12조(주요정보통신기반시설 침해행위 등의 금지)로 권한없는 자가 주요정보통신기반시설에 접근하거나 저장 데이터를 조작, 파괴, 은닉 또는 유출하는 행위, 데이터를 파괴하거나 주요정보통신기반시설의 운영을 방해할 목적으로 컴퓨터바이러스, 논리폭탄 등의 프로그램을 투입하는 행위, 일시에 대량의 신호를 보내

거나 부정한 명령을 처리하도록 하는 등의 방법으로 정보처리에 오류를 발생하게 하는 행위를 10년 이하의 징역 또는 1억원 이하의 벌금으로 처벌한다.

### 정보통신기반 보호법

제12조(주요정보통신기반시설 침해행위 등의 금지) 누구든지 다음 각호의 1에 해당하는 행위를 하여서는 아니된다.

1. 접근권한을 가지지 아니하는 자가 주요정보통신기반시설에 접근하거나 접근권한을 가진 자가 그 권한을 초과하여 저장된 데이터를 조작 · 파괴 · 은닉 또는 유출하는 행위
2. 주요정보통신기반시설에 대하여 데이터를 파괴하거나 주요정보통신기반시설의 운영을 방해할 목적으로 컴퓨터바이러스 · 논리폭탄 등의 프로그램을 투입하는 행위
3. 주요정보통신기반시설의 운영을 방해할 목적으로 일시에 대량의 신호를 보내거나 부정한 명령을 처리하도록 하는 등의 방법으로 정보처리에 오류를 발생하게 하는 행위

제28조(벌칙) ①제12조의 규정을 위반하여 주요정보통신기반시설을 교란 · 마비 또는 파괴한 자는 10년 이하의 징역 또는 1억원 이하의 벌금에 처한다.
②제1항의 미수범은 처벌한다.

한편, 제8조에 따라 해양수산부, 해양경찰청 등 해사관련 중앙행정기관은 주요 정보통신기반시설을 지정하여 고시하고 있는데 두 기관의 주요정보통신기반시설은 모두 선박운항을 통제하기 위한 종합시스템으로서 선박과의 네트워크를 전제로 하므로 선박에 대한 사이버 위협과 필연적으로 연결된다.

이처럼 주요 정보통신기반시설로 해운 관련 시설이 지정되거나, 기존의 기반시설이 국제항해 선박과 연결되는 경우에 대비하여, 국가안전보장, 행정, 치안 등 국가차원의 안보를 위해 선박 사이버 공격을 감안한 절차적 대책수립이 필요한 것이다.

이 법에 따른 주요 정보통신기반시설 지정현황은 다음과 같다.

### 주요정보통신기반시설 고시 현황

**(해양수산부)** 주요정보통신 기반시설 지정 고시 2014.01.23.

종합해양정보시스템 (국립해양조사원)
위성항법보정시스템 (위성항법중앙사무소)
항만운영정보시스템 (부산항만공사)
항만운영정보시스템 (인천항만공사)
항만운영정보시스템 (울산항만공사)
항만운영정보시스템 (여수광양항만공사)

**(해양경찰청)** 주요 정보통신 기반시설 지정 고시 2017.9.1.
선박출입항관리 종합정보시스템 (해양경찰청)
대산항 해상교통관제센터 (중부지방해양경찰청)
평택항 해상교통관제센터 (중부지방해양경찰청)
인천항 해상교통관제센터 (중부지방해양경찰청)
경인항 해상교통관제센터 (중부지방해양경찰청)
진도연안 해상교통관제센터 (서해지방해양경찰청)
여수연안 해상교통관제센터 (서해지방해양경찰청)
여수항 해상교통관제센터 (서해지방해양경찰청)
완도항 해상교통관제센터 (서해지방해양경찰청)
목포항 해상교통관제센터 (서해지방해양경찰청)
군산항 해상교통관제센터 (서해지방해양경찰청)
통영연안 해상교통관제센터 (남해지방해양경찰청)
울산항 해상교통관제센터 (남해지방해양경찰청)
부산항 해상교통관제센터 (남해지방해양경찰청)
부산신항 해상교통관제센터 (남해지방해양경찰청)
마산항 해상교통관제센터 (남해지방해양경찰청)
동해항 해상교통관제센터 (동해지방해양경찰청)
포항항 해상교통관제센터 (동해지방해양경찰청)
제주항 해상교통관제센터 (제주지방해양경찰청)

### ③ 전자정부법

전자정부를 구현하여 행정의 생산성, 투명성, 민주성을 높이는 것을 목적으로 한다.

제35조는 '금지행위'로 행정정보 공동이용을 위한 정보시스템을 정당한 이유 없이 위조, 변경, 훼손하거나 이용하는 행위, 프로그램을 공개, 유포하는 행위 등 사이버 침해행위를 언급하고 있다. 해사관련 정보시스템과 행정정보 훼손과 관련이 있다.

## 전자정부법

제35조(금지행위) 누구든지 행정정보를 취급 · 이용할 때 다음 각 호의 행위를 하여서는 아니 된다.

1. 행정정보의 처리업무를 방해할 목적으로 행정정보를 위조 · 변경 · 훼손하거나 말소하는 행위 (10년 이하의 징역)
2. 행정정보 공동이용을 위한 정보시스템을 정당한 이유 없이 위조 · 변경 · 훼손하거나 이용하는 행위
3. 행정정보를 변경하거나 말소하는 방법이나 프로그램을 공개 · 유포하는 행위 (5년이하의 징역 또는 5천만원 이해의 벌금)
4. 공개하여서는 아니 되는 행정정보를 정당한 이유 없이 누설하는 행위
5. 행정정보를 권한 없이 처리하거나 권한 범위를 넘어서 처리하는 행위 (3년이하의 징역 또는 3천만원 이하의 벌금)

④ 물류정책기본법

이 법은 국가 물류체계를 효율화, 물류의 선진화, 국제화를 위해 국내외 물류정책, 계획수립, 지원에 관해 규정한 법률로서 전자정부법과 마찬가지로 물류정보망 등 정부시스템의 보호를 사이버 침해로부터 방지하려고 한다.

제28조(단위물류정보망의 구축), 제29조의3(단말장치의 장착 및 운행중지 명령), 제30조(국가물류통합데이터베이스의 구축), 제30조의2(국가물류통합정보센터의 설치운영) 등의 조항에서 볼 수 있듯이, 통합 정보센터의 구축 등 사이버 네트워크를 구축하기 위한 내용을 담고 있어 선박의 데이터 전송과 밀접한 연관이 있는 법령이다.

이 법에 따라 정보망을 통한 전자문서 등의 정보를 변조, 훼손하게 되면 다음과 같이 처벌받게 된다.

**물류정책기본법**

제33조(전자문서 및 물류정보의 보안) ① 누구든지 단위물류정보망 또는 제32조제1항의 전자문서를 위작(僞作) 또는 변작(變作)하거나 위작 또는 변작된 전자문서를 행사하여서는 아니 된다. (10년이하의 징역 또는 1억원 이하의 벌금)

제33조(전자문서 및 물류정보의 보안) ② 누구든지 국가물류통합정보센터 또는 단위물류정보망에서 처리 · 보관 또는 전송되는 물류정보를 훼손하거나 그 비밀을 침해 · 도용(盜用) 또는 누설하여서는 아니 된다. (5년 이하의 징역 또는 5천만원 이하의 벌금)

⑤ 국가통합교통체계효율화법

전자정부교통체계의 통합성, 효율성을 향상하기 위해 육상, 해상교통 등 종합적인 조정과 국가교통체계의 효율적인 개발, 관리를 위해 제정되었다.

이 법은 '물류'로서의 해상운송, '교통수단'으로서의 선박, '국가기간교통시설'로서의 항만 등을 정의하고 있으며, 제17조의2(교통빅데이터플랫폼의 구축, 운영)에 따라 해사 관련 공공기간의 구축한 데이터베이스 및 시스템은 교통빅데이터플랫폼의 구축과 연계된다. 따라서 해사 관련 데이터 또한 국가 교통빅데이터플랫폼의 정보보호 시스템의 적용을 받게 된다.

### 국가통합교통체계효율화법

제2조(정의) 이 법에서 사용하는 용어의 뜻은 다음 각 호와 같다.

1. "교통"이란 사람 또는 화물을 한 장소에서 다른 장소로 이동하기 위한 행위, 활동, 기능 또는 과정 등을 말한다.
2. "물류"란「물류정책기본법」제2조제1항제1호에 따른 물류를 말한다.
3. "교통수단"이란 사람 또는 화물을 운송하는 데에 이용되는 자전거 · 자동차 · 열차 · 항공기 및 선박 등을 말한다.
4. "교통시설"이란 교통수단의 운행에 필요한 도로 · 철도 · 공항 · 항만 · 터미널 등 시설과 그 시설에 부속되어 교통수단의 원활한 운행을 보조하는 시설 또는 공작물을 말한다.
   라.「항만법」제2조제2호에 따른 무역항

제17조의2(교통빅데이터플랫폼의 구축 · 운영) ① 국토교통부장관은 중앙행정기관, 지방자치단체,「공공기관의 운영에 관한 법률」제4조에 따른 공공기관, 그 밖에 대통령령으로 정하는 기관(이하 "중앙행정기관등"이라 한다)의 장이 구축한 데이터베이스 및 시스템을 활용하여 교통빅데이터플랫폼(데이터의 연계 · 융합 분석을 위한 시스템을 말한다. 이하 같다)을 구축 · 운영할 수 있다.

② 국토교통부장관은 중앙행정기관등에 데이터의 제출 등 교통빅데이터플랫폼의 구축 및 운영에 대한 협조를 요청할 수 있다. 이 경우 요청받은 중앙행정기관등은 정당한 사유가 없으면 협조하여야 한다.

#### ⑥ 전자무역 촉진에 관한 법률

전자무역법(전자무역 촉진에 관한 법률)은 전자무역의 국가적 기반을 조성할 목적으로 제정되었으며 정보통신을 이용한 전자적 기반시설에 구축과 사용촉진을 도모하기 때문에 사이버 보안의 구축이 시행의 중요한 전제조건이 된다.

이 법에서 '전자무역기반시설'이란 정보통신망을 통하여 무역업자와 무역관계기관을 체계적으로 연계하여 전자무역문서의 중계, 보관 및 증명 등의 업무를 수행하는 정보시스템을 말한다. 또 이 법이 말하는 '업무'는 상법에 따른 해상적하보험증권 발급, 해운법에 따른 화물인도지시서 발급 등의 업무를 포함하며 상기 업무를 수행할 때는 정보통신망을 이용한 '전자무역기반시설'을 이용해야 한다.

'전자무역문서 또는 데이터베이스 입력정보를 위조, 변조하거나, 전자무역기반사업자의 정보처리장치에 거짓, 부정한 명령을 입력하는 자'는 10년 이하의 징역 또는 1억원 이하의 벌금, '전자무역문서 또는 데이터베이스 무역정보를 훼손하는 자'는 5년 이하의 징역 또는 5천만원 이하의 벌금으로 처벌된다.

이처럼 전자무역법 또한 무역업자와 데이터를 공유하는 선박 및 해운업 종사자와 밀접한 관련이 있는 법령이라 할 수 있다. 앞서 1장에서 피싱 수법을 이용한 오송금

사기가 빈발함을 소개하였다. 전자무역법에 사기 오송금에 관한 대응방안이 마련되는 것이 필요하다.

> **전자무역촉진에 관한 법률**
>
> 제12조(전자무역기반시설의이용)
> 7. 상법에 따른 해상적하보험증권 발급업무
> 8. 해운법에 따른 외항화물운송사업자의 수하인에 대한 화물인도지시서 발급업무

### (d) 국가보안 관련 법령

#### ① 국가보안법

국가보안법은 본래 북한 공산집단으로부터 국가를 보호하기 위한 '반공법'으로부터 유래한다. 국가안전보장, 국방, 공공질서를 목적으로 반국가단체의 구성, 가입 또는 그 구성원의 목적수행 행위를 처벌하려는 취지로 제정되었다.

반국가단체의 목적수행을 위해 이 법 또는 형법에 규정된 행위를 하는 자는 처벌하며 사이버 보안에 관련한 처벌조항은 다음과 같다.

> **국가보안법**
>
> 형법 제98조(간첩) : 군사상의 기밀을 적국에 누설한 자
> 국가보안법 제4조(목적수행) : 국가기밀을 탐지, 수집, 누설, 전달하거나 중개한 때
> 국가보안법 제4조(목적수행) : 교통, 통신, 함선, 기타 물건을 이동, 취거한 때

#### ② 국가사이버안전관리규정

이 규정은 국가사이버안전에 관한 조직체계 및 운영에 관한 사항을 규정함으로써 사이버 공격으로부터 국가정보통신망을 보호하는 것을 목적으로 한다.

그런데 공공부문의 사이버 보안에 관한 최고 규범으로 작용하는 본 규정은 법률이 아닌 대통령 훈령이라는 한계가 있다. 우리나라의 사이버 보안 관련 법제가 부문별, 산업별로 추진체계나 적용범위, 벌칙조항 등이 분산, 산재되어 체계완결성이 부족하다는 비판이 있는데 본 규정을 근간으로 사이버 보안에 관한 통합 법률을 새롭게 제정할 필요성이 있다.

한편, 본 규정에서 정의하는 '국가정보통신망'이란 전기통신설비를 활용하거나 전기통신설비와 컴퓨터 및 컴퓨터의 이용기술을 활용하여 정보를 수집, 가공, 저장, 검색, 송신 또는 수신하는 대한민국의 정보통신체제를 말하는데, 정보통신기반보호법에 따른 주요정보통신기반 시설 외의 정보통신망에만 이 규정이 적용되므로 그 실효성에 의문이 든다.

**국가사이버안전관리규정**

제2조(정의)

1. "정보통신망"이라 함은「전기통신기본법」제2조제2호의 규정에 의한 전기통신설비를 활용하거나 전기통신설비와 컴퓨터 및 컴퓨터의 이용기술을 활용하여 정보를 수집·가공·저장·검색·송신 또는 수신하는 정보통신체제를 말한다.
2. "사이버공격"이라 함은 해킹·컴퓨터바이러스·논리폭탄·메일폭탄·서비스방해 등 전자적 수단에 의하여 국가정보통신망을 불법침입·교란·마비·파괴하거나 정보를 절취·훼손하는 일체의 공격행위를 말한다.
3. "사이버안전"이라 함은 사이버공격으로부터 국가정보통신망을 보호함으로써 국가정보통신망과 정보의 기밀성·무결성·가용성 등 안전성을 유지하는 상태를 말한다.

제2조 제1호(국가정보통신망)

전기통신설비를 활용하거나 전기통신설비와 컴퓨터 및 컴퓨터의 이용기술을 활용하여 정보를 수집, 가공, 저장, 검색, 송신 또는 수신하는 대한민국의 정보통신체제

### ③ 보안업무규정 및 보안업무규정 시행규칙

국가정보원법에 따라 보안업무 수행에 필요한 사항을 규정하는 행정명령이다. 사이버 보안을 직접 다루고 있지는 않지만 제32조(보호구역)에 '파괴, 기능마비 또는 비밀누설로 인하여 전략적으로 또는 군사적으로 막대한 손해를 끼치거나 국가안전보장에 연쇄적 혼란을 일으킬 우려가 있는 시설 또는 지역(국가보안시설)이나 선박, 항공기 등 중요장비를 관리하는 기관의 장(長)은 일정한 범위의 보호구역을 설정할 수 있다', '제36조(측정대상)에 '보안측정은 국가보안시설과 보호장비를 대상으로 한다' 라고 규정하여 선박이나 항만시설을 보안업무 대상으로 보고 있다.

또 국가보안업무규정 시행규칙 제61조(보안측정의 대상)는 보안측정의 대상으로 정보통신시설과 항만시설을 규정하고 있다.

### ④ 국민보호와 공공안전을 위한 테러방지법

테러방지법(국민보호와 공공안전을 위한 테러방지법)은 테러의 예방 및 대응에 관하여 필요한 사항을 규정하여 테러로부터 국민의 생명과 재산을 보호하고 국가 및 공공의 안전을 확보하는 것을 목적으로 하며, 여기서 말하는 '테러'란 제2조 제1항 다목에 따른 '선박의 안전을 위태롭게 할 만한 정도의 손상을 가하는 행위', '선박을 강탈하거나 운항을 강제하는 행위', '운항 중인 선박의 안전을 위태롭게 하기 위하여 그 선박 운항과 관련된 기기, 시설을 파괴하거나 중대한 손상을 가하거나 기능장애 상태를 야기하는 행위'를 포함함으로써, 국가나 지방자치단체의 권한행사를 방해하거나 공중을 협박할 목적으로 행해지는 "사이버 공격" 행위 또한 상기 법의 테러행위에 해당한다고 해석할 수 있다.

한편, 사이버 테러에 의한 선박의 공격은 제4조에 따라 다른 법에 우선하여 이 법으로 처벌된다. 따라서 테러단체를 구성한 자는 수괴, 지휘역할, 전투원, 그 밖의 사람으로 나누어 각각 사형, 무기 또는 10년 이상의 징역, 무기 또는 7년 이상의 징역, 5년 이상의 징역, 3년 이상의 징역으로 처벌하며, 형법 또는 기타 국내법의 죄를 범한 자가 본법의 테러에 해당할 경우 해당법률이 정한 형으로 처벌한다.

### ⑤ 경비업법

국가중요시설의 경비 및 도난, 화재 그 밖의 위험발생을 방지하는 업무 등을 규정하고 있다.

현재 제2조(국가중요시설)에 의거, 국가중요시설 중 하나인 항만의 경비업무를 청원경찰법의 청원경찰이나 경비업법상의 특수경비원이 담당하고 있는데, 국가중요시설 경비의 중대성에 비해 특수경비원의 자격요건이나 직무교육은 부족하다 보인다. 특히, 사이버 범죄 인식제고 교육 배정이 전무하여 개선이 필요하다 생각된다.

> **경비업법**
>
> 제2조(국가중요시설) "대통령령이 정하는 국가중요시설"이라 함은 공항 · 항만, 원자력발전소 등의 시설 중 국가정보원장이 지정하는 국가보안목표시설과 통합방위법제21조 제4항의 규정에 의하여 국방부장관이 지정하는 국가중요시설을 말한다.

### ⑥ 통합방위법

통합방위법은 국가안보 목적의 입법으로, 제21조 제4항에 국가중요시설로서 '항만'을 규정하고 있다. 현재 해사 사이버 보안 영역에 포함하는 조항을 찾아볼 수는 없지만 국가통합 사이버 안보의 구축 차원에서 통합방위작전 관할구역으로 사이버 공간을 추가해 사이버작전을 수행할 근거를 마련해야 한다는 의견이 있다.

⑦ 재난안전기본법(재난 및 안전관리 기본법)

해사분야에 한정한 사이버 리스크 관리와는 별도로 국가 재난과 연계할 수 있는 상위법적 근거가 필요하다. 국가기반 시설의 위협에까지 이르는 대형 사이버 사고 시에는 국가 재난에 준하는 대처가 필요하므로 해상에서의 사고와 호환 가능한 위험 평가방식과 통계축적의 기준을 마련해야 한다. 이는 해난(海難)을 담당하는 해양사고의 조사 및 심판에 관한 법률, 해양 국가기반 시설을 담당하는 선박 및 항만시설 보안법, 통계법 등과 연동, 관리되어 재난의 관리, 재발 방지, 보험의 개발 등 선순환이 가능한 구조를 만들 수 있다.

위험평가법(Risk Assessment)을 해사분야와 동일한 방식으로 호환 가능하게 제정할 필요성이 있다. 본법 제33조의 2는 '재난관리체계 등에 대한 평가'를 규정해 놓고 있으나 정량적 리스크 평가방식은 도입하지 않고 있다. 해상에서의 사이버 공격은 재난이나 재해로 이어질 개연성이 높다. 따라서 재난관리의 기본법인 본 법에서 해상사고를 아우를 수 있는 평가방식을 정해놓고 해운업이 이를 준용하는 것이 바람직해 보인다. 본서가 소개하는 한국선급 등 기존의 리스크 평가방식을 활용, 통일화하는 것이 적절하다고 본다. 리스크 평가의 수행은 선급의 인증을 받은 전문기관이 수행한다.

한편 재난안전기본법에서는 재난을 자연재난과 사회재난으로 구분하고 있는데 사이버 공격이나 사이버 사고는 이 둘 모두에 속할 수 있기 때문에 분류가 필요하고 재난관리의 상위법인 본 법에서 명쾌한 분류를 하지 않을 경우 선박이나 항만에서 비롯된 대형 사이버 사고 시 대응에 차질이 빚어질 가능성이 있다.

한편 재난 및 사고유형별 재난관리 주관기관을 시행령에서 지정하고 있는데 해상에서 벌어지는 사이버 사고나 공격에 대해서는 해양수산부나 해양경찰청이 주관하도록 명시화하는 것이 좋을 것이다.[52]

52) 재난 및 안전관리기본법 시행령 별표1의3

### 재난 및 안전관리 기본법

제33조의2(재난관리체계 등에 대한 평가 등) ① 행정안전부장관은 대통령령으로 정하는 바에 따라 다음 각 호의 사항을 정기적으로 평가할 수 있다

1. 대규모재난의 발생에 대비한 단계별 예방 · 대응 및 복구과정
2. 제25조의2제1항제1호에 따른 재난에 대응할 조직의 구성 및 정비 실태
3. 제25조의2제4항에 따른 안전관리체계 및 안전관리규정
4. 제68조에 따른 재난관리기금의 운용 현황

(e) 개선방향

'사이버 보안'을 포함하여 '정보'와 '보안'을 다루는 정보보호 관련 법제는 이미 상당수의 개별법이 제정되어 산재하고 있다. 그러나 정보기술의 눈부신 발전 속도에 발맞추지 못하여 각 법령은 일관성과 체계의 완전성이 부족하다는 지적을 받고 있다.

국가의 고속 발전 시기에 '국가안보'의 측면에서 기밀과 비밀의 보호를 위한 법령이 필요했고, 산업화의 발전 속에서는 정보로서의 '문서의 보호', 장비로서의 '컴퓨터 보호', 네트워크 상의 '정보의 보호' 등의 단계를[53] 거쳐 왔다.

이후 전자정부 시대에 접어들면서 국가차원의 정보시설, 통신망을 보호할 필요가 생겨 이를 규율하는 법제가 등장했고 민주화의 물결 속에 개인정보 보호의 요구가 커지자 개인정보보호 법령도 제정되었다. 또한 각종 사이버 범죄가 사회문제화 되자 기존 법제에 당사자, 업계를 강제할 규제와 위반에 대한 처벌조항을 추가하게 되었다.

이처럼 사이버 보안 관련 법제가 체계 완전성이 부족했던 것은, 정보화 구축의 과정 속에 일관성을 담보할 상위법의 마련 없이 당장의 필요에 의해 즉흥적인 법령을 제정해 왔기 때문인 것이다.

따라서 해사 사이버 보안 관련 법제를 개선하는 방향은 전통의 사이버 보안 정책을 통합하거나 정비하고, 해사 관련 사이버 보안 정책은 국제동향, 국제법 제정 취지에 부합하여 특화하는 한편, 국내 현실에 적절히 적용시키는 한편 국가재난 관리 측면에서는 재난안전기본법상의 해양재난과 항만시설보안법에서의 해상분야를 호환시키는 것이 그 방법이며 위험의 평가(Risk Assessment)의 방법은 특별히 통일시켜야 한다.

53) 2019년 현재 사이버 보안의 기본법으로 국가사이버안보법(가칭)이 발의, 계류 중이며, 국가정보원의 국가사이버안보 전략이 공표되어 사이버안보정책의 최상위 지침으로 활용되고 있다.

| 국가 기밀보호 | 국가보안법 | 군사기밀 보호법 | 국가정보원법 | 보안업무규정 | |
|---|---|---|---|---|---|
| 사이버안전체계 | 국가사이버 안전관리규정 | 국가사이버안보 전략 | | | |
| 기반시설 보호체계 | 정보통신기반보호법 | 국제항해선박및 항만보안법 | 재난안전 기본법 | | |
| 전자정부 보호체계 | 전자정부법 | 물류정책 기본법 | 전자무역 촉진법 | | |
| 개인정보보호체계 | 개인정보 보호법 | 정보통신망법 | 위치정보 보호법 | 신용정보 보호법 | 통신비밀 보호법 |

〈표-5〉 보호객체에 따른 보안 관련법령 구분

| 정보보호 계획수립 | 국가정보화 기본법 | 정보통신기반 보호법 | 전자정부법 | 국가사이버 안전관리규정 | |
|---|---|---|---|---|---|
| 정보보호 조치 마련 및 이행 | 국가정보화기본법 | 정보통신기반 보호법 | 정토통신망법 | 전자정부법 | 전자금융 거래법 |
| 사고발생 시 대처 | 정보통신기반보호법 재난안전 기본법 | 정보통신망법 | 전자정부법 | 전자금융 거래법 | 국가사이버 안전관리규정 |
| 침해행위 금지 및 처벌 | 정보통신기반보호법 | 정보통신망법 | 전자정부법 | 전자금융 거래법 | 형법 |
| 산업발전 및 연구개발 | 정보보호산업의 진흥에 관한 법률 | 정보통신기반 보호법 | 국가사이버 안전관리규정 | | |
| 개인정보 보호 | 개인정보 보호법 | | | | |

〈표-6〉 법령내용, 유형별 정보보호 관련법령 구분[54)]

① 해사 사이버 보안의 구축 및 유지

지금까지 살펴본 것처럼 사이버 보안 체계를 구축하고 이를 유지하는 의무는 선박과 회사에 부여되어 있고 이를 강제하는 조항이나 수단은 다소 모호하다.

IMO 권고에 따라 국제항해선박이 SMS로 사이버 리스크를 관리하고 DOC와 SMC[55)]의 비치로써 이를 증명하는 것이 현행 해사 사이버 보안 관리 방법인데, 이를 강제할 수 있는 수단은 기국과 항만국의 선박 검사이다. 한편, 전술한 OCIMF, RIGHTSHIP의 자체 검사조항도 화물의 적재능력을 평가하고 기준에 미달하면 선

54) 국가정보원 2019년 정보보호백서 참조

55) 선박안전적합증서(Safety Mamagement Certificate) : 선박의 ISM Code 이행을 증명하는 문서

주에게 경제적인 불이익을 부과하는 선박검사의 일종이다.

이처럼 항만국 검사와 메이저 화주검사는 검사의 주체가 '공권력'이냐 상거래의 우월적 '상대방'이냐의 차이일 뿐 검사의 방식이나 부과되는 불이익은 유사하다.

기국, 항만국 검사에 의한 선박운항 제한이나 화주검사에 의한 화물적재의 제한 모두 운송사업에서 상당히 강력한 제재수단이 되므로 사이버 리스크 관리를 위한 근거만 확실히 마련된다면 각 기국, 선박은 불이익을 모면하기 위해 사이버 보안 대책에 적극적으로 임할 것이다.

현재까지의 사이버 리스크 관리를 위한 검사 근거는 MSC 결의서의 권고 수준에 불과하며, 통일된 국제조약으로 발효된 바가 없다. 따라서 국내법에도 반영되지 않은 상태이다.

따라서 사이버 관리체제 구축을 위해서, ISPS Code 제8항 선박보안평가(SSA)에 사이버 보안 평가 항목을 추가, 선박보안계획(SSP)에 사이버 리스크 관리정책을 포함하고, 보안최고책임자, 선박보안책임자 외 사이버 보안 관리자를 신설하는 등의 Code 개정이 필요하고, 안전관리와 보안관리 업무에 대한 명확한 구분을 통해 선원이 ISM과 ISPS 유사업무를 이중으로 수행하는 비효율을 개선할 필요가 있다.[56)]

또한, 사이버 보안 조직과 사이버 보안인력의 확충을 위해서, 국제항해선박 및 항만시설 보안에 관한 법률에 사이버 보안 관리자를 지정하고 자격요건을 신설하여 사이버 보안관리에 전문 기술력을 활용할 수 있는 근거를 마련해야 한다.

한편 사이버 보안 구축의 강제성을 부여하기 위해, 선박안전법 제2장 선박의 검사, 제3장 형식승인 검정 편에 선급법인이나 보안업계가 제시하는 해사 사이버 보안 기준을 명시하여 근거를 분명히 해야 한다.

② 통합법제 필요성

지금까지 살펴본 것처럼 사이버 보안을 강제하거나 보안 위협행위를 처벌하는 것은 현행법으로도 충분히 가능한 여건이라 생각된다.

형법은 제227조, 232조, 314조, 316조에 의해 정보 변조, 해킹 등 정보 손괴, 정보 유출을 규정하고, 정보통신망법 제48조는 권한없는 정보통신망 침입, 악성프로

56) ISPS Code와 ISM Code 모두 ISO 9000 경영시스템의 기본원리를 차용한 것으로 후술할 ISO 업무 사이클을 기본으로 한다는 점은 공통점이나, ISPS는 보안평가(SSA)와 같은 리스크 평가를 선행하고 대책을 마련하는 방식을 갖고 있는 점이 ISM과의 차이점이라 할 수 있는데 이는 사이버 리스크 관리의 기본원칙과 흡사하다. 따라서 선박의 보안 관리를 위해서는 현행 ISM Code와 ISPS Code가 내용상 겹치거나 상충되는 부분이 있다면 정리해야 한다. 대표적으로 ISM Code상의 DP(안전경영담당자), ISPS Code의 CSO, SSO 등 업무담당자의 역할을 명확히 통합하거나 분할할 필요가 있고, ISPS Code의 선박보안평가 및 보안계획서는 사이버 보안 리스크 평가를 반영할 수 있도록 보완해야 한다.

그램 유포, 정보통신시스템 훼손, 변경, 위조 및 DDos 공격 등의 정보통신망 장애 발생 행위 등을 범죄로 규정했다.

또한, 정보통신기반보호법이나 전자정부법, 물류정책기본법 등에는 정보통신기반시설, 행정정보시스템, 물류정보망 등 각 국가정보망에 저장된 데이터를 조작, 유출하거나 바이러스를 유포, 오류를 발생시키는 행위를 빠짐없이 규정하여 처벌하고 있다. 이런 침해행위를 통해 선박 또는 선박과 연결된 국가정보망을 해친 자는 상기 법령으로 처벌할 수 있는 것이다.

한편, 사이버 보안에 관한 통합 기본법 제정이 필요하다는 주장이 있는데, 사이버 보안 정책을 구축하고, 질서를 침해하는 자는 처벌하는 대원칙을 마련하는 일은 필요하겠지만 보안 주체별, 산업별 특색을 단일법에 함께 적용하기는 곤란하기 때문에 모든 영역을 아우르는 통합법제가 마련되기는 어려울 것이라 본다. '사이버보안 정책'에 한정한 국가정보원 주도의 '국가사이버안보법'의 제정은 적절한 방향이라 생각된다.

따라서 해사 분야에 있어서는 해사 사이버 보안의 구축과 이행을 위한 기본적 내용만 기존 법령에 추가하는 정도면 적절하다는 판단이다. 제2장 1절 1항의 내용처럼 국제항해선박 및 항만시설 보안법에 규정된 '보안조직'과 '보안평가' 항목에 사이버보안의 내용을 추가하는 것이 그 방법이다.

한편 ISPS Code Part A.9와 국제항해선박 및 항만시설 보안법 제7조는 '제한구역 설정' 및 '허가받지 않은 자의 접근통제'와 같은 보안평가 항목을 예시하고 있고, 같은 법 제33조는 항만시설 무단출입, 사진촬영 등을 금지하고 있어 사이버 보안에서의 '물리적 보안' 영역과 의미상 중복되는 규정을 두고 있는데 이는 향후 연구를 통해 구별이나 통합이 필요하다.[57]

③ 집행주체 명확화 : 해양경찰의 사이버 보안 단속권

한편 해사 사이버 보안 침해행위에 대한 집행기관으로서 해양경찰의 독립적인 활

57) 그동안 독립적인 영역이라 여겨졌던 물리적 보안과 기술적 보안이 '서로 융합(Convergence)되어 유기적 작용해야 한다'는 논의가 최근 활발하다. 선박, 항만의 시설측면의 공격, 타격을 방지하기 위한 전통의 보안 영역과 사이버 공간이나 정보의 보호를 위한 '사이버 보안'의 영역이 상호 체계화, 유기화 되어야 하는 이유와 같은 맥락이다. 현대 기업에서 정보가 차지하는 비중이 커짐에 따라 물리적 자산과 정보의 자산가치의 차별이 무의미해졌다. 또한 물리적 자산과 정보에 대한 침해 방식 또한 구별할 필요가 없다. 따라서 과거에 보안의 대상이 '정보'인가 '시설 또는 장비'인가 혹은 보안의 방법이 '기술적'이냐 '물리적'이냐에 따라 보안의 구별이 있었다면 이제는 통합이 필요하다는 의미이다. 통합 또는 융합을 위한 방법으로써 보안 최고책임자(CSO, SSO)가 물리보안과 사이버보안 업무를 총괄하는 방안이 유력한데 해운업에서는 사이버 보안 관리를 기존의 ISPS Code를 기반으로 운영하는 방안이 있다.

약을 기대한다.

해양경찰 경비활동의 근거법인 '해양경비법'은 해양안보, 치안질서 유지 및 해양시설의 보호를 목적으로 제정되었다. 해양경비법은 '해양경비'란 해양경찰청장이 행하는 해양안보 및 해양치안의 확보 등을 위한 경찰권의 행사라고 하며, 해양경찰의 '경비활동'은 해양 관련 범죄의 예방, 해상 대테러, 해양시설의 보호, 항행보호, 공공의 안녕질서라고 규정하고 있다.

따라서 해사 사이버 보안 침해행위를 단속하는 업무는 이미 '해양경비법'을 통해 해양경찰의 업무로 명문화되어 있다고 봐도 무리가 없는 것이다.[58] 또한 해양경찰의 경비대상은 '선박'과 '해양시설(항만을 포함)'로 명확히 정의하고 있기에 .'국제항해선박 및 항만시설의 보안에 관한 법률'에 따른 항만시설에 대한 법집행 권한 또한 육상경찰보다는 해양경찰에게 있다고 해석할 만하다.[59]

이처럼 해사 사이버 보안의 벌칙 집행은 '해양경찰'이 '해양경비법' 제7조(해양경비활동의 범위)에 근거하여, 적극적으로 해사 사이버 보안 공격행위를 단속하고, 형법, 정보통신망법 등을 활용하여 집행, 처벌할 수 있다고 본다.

다만, 현재 해양경찰이 사이버 보안에 대한 수사역량과 노하우를 보유하고 있는지는 의문이며 따라서 앞으로 많은 개선과 발전이 필요하다고 본다. 해양경찰은 사이버 수사의 필요성을 절감하고 이미 2007년 남해지방해양경찰청 산하에 사이버 수사대를 설치하는 것을 시작으로 사이버 수사에 적극 임하고 있다. 향후 해사 사이버 리스크가 확대되고 해상 대형 사고 발생 가능성과 처벌, 피해보상 등 해결해야할 과제가 많으므로 해양경찰청이 사이버 수사 관련 제도적 점검과 해상 디지털 포렌식 등 기술적 수사역량 강화에 더욱 힘써야 할 것이다.

### (2) 싱가포르 Singapore

싱가포르는 해사 이해관계자의 사이버 보안 관리에 대한 가이드 라인을 IMO 권고대로 운영하고 있으며, 특별히 관련 법률을 제정하여 사이버 보안의 기본정책, 국가 주요시설의 보호 방안을 마련하고 있다.

#### (a) 사이버 보안법(Singapore Cyber Security Act)

싱가포르는 2018년 사이버 보안법이라는 특별법을 제정하여 국가 사이버 보안을

58) 이와 별개로 2019. 8월 현재, 해양경찰의 조직과 직무 범위 등을 법률로 특별히 규정한 '해양경찰법'이 국회 본회의를 통과하여 공포를 앞두고 있음

59) 참고로 국제항해선박 및 항만시설보안법은 선박과 항만에 대한 사이버 침해 벌칙조항을 두고 있지는 않고 다음과 같이 과태료 조항만 있다. 법률 제9조에 따라 선박소유자는 선박보안평가의 의무를 가지며, 선박보안평가의 항목으로 선박의 통신장비를 포함하고 있다. 이는 ISPS Code Part B 8.3의 "Radio and Telecommunication system, including computer system and networks"를 수용한 것으로 이를 위반하면 300만원 이하의 과태료를 부과한다.

통합 감독, 유지하기 시작했다. 이 법은 사이버 공격으로부터 에너지, 수자원, 금융, 의료, 운송, IT, 미디어, 보안서비스, 공공분야 등 국가 주요 산업 및 인프라의 보호를 목적으로 하며, 운송 분야에 해운이 포함된다.

특히 해운산업을 포함한 주요 사이버 인프라의 보안 대책, 보안 시설의 기준 및 관리자, 서비스 사업자의 자격 요건 등을 상세히 반영하고 있다.

(b) **해양범죄 처벌법**(Maritime Offences Act)

싱가포르는 해상과 선박에서 해사 안전을 위해하는 행위에 대한 처벌을 별도 법률로 지정하여 운영하고 있다. 해양범죄 처벌법에 따르면 불법적으로 선박을 점령하거나 통제하는 행위, 선박 등을 파괴하거나 손상하는 행위, 선박을 위협할 가능성이 있는 행위, 인명을 살상 또는 부상하게 하는 행위, 안전항해를 방해하는 행위 등에 대해 처벌조항을 두고 있으며 이런 행위의 예비음모 및 조력에 대하여도 처벌한다. 따라서 선박과 항만을 대상으로 한 사이버 범죄의 처벌은 본 법에 의해 처리될 수 있다.

### (3) UK (UK/IET, Code of Practice Syber Security for Ships : 선박용 사이버 보안 실무규칙)[60]

영국은 사이버 보안 실무 규칙이라는 단일 규정을 개발하여 선박회사, 보험사, 선박직원 등에게 본 규칙의 숙지를 권고하고 있다. 본 규칙은 선박, 선원 및 화물의 보안에 영향을 미치는 사이버 사고를 줄이기 위한 목적으로 사이버 관리 프레임 워크를 수록하여 사이버 보안 업무의 일관된 가이드 역할을 한다.

또한 IMO MSC 결의, ISPS CODE를 수용한 EU 법률 및 교통부 선박 안전지침(UK Ship Safety Instruction)의 내용을 통합 반영하고 있으며, 사이버 보안의 개념 및 기본지식에서부터 실무자의 실제 대응방안까지 상세히 수록하고 있다.

### (4) US Coastguard : Cybersecurity Strategy

미국은 자국의 해양 우선순위 전략의 달성과 해상무역의 계속적인 발전을 위해 안전한 해양환경 구축이 필수적이라 전제하고 2015년부터 해안경비대의 '사이버 전략'을 구축하여 실행해 오고 있다.

미 해안경비대는 '사이버 공간'을 21세기 필수적인 운영 영역으로 완전히 수용한다는 목표로 사이버 공간의 방어, 운영의 활성화, 공공 인프라의 보호 3가지 특정 전략 분야에 초점을 맞춰 대응전략을 수립하였다.

본 '사이버 전략'은 해상 사이버 보안의 집행자로서의 해안경비대의 역할 뿐만 아니라,

60) 영국 교통부(Department for Transport)의 의뢰로 IET(Institution of Engineering and Technology, London, United Kingdom)가 제작함

주요 인프라의 관리 기관, 타 영역의 사이버 보안 및 IT 기관과의 연계, 국방부 및 FBI 등 수사기관과의 수사업무 책임설정 및 공조, 보안 시스템의 개발 전략, 보안 인력의 양성 전략, 교육 및 정책의 개발 등 사이버 보안에 관련한 종합적인 대책과 전망을 망라하고 있다.

특히 911 테러 이후 외부로부터의 시설 보안에 큰 비중을 두고 있는 미국은 사이버 전략의 3대 목표 중 공공 인프라 보호에 크게 집중하고 있다. 미 해안경비대 사이버 전략은 국토안보 및 글로벌 공급망 보호를 위한 항구 및 선박 관련 시설 등 주요 인프라의 보안과 유사 시 복원력 강화에 상당한 비중을 두고 있다.

또한 본 전략은 리스크 평가의 품질을 제고하는데 많은 투자를 하고 있으며, 분석한 리스크 평가 정보는 IMO 등 유관기관 및 주변 국가와 공유하여 효율을 제고한다.

### (5) 파나마 : 해사청 회람(Merchant Marine Circulars) 사이버보안 가이드 라인

파나마는 2017년 8월 사이버 보안의 관리에 관한 IMO의 결의를 수용하여 해사청 상선회람[61] 으로 해운 당사자들에게 가이드 라인을 제시하고 있다.

파나마의 해사 사이버 보안 가이드 라인은 IMO의 결의, 가이드 라인이 제시하는 것과 같이 해운 산업에서의 각 이해 관계자들 모두에게 사이버 위험 관리를 주문하면서 선박 안전 문화의 개발을 독려하고 있다. 또한 사이버 보안 관리를 위한 기능요소로 NIST의 프레임 워크를 그대로 준용하고 있으며 기존의 ISM, ISPS 코드에 의해 수립된 안전, 보안관리 관행을 보완하는 방식으로 관리를 강화할 것을 요구한다. 파나마 가이드 라인은 특히 안전과 환경 보호를 촉진시키기 위한 문화 개발의 성공요인으로 안전관리 시스템의 가치, 신념 및 명확성을 제시하며 일관된 관리 체계를 강조하고 있다.

### (6) 마샬 제도

세계 3위권 편의치적 국가로 성장한 마샬 아일랜드는 자국에 치적한 선박 선주, 관리사, 선원 등을 대상으로 2018년 4월부터 해사청 회람을 발행하여 사이버 보안 관리를 촉구하고 있다. 본 가이드 라인은 IMO의 결의서와 가이드 라인과 NIST의 사이버 보안 관리 프레임 워크를 준용하고 있다.

61) Panama Merchant Marine Circular 354 : 2017년 8월 게시, 2018년 12월 수정, 2019년 6월 수정, 2020년 7월 전체 검토

# 제3장
# 해사 사이버 보안의 실무

# 제3장

# 해사 사이버 보안의 실무

현대사회에서의 사이버 보안의 필요성과 배경은 전 장에서 살펴본 바와 같다.

이 장에서는 해사 영역, 특히 선박과 선박회사의 사이버 보안 체계 구축과 리스크 관리를 통해 무엇을 기대할 수 있는지 살펴본 후 선박이 취해야할 사이버 보안활동을 사이버 보안 '방법론'과 사이버 보안체계 '구축과 유지'로 나누어 살펴볼 것이다.

## A. 해사 사이버 보안의 목적

### 1) 사이버 보안이 왜 필요한가?

#### a. 규제대응과 사업의 연속성

IMO MSC 제98차 회의 결의에 따라 선사와 국제항해 선박은 사이버 보안 리스크 관리를 ISM Code 안전경영시스템(SMS)에 반영하여 실시해야 함은 앞서 살펴본 바와 같다. 이는 국제항해에 종사하는 선박과 해운회사가 국제사회가 결의한 국제적 원칙에 동참함으로써 구성원으로서 책임을 다하지 않는다면 입출항, 용대선 등 경영활동에 심각한 불이익을 초래하는 것을 의미한다. 그래서 선박과 선사는 강제적으로라도 '사이버 보안' 관리를 해야 한다.

IMO는 해사 사이버 보안의 관리 기준을 산업계 표준을 활용하여 자체 SMS에 반영하라고 권고한다. 해운업계가 인정하는 산업계 표준으로서 BIMCO의 선사 가이드 라인이 제시하는 통제요소와 ISM Code의 보안관련 조항을 대조해 보면 부록1의 표와 같다. 선사와 선박은 이를 참조하여 자체 SMS에 반영할 수 있다.

IMO를 위시한 해사 국제기구들은 규제를 통해 선박과 인명의 안전 및 보안을 담보하려고 한다. 해운업계가 수백 년 간 누적, 구축한 규제 노하우는 상당히 견고하여 이를 잘 이행하면 상당한 수준의 안전, 보안성을 보장할 수 있다. 규제 대응 자체가 곧 안전의 보장이라 해도 과언이 아닐 정도이다. 다만 사이버 보안에 관하여는 국제 규제가 아직 강제성이 다소 부족하고, 제시된 지침은 개관적 수준에 불과하기 때문에 보안의 상세하고 전문적인 영역까지 선박 내부에서 자체적으로 대응하기란 불가능하다.[62] 따라서 견고하고 실질적인 사이버 보안 수준을 갖추려면 전문가의 조력을 통해 보완하여야 한다. IMO와 산업계가 제시한 사이버 보안 가이드 라인은 종합적 체계구축과 세부 기술사항의 이행을 외부 전문가를 통해 완성하도록 권고하고 있다.

### b. 회사의 재무 리스크 관리

해운 산업은 고가의 장비를 매개로 고가의 화물을 장기에 걸쳐 운반하는 행위를 완료하여야 운임을 취득하여 이익을 실현하는 사업으로서 다양하고 거대한 리스크를 항상 안고 있다. 규제에 대한 압박, 대형 사고에 의한 재무적 손실, 시황 변동 등 해운 산업의 다양한 위험을 아래와 같이 분류하는 학자가 있다.[63]

62) BIMCO의 계약서 위원회(Documentary Committe)는 사이버 리스크로부터 발생 가능한 선주, 용선주 등의 해운산업 각 당사자 간의 분쟁에 대비하여 기존 표준계약서에 삽입할 수 있는 '사이버 보안 계약 조항(Cyber security clause)'을 개발하여 2019년 6월 발표하였다. 본 계약 조항은 다음의 내용을 수록하고 있다. 계약의 각 당사자는 '사이버 보안 관리를 위한 적절한 조치와 시스템을 구현하고 합리적 노력을 기울여야 한다.', '사이버 보안 사고에 효율적, 효과적인 대응을 위해 적절한 계획과 절차를 수립해야 한다.', '사이버 보안 관리를 정기적으로 검토하여 실질적 운용하며 이를 증빙하고 유지해야 한다.' 각 당사자는 상기 의무를 제3계약자(하도급 등) 또한 준수할 수 있도록 조치해야 한다. 한편 각 당사자는 '사이버 보안 사고를 인지하면 즉시 상대방에게 통지해야 하며', '사이버 보안 사고의 영향을 경감, 방지할 수 있는 정보를 상대방과 공유해야 한다.' 또한 사이버 사고가 각 당사자의 사이버 환경 내에서 발생할 경우, '당사자는 즉시 사고를 경감, 해결할 수 있는 모든 합리적 조치를 취하고, 가능한 한 조속히(12시간 이내에) 이를 통지하고 사고를 경감하거나 예방할 수 있는 정보를 제공해야 한다.' 상기 내용들은 사이버 조직과 절차의 수립, ISM Code 같은 통합된 시스템을 통한 정기적 관리, 제3자의 통제, 담당자의 책임부여 등 BIMCO 등 산업계가 보안관리 기법으로 제시하는 내용과 결국 일맥상통하는 것이다. 한편, 본 조항은 사고의 책임이 고의, 과실로 판명되지 않거나, 당사자가 합의하지 않는 경우 책임을 미화 10만불로 제한하고 있어 사이버 보안 관련 보험에 대한 더욱 진지한 논의를 요하게 한다.

63) 유성영, 부정기선사의 운임변동리스크 관리에 관한 연구, 중앙대학교, 2008

| 구분 | 정의 | 종류 |
|---|---|---|
| **시장위험** | 시장 환경의 예측하지 못한 변화로 인해 손실이 나타날 위험 | 정치 및 거시적 위험, 운임변동, 선가변동, 선박연료유 가격 변동, 계절, 법률·규제 등 |
| **운영위험** | 기업운영 시스템이나 시스템을 운영하는 인력의 실수에 따른 손실위험 | 선박운항, 인적자원, 신용, 전략 위험 등 |
| **재무위험** | 기업의 재무 상태와 현금 흐름과연관된 위험 | 유동성, 환율변동, 이자율, 세무 위험 등 |

〈표-7〉 해상사업의 리스크 분류

해운 산업의 위험관리 방안으로 전통의 리스크 전가 수단인 보험 가입을 우선 고려할 수 있으나 본서가 주로 다루는 사이버 위험에 대한 본격적인 리스크 관리방안은 위험을 감소, 완화하기 위한 국제 규제를 통한 전통적 선박 검사, 자체 관리 방안이다.

PSC와 화주검사에 대해서는 이미 소개한 바와 같고, 제3장에서는 BIMCO가 제시하는 사이버 리스크 저감방안, 곧 사이버 리스크 관리 가이드 라인을 구체적으로 설명할 것이다.

1) 보험 : 선박의 전손, 분손 등 물리적 손해, 운임 상실, 평판 하락 등 경제적 손실에 대한 리스크 헷지(hedge) 장치로 사이버 위험에 대해서는 선체보험, 적하보험, P&I 보험, 기타 사이버 보험으로 담보가 가능한지 논의가 필요하다.

2) 사이버 보안 가이드 라인 : 리스크 회피 및 감소를 위해 선제적 대응의 방법으로 통상의 선박 운항 과정을 고려하여 선주 단체 등이 개발, 배포하고 있다. 주로 본선의 선원과 해운회사의 지식, 의무를 다룬다.

## 2) 해사 사이버 보안은 무엇을 대상으로 하는가?

1장과 2장에서 '해사 사이버 보안'의 정의는 해운업계의 정의에 따른다고 하였다. 이에 따르면 '해사 사이버 보안'이란, 회사와 선박 내 시스템, 데이터 등의 손상, 파괴를 위해 IT, OT 시스템, 네트워크, PC 및 데이터에 가해지는 비인가 접근, 조작 및 방해 등의 위협으로부터 보호하는 것이라 정의할 수 있다.

여기서 OT(Operational Technology) 시스템이란 선내 시스템을 모니터링하고 통제하는 모든 장비, 센서, 소프트웨어, 연관 네트워크를 의미한다.[64] 대표적으로 AIS, ECDIS, VDR, GMDSS 등의 항해 통신장비, 기관 및 추진시스템, 조타 시스템, 화물운영 시스템, 화재감지 및 소화시스템 등이 있다. 선박의 특성상 모든 개별 장비는 원격 제어, 모니터링 및 경보시스템으로 종합적 네트워킹이 되어 있어 단일 장비에 국한하지 않는다.

64) The Guideline on Cyber Security Onboard ships Ver.3 참조

IT와 OT의 분류 방법 및 기존 보안 이론과의 상이한 점을 본 장에서 상세히 설명한다.

### a. 사이버 공격

관리해야 할, 예방해야 할 대상으로서 사이버 공격을 꼽을 수 있다. 사이버 침해, 공격, 테러 등의 여러 용어가 있겠으나 해운 분야에서는 주로 사이버 공격(Cyber Attack)이라는 단어를 주로 사용한다. '사이버 공격'은 업종별, 단체별 입장차가 반영되어 다양하게 정의되고 있으나 대체로 유사한 의미라고 봐도 무방하다.

사이버 공격은 해킹, 사회공학, 랜섬웨어, 말웨어 등 사이버 보안 이론에서의 '위협'요소를 의미하기도 하며, 리스크 관리 이론의 관점에서는 취약점, 위협 등의 용어가 위험, 원인과 혼용될 수 있기에 이에 대해서 실무편에서 좀 더 설명한다.

### b. 보안의 3요소

한편, 보안 이론은 사이버 보안의 목적 또는 대상으로 다음의 3요소를 제시한다.

① 기밀성(Confidentiality) : '인가되지 않은 방식으로 정보를 획득할 수 없게 하는 것'을 말하며, 허가받지 않은 침입자가 데이터를 보거나 꺼내간 상태를 '기밀성이 침해받은 상태'라고 할 수 있으며, 전형적인 예로 개인정보 유출이 있다.

② 무결성(Integrity) : '데이터나 리소스를 인증되지 않은 변경으로부터 보호하는 것'을 말하며, 웹사이트의 변조사건과 같이 데이터가 본래와는 다른 상태로 바뀌어 있는 상태를 '무결성이 침해받은 상태'라고 할 수 있다.

③ 가용성(Availability) : '인가를 받은 사용자가 정보나 서비스를 요구할 경우 정보시스템에 대한 사용가능성'을 말하며, DoS/DDoS같은 서비스 방해공격은 가용성 침해의 전형적인 예로 볼 수 있다.

이를 대입하여 해사 사이버 보안이 추구하는 바를 아래 표와 같이 예시해 볼 수 있다.

| 관리방법 | 기술적 보안 | | 관리적 보안 | | 물리적 보안 |
|---|---|---|---|---|---|
| 관리수준 (원인) | 계정관리 실패 | | USB 통제절차 부재 | | 외부인 출입통제 실패 |
| | ⇩ | | ⇩ | | ⇩ |
| 사고 | 계정 탈취 | | 비인가 USB로 데이터 유출 | | 외부인 방화 |
| | ⇩ | | ⇩ | | ⇩ |
| 결과 | 정보 유출 (운항정보) | 시스템 사용 불능 (로그인 정보 분실) | 정보유출 | 악성코드 감염 | 시스템 사용불능 (PC사용, 로그인 불가) |
| 보안요소 | 기밀성 침해 | 가용성 침해 | 기밀성 침해 | 무결성 침해 | 가용성 침해 |

〈표-8〉 보안의 목표와 관리방법 예시(선박 위험 초래)

| 관리방법 | 관리적 보안 | |
|---|---|---|
| 관리수준 (원인) | 회사보안 유출 | 수상한 이메일 대응 실패 |
| | ⇩ | ⇩ |
| 사고 | 이메일 정보 유출 | 랜섬웨어 Locky 감염 |
| | ⇩ | ⇩ |
| 결과 | 스피어 피싱 | 악성코드 감염 |
| 보안요소 | 기밀성 침해 -사기 오송금 | 무결성 침해 - 금전요구 |

〈표-9〉 보안의 목표와 관리방법 예시(사이버 사기)

이렇게 선박이나 해운회사가 사이버 공격으로 인해 PORT-MIS(항만운영 정보시스템)나 GICOMS[65](해양안전 종합정보시스템)같은 정부나 유관단체의 종합관리시스템 사용에 실패하는 경우가 있을 수 있다. 시스템 계정이 탈취되어 선박운항시스템에 저장된 주요 데이터가 유출되면 기밀성이 침해되고, 로그인 불능으로 시스템을 사용하지 못하면 가용성이 침해되는 것이다. 또 악성코드의 감염으로 인해 악의적인 데이터 변조가 일어날 경우 무결성이 침해받으며 악의적 외부인의 침입 후 방화가 발생하여 시스템이 불타버린다면 가용성을 침해받는다고 할 수 있다. 최근 전통의 해적세력들이 상기와 같이 계정을 탈취하거나 악성코드를 유포하는 방법으로 각국의 해운정보시스템을 버젓이 이용하면서 선박의 항로, 화물정보를 유출하여 범죄에 활용하고 있는 실정임을 잊어서는 안 된다.

65) 해양안전종합정보시스템 : General Information Center On Maritime Safety & Security

이처럼 보안의 3요소란 사이버 보안 활동이나 관리체계 수립을 통해서 기대할 수 있는 효과 또는 보안의 목적이라 정리할 수 있을 것이다.

### c. 보안 3가지 대책 : 기술적, 관리적, 물리적 보안

한편, 상기한 시스템 계정탈취, 비인가 USB 데이터 유출, 외부인 방화 등의 보안 사고들은 적절한 보안 활동이 제대로 이뤄졌다면 발생하지 않았을 수도 있는 사고이다. 예컨대 악성코드에 대비하여 최신의 백신을 업그레이드했다면 무결성을 유지할 수 있었을지도 모른다. 또 보안정책대로 외부인 출입을 철저히 했더라면 신원미상의 방화범의 출입을 방지할 수 있었을 것이다.

이러한 보안관리 활동 또는 보안 대책은 기술적, 관리적, 물리적 보안으로 분류되어 정의되고 수행하게 된다.

## 3) 해사 사이버 보안은 어떻게 하는가?

보안업계와 국제표준은 보안의 대상과 절차를 체계화한 일반적인 프레임 워크와 방법론을 제시하고 있고, 보안의 주체가 이를 이행하고 유지하는지를 제3자의 관점에서 평가하는 인증 제도를 별도로 두고 있다. ISO의 27001, NIST의 사이버 보안 프레임 워크 등이 바로 그것이다.

본서는 우선 리스크 관리의 이론을 소개하여 사이버 보안 관리 전략상 리스크의 경감과 전가 방안으로서 각종 가이드 라인과 선박 보험 등을 설명한다. 특히 보안 프레임 워크로써 NIST의 CSF(Cyber Security Framework, 이하 CSF), ISO의 27001 ISMS(Information Security Management System), 각국 선급의 가이드 라인을 소개하고, NIST의 프레임 워크을 차용한 BIMCO의 가이드 라인을 기본으로 사이버 보안 관리방안을 설명하며 사이버 보안 체계 구축의 공인을 희망하는 회사나 선박 관리자를 위해 KR 사이버 보안 인증 절차를 대략적으로 살펴보고자 한다.

## a. 리스크 관리의 이론

### (1) 리스크 관리의 개념

#### (a) 리스크의 개념과 유사 개념

사이버 보안 관리에 자주 등장하는 용어로 '위험(Risk)'이 있다. 본서에서도 '리스크 관리'라는 용어를 줄곧 사용하고 있는데, 위험이라는 개념을 다시금 정의해 보고 보안의 방법을 심도 있게 논하기로 한다.

위험이란 단어는 일상의 단어이기도 하지만 '관리'라는 단어와 합쳐져 비로소 '위험 관리'라는 금융, 보안, 통계적인 언어로 발전한다.

1800년대 리스크 관리라는 용어가 사망률 측정 같은 통계상의 목적에서 시작되었다는 설이 있는데, 이후 금융분야에서 정량적 통계방식이 일반화 되면서 재무관리의 목적으로 활용되며 좀 더 개념화되었다고 판단된다. 지금도 금융분야에서 '리스크 헷지(hedge)' 등의 표현으로 일상적 위험의 개념보다도 더 많이 활용되는 단어가 되었다.

리스크라는 용어는 이후 기업의 경영, 보험과 재난 관리 분야에서 보편적으로 활용되기 시작하였으며 각 영역에서의 위험, 위협 등의 용어는 약간의 의미 차이가 있다.

보험에서는 위험을 '객관적 불확실성', '측정가능한 불확실성' 등으로 표현하며 위험에 이르는 과정에 있어서 위태(危殆, Hazard), 손인(損因, Perlils), 위험(危險, Risk) 등의 유사 개념을 사용하고 있는데, 예를 들어 선박에서 해기사가 고의를 갖거나 또는 무모한 행동을 통해 인가받지 않은 저장매체를 사용하여 사이버 공격의 위험을 초래한다면 이는 도덕적 위태, 정신적 위태(Moral 또는 Morale Hazard)에 해당할 것이며 명백히 사고발생의 가능성과 심각도를 증가시킴을 의미하며, 이를 통해 항해장비 오작동으로 선박이 암초에 걸린다면 이는 사고의 직접 원인을 뜻하는 손인(Perlils)이 되며, 좌초에 의해 종국에 선박이 손상을 입게 되면 위험(Risk), 곧 '손해'의 가능성을 의미하는 '사고'에 도달한다고 할 수 있는 것이다.

반면, 사이버 보안에서는 위험에 도달하는 원인을 위협(Threat)과 취약점(Vulnerability)과의 관계를 통해 개념화한다.

#### (b) 리스크 관리의 이론적 전략

이처럼 리스크란 불확실과 위협, 위태 등으로부터 초래되는 종국의 결과를 의미한다고 볼 수 있는데, 산업별로 구분하면 제조업의 전형적인 리스크는 수요, 제조, 공급 리스크, 무역업에서는 운송 리스크, 신용 리스크, 환 리스크 등을 들 수 있으며 본서가 다루는 해상운송사업에서는 선박사고, 운송사고, 제3자 배상, 환경 리스크 등이 주요 리스크가 될 것이다.

| 대분류 | 정의 | 종류 |
|---|---|---|
| 시장위험 | 시장 환경의 예측하지 못한 변화로 인해서 손실이 나타날 위험 | 정치 및 거시적 위험, 운임변동, 선가변동, 선박연료유 가격 변동, 계절, 법률. 규제 등 |
| 운영위험 | 기업운영 시스템이나 시스템을 운영하는 인력의 실수에 따른 손실위험 | 선박운항, 인적자원, 신용, 전략 위험 등 |
| 재무위험 | 기업의 재무 상태와 현금 흐름과 연관된 위험 | 유동성, 환율변동, 이자율, 세무 위험 등 |

〈표-10〉 해상 운송 리스크의 종류[66)]

이러한 리스크들을 처리, 관리하는 전략으로 리스크의 종류에 관계없이 리스크의 회피(Avoid), 감소(Mitigate), 전가(Transfer), 수용(Accept) 등의 방법이 있으며 이 네 가지 전략은 리스크 관리 기법의 정설로 이론화 되어 있다. 이중 해상위험을 다루는 본서에서는 주로 리스크의 감소 전략을 다루게 된다. 리스크 관리 이론에 따르면 방법론, 가이드 라인, 교육 등의 방법으로 리스크를 상당부분 완화할 수 있다고 한다.

또한 리스크의 전가 방식으로 대표적으로 보험을 들 수 있는데 앞서 살펴본 바와 같이 보험자는 통상 '위태'의 성질이나 '손인'의 종류에 따라 보험의 인수 여부를 결정하는데 사이버 사고에 의한 손실을 보상하는 보험이 개발되고 인수되려면 보험자와 해운업계 간 많은 논의가 필요하다. 보험의 기본 원칙인 대수의 법칙, 위험 인수의 원리와 선박 사이버 사고를 접합하기에는 해사 사이버 사고에 대한 통계와 연구가 너무도 부족하기 때문이다. 보험자가 보험인수를 결정하고 요율을 산정하기 위해서는 우선 선박 소유자(고위 관리자)의 통상의 수준을 넘어서는 철저한 선박 관리와 감항성 유지에 대한 기본 준비가 선행되어야 한다. 이에 대해서는 후술하기로 한다.

66) 유성영, 부정기선사의 운임 변동리스크 관리에 관한 연구, 2008

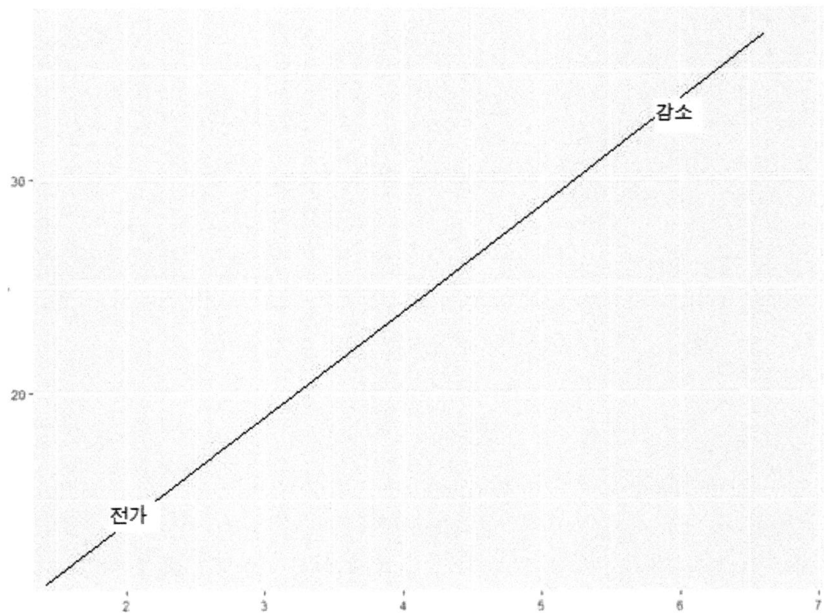


[그림 6] 리스크의 처리 전략

| | | | | | | |
|---|---|---|---|---|---|---|
| **해상 보험** | 각 단계 | 위태 (Hazard) | 손인 (Perils) | 피보험 목적물 (Subject Matter Insured) | 보험사고 (Accident or Casualty | 위험(Risk) |
| | 대응방안 | – | – | – | – | 보험청구 보험금수령 |
| **사례** | | 항해통신장비 부주의 방치 | 과열, 화재 | 통신장비 및 선체 손상 | 화재 전손 | 재산 손실 |
| **사이버 보안관리** | 각 단계 | 취약점 (Vulnerability) | 위협(Threat) | 자산(Asset) | 선박사고 (Accident or Casualty | 위험(Risk) |
| | 대응방안 | 차단 | 차단 | – | – | – |

〈표-11〉 해상보험, 해사 사이버 보안의 리스크 관리

상기 표는 사이버 리스크 관리와 보험을 통한 리스크 관리를 비교한 표이다. 본 사례에서 사이버 보안 관리의 대상인 '자산'과 보험에 부보된 '피보험 목적물'은 '선박 및 선체'로 동일하며 리스크 관리의 전략으로써 사이버 보안은 리스크의 '경감' 전략을 주로 활용하는데 비해 보험은 리스크의 제3자 '전가'를 사용한다. 사이버 보안 관리는 리스크 경감, 완화, 차단 자체 관리에 실패할 경우 최종적으로 보험을 통한 재산상의 리스크 회복을 기대할 수 있다. 그러나 보험의 원리상 사이버 보안 관리 실패(사이버 공격 등)가 보험인수의 조건이 되려면 보험을 인수하는 보험자의 신중한 통계적 판

단과 계약자에 대한 조사가 필요하다. 따라서 선사의 효과적 재무리스크 관리를 위해서는 자체적 사이버 보안을 포함한 모든 안전, 보안관리가 철저하고 꾸준하게 유지함으로써 보험의 가능성을 열어두어야 한다.

한편 상기 사례는 단지 선체의 손상만을 가정한 경우이며 이 밖의 자산의 손실로써 인명손실, 제3자 배상책임, 환경오염 배상, 적하의 유실 등 다양한 경우가 발생 가능하므로, 선사 관리자는 화물과 항로, 선령, 선급, 선박 국적 등의 요소를 고려하여 충분한 시나리오 검토를 시도하는 것이 좋다. 위협의 목록 작성과 사고 시나리오 도출에 대해서는 제3장 실무편에서 다루고자 한다.

### (2) 리스크 관리 방법론

#### (a) ISO 31000

리스크 관리는 ISO 31000(리스크 매니지먼트)의 등장으로 더욱 체계화되었고 이후 수많은 유사 방법론이 등장하였다. ISO 31000은 위험 식별(Risk Identification), 분석(Risk Analysis), 평가(Risk Evaluation), 대응(Risk Treatment)의 프로세스를 기본으로 운영된다. 이후 개발된 관리기법들은 대부분 위험의 식별, 분석, 평가, 처리라는 유사한 방식을 활용하고 있다.

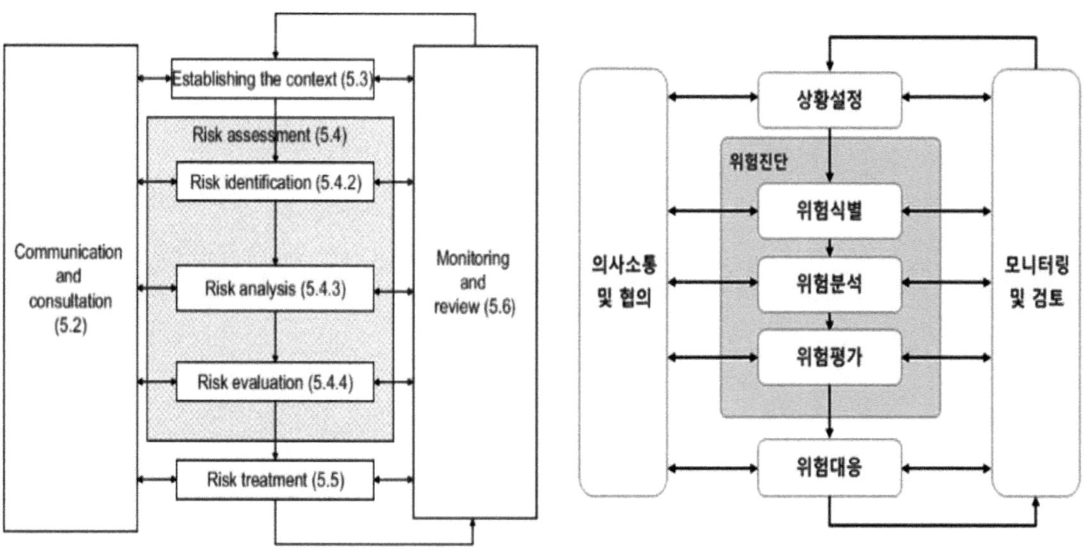


[그림 7] ISO 31000의 관리 프로세스

### (b) 리스크 식별 및 분석법 HIRA

인도, 캐나다 온타리오 주정부 등에서 재난관리 방법으로 운영 중인 HIRA(Hazard Identification and Risk Assessment)라는 리스크 관리 및 평가 기법은 다음의 프로세스를 기본으로 구성된다.

| 위험 식별 (Hazard Identification) | → | 위험 평가 (Risk Assessment) | → | 위험 분석 (Risk Analysis) | → | 감시 및 검토 (Monitor and Review) |
|---|---|---|---|---|---|---|

〈표-12〉 HIRA의 관리 프로세스

이는 여러나라 재난관리 기관, 기업에서 벤치마킹하고 있는 위험관리 기법이다. 지난 수십 년간 리스크 정도를 평가하는 척도는 '위험 = 빈도 × 결과'라는 공식에서 벗어남이 없었으나 HIRA는 '위험(Risk)=빈도(Frequency)×결과(Consequence)×예상변화(Changing Risk)'라는 다소 탄력적인 위험측정 방식을 추가하는 점이 특징이다. 또한 위험(Hazard)을 자연재해, 기술적 재해 및 인적위험으로 분류한 것도 주목할 만하며, 인적위험에 Cyber Attack을 포함하고 있다.

한편 위험(Risk)의 크기나 정도를 통상 '발생 가능성(개연성 Probablity;Likelihood or Frequency)'과 '위험의 영향(결과 Impact;Consequence;Severity)'과의 함수로 표현하곤 하는데 통상 다음과 같은 매트릭스로 표현한다.

| | | Impact | | | | |
|---|---|---|---|---|---|---|
| | | Trivial | Minor | Moderate | Major | Extreme |
| Probability | Rare | Low | Low | Low | Medium | Medium |
| | Unlikely | Low | Low | Medium | Medium | Medium |
| | Moderate | Low | Medium | Medium | Medium | High |
| | Likely | Medium | Medium | Medium | High | High |
| | Very likely | Medium | Medium | High | High | High |

[그림 8] 리스크 매트릭스

해상사고의 다양한 위협, 취약성과 다양한 동기, 중간과정, 사회적 침해 등 복잡한 위험의 결과는 이처럼 단순하고 일률적인 방정식으로 온전히 다 표현할 수 없기 때문에 전통의 매트릭스에 더해 좀 더 정량적인 리스크 표현 방식을 추가할 필요가 있다.

아래 리스크 평가 방법에서 좀 더 서술한다.

(c) ERM(Enterprise Risk Management, 전사적 위험관리)

**기존의 개별적 관리하던 조직의 리스크를 조직 전체의 모든 리스크와 연계, 통합하여 체계적으로 대응하려는 관리 프로젝트를 말한다.**

**기업이나 조직의 리스크를 부서 단위로 개별적 관리하던 과거의 관행으로 인해 조직 전체의 목표를 일관되게 추진하거나 부서 간 정보의 공유나 의사소통이 어려워지는 단점을 인식하고 이를 극복하기 위해 개발되었다.**

**본 프로젝트는 COSO[67]가 위험 관리의 새로운 모델을 제시한 이후 더욱 발전하였고, 통상 내부환경 관리, 목표설정, 위험요소 인식, 위험평가, 위험대응, 통제활동의 8개 단계의 관리 체계로 이루어진다.**

### (3) 리스크 분석과 리스크 평가

리스크 평가의 국제표준으로 31000을 앞서 알아보았다. 한편 ISO 31010에서는 위험의 정도를 평가하는 다양한 기법을 제시하고 있는데 브레인스토밍, 델파이, 질문응답방식, 환경평가방식 등 업종과 분야, 규모에 따라 많은 방법이 있다. 자세한 내용은 아래 표와 같다. 아래 평가 방법 모두 리스크의 정도를 사건이 발생하는 가능성(Probability)과 결과(Consequence)의 함수로 표현하고 있다.

| 위험성 평가 기법 | 위험성 평가 절차 Risk assessment process | | | | |
|---|---|---|---|---|---|
| | 위험의 식별 Risk identification | 위험의 분석 Risk analysis | | | 위험의 평가 Risk evaluation |
| | | 결과 Consequence | 빈도 Probability | 위험의 수준 Level of risk | |
| Brainstorming | SA | NA | NA | NA | NA |
| Structured or semi-structured interviews | SA | NA | NA | NA | NA |
| Delphi | SA | NA | NA | NA | NA |
| Check-lists | SA | NA | NA | NA | NA |
| Primary hazard analysis | SA | NA | NA | NA | NA |
| Hazard and operability studies (HAZOP) | SA | SA | A | A | A |
| Hazard Analysis and Critical Control Points (HACCP) | SA | SA | NA | NA | SA |

67) Committee of Sponsoring Organizations of the Treadway Commission ; 1985년 미국에서 효과적인 내부 통제 체계를 확립하기 위해 AICPA, AAA, FEI, IIA, IMA 등 기관이 공동 설립한 단체. COSO의 통제 프레임 워크는 통제환경, 리스크 평가, 통제활동, 정보 및 의사소통, 모니터링으로 구성되며 이는 ERM이라는 리스크 관리기법으로 발전한다.

| Environmental risk assessment | SA | SA | SA | SA | SA |
|---|---|---|---|---|---|
| Structure « What if? » (SWIFT) | SA | SA | SA | SA | SA |
| Scenario analysis | SA | SA | A | A | A |
| Business impact analysis | A | SA | A | A | A |
| Root cause analysis | NA | SA | SA | SA | SA |
| Failure mode effect analysis | SA | SA | SA | SA | SA |
| Fault tree analysis | A | NA | SA | A | A |
| Event tree analysis | A | SA | A | A | NA |
| Cause and consequence analysis | A | SA | SA | A | A |
| Cause-and-effect analysis | SA | SA | NA | NA | NA |
| Layer protection analysis (LOPA) | A | SA | A | A | NA |
| Decision tree | NA | SA | SA | A | A |
| Human reliability analysis | SA | SA | SA | SA | A |
| Bow tie analysis | NA | A | SA | SA | A |
| Reliability centred maintenance | SA | SA | SA | SA | SA |
| Sneak circuit analysis | A | NA | NA | NA | NA |
| Markov analysis | A | SA | NA | NA | NA |
| Monte Carlo simulation | NA | NA | NA | NA | SA |
| Bayesian statistics and Bayes Nets | NA | SA | NA | NA | SA |
| FN curves | A | SA | SA | A | SA |
| Risk indices | A | SA | SA | A | SA |
| Consequence/probability matrix | SA | SA | SA | SA | A |
| Cost/benefit analysis | A | SA | A | A | A |
| Multi-criteria decision analysis(MCDA) | A | SA | A | SA | A |

※ SA : Strong Applicable, NA ; Not Applicable, A : Applicable[68]

〈표-13〉 위험성 평가 방법 종류

### (4) 해사(海事) 리스크 관리

앞서 해사 산업의 주요 위험군을 시장, 재무, 운영상 리스크로 분류하였는데 이는 상당히 합리적인 대분류 방법이라 생각된다. 아래 표는 이를 바탕으로 한 리스크 우선순위 평가표이다.

사이버 사고는 운영상 고의 없는 실수, 과실에 의할 수도 있겠으나 외부의 고의적 악행에 의한 사고나 테러, 해적에 의한 공격에 기인할 수도 있으며, 사고의 결과가 단순한 장비의 손상 뿐 아니라 환경 오염, 제3자 배상 및 공동해손의 결과까지 이를 수 있는 복잡성이 있으므로 아래 리스크 우선순위도 평가는 그 자체로 가치가 있기도 하지만 이에

68) 나경연, 위험성 평가 제도 도입방안 연구, 행정안전부, 2019

더해 사이버 사고의 복합 결과와 선종에 따른 추가 분류작업을 보완하면 리스크 대응의 구체화에 기여할 수도 있을 것이다.

| 상위항목 | 상위항목 우선순위 | 하위항목 | 하위항목 우선순위 | 종합 우선순위 |
|---|---|---|---|---|
| 시장 위험 | 1순위 (0.544) | 정치거시위험 | 4순위(0.166) | 5순위(0.090) |
| | | 운임변동위험 | 1순위(0.262) | 1순위(0.143) |
| | | 선가변동위험 | 2순위(0.204) | 2순위(0.111) |
| | | 선박 연료유 가격변동위험 | 3순위(0.178) | 4순위(0.097) |
| | | 계절적위험 | 6순위(0.076) | 12순위(0.041) |
| | | 법률규제위험 | 5순위(0.114) | 8순위(0.061) |
| 운영 위험 | 3순위 (0.220) | 선박운항위험 | 4순위(0.108) | 13순위(0.024) |
| | | 인적자원위험 | 2순위(0.283) | 7순위(0.062) |
| | | 신용위험 | 3순위(0.272) | 9순위(0.060) |
| | | 전략위험 | 1순위(0.337) | 6순위(0.074) |
| 재무 위험 | 2순위 (0.236) | 유동성위험 | 1순위(0.451) | 3순위(0.107) |
| | | 환위험 | 3순위(0.218) | 11순위(0.052) |
| | | 이자율위험 | 2순위(0.238) | 10순위(0.056) |
| | | 세무위험 | 4순위(0.093) | 14순위(0.022) |

〈표-14〉 해운선사의 리스크 관리 우선순위[69]

한편 해사 분야에 특화한 다음과 같은 리스크 관리법들이 있다.

(a) **전통의 해사 안전관리 : 안전경영시스템** SMS

IMO 국제안전관리 규약에 따른 선박안전경영시스템(Safety Management System(SMS))

(b) **해군의** PMS(Planned Management System)

미 해군에서 개발한 사전예방활동, 주로 함정의 유지보수활동에 활용되며 연간, 분기, 월, 요일 별 사전 정비계획과 이행을 통해 고장과 사고를 예방한다.

(c) ISPS SSA

국제선박 및 항만시설 보안규칙의 선박보안평가

69) 나정호, 해운기업의 위험 관리 전략에 관한 연구, 2019

## b. 보안의 방법론 및 프레임 워크

### (1) ISO/IEC 27001

ISO(국제표준화기구)는 사이버보안을 위한 방법론(How to do)과 프레임워크(What to do)가 결합된 하나의 체계를 제시하고 있다.

품질관리표준 ISO 9000에서 PDCA(Plan-Do-Check-Act)방법론을 도입한 이래 ISO의 다른 표준에 이를 모두 적용하고 있다. ISO 27001 또한 사이버 보안 관리에 본 방법론을 활용하고 있다.

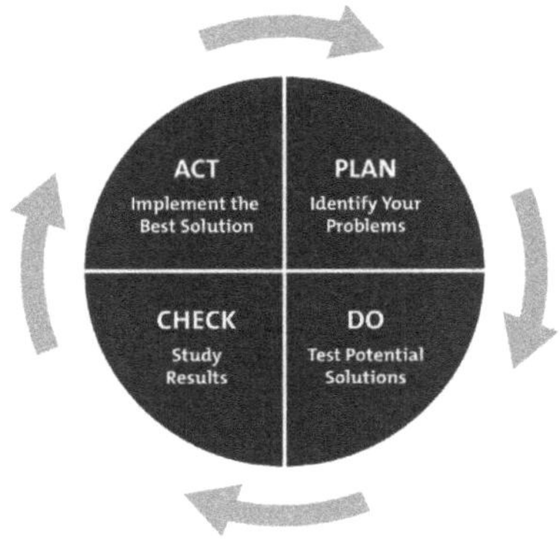


[그림 9] PDCA 사이클

PDCA는 Plan(계획을 세우고), Do(실행하고), Check(평가하고), Act(개선한다)는 업무 사이클에서 유래한 품질관리 기법으로,[70] Plan은 사이버 보안 체계를 수립하는 단계, Do는 보안체계를 운영, 지원하는 단계, Check는 성과를 평가, Act는 개선의 단계를 말한다.

ISO의 모든 경영시스템 규격은 다음의 10개의 목차로 구성되어 있는데,[71]

70) 데밍사이클, 최초의 고안자는 슈하르트이며 이를 통계학자인 데밍박사가 체계화하였다.

71) ISO27001:2013 Annex SL 참조

1. Scope 범위
2. Normative references 인용 규격
3. Terms and definitions 용어와 정의
4. Context of the organization 조직의 상황
5. Leadership 리더십
6. Planning 기획
7. Support 지원
8. Operation 운영
9. Performance evaluation 성과평가
10. Improvement 개선

PDCA 사이클은 아래 그림과 같이 ISO 27001 4번 이후의 각 항목에 대응하여 적용할 수 있다. 예컨대 통제항목에서 '보안교육을 이행할 것'을 규정했다면 인증을 수검하는 회사는 '직원교육의 원칙을 담은 지침을 개발하고(Plan)' → '교육내용, 참석인원 등을 지정한 실제 교육계획을 수립 후, 교육을 실시(Do)' → '교육내용과 피교육자 교육 이수 여부 등을 평가하고(Check)' → '교육내용과 교육지침의 개선 등을 결정(Act)'하는 PDCA 전 사이클을 이행해야 비로소 목적을 달성할 수 있다는 것이다.

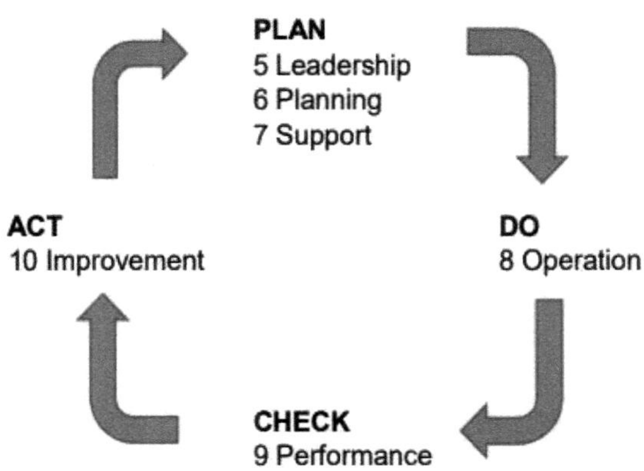


[그림 10] ISO 통제항목과 PDCA 사이클

ISO 27001의 프레임워크(What to do)는 Annex에 정의되어 있고 사이버 보안활동에 대한 활동목록으로서 정보자산에 적용되는 통제항목을 의미한다.

| 통제번호 | 통제영역 |
|---|---|
| A.5 | 정보보안정책 |
| A.6 | 정보보안조직 |
| A.7 | 인적자원보안 |
| A.8 | 자산관리 |
| A.9 | 접근통제 |
| A.10 | 암호화 |
| A.11 | 물리적 환경적 보안 |
| A.12 | 운영보안 |
| A.13 | 통신보안 |
| A.14 | 시스템 도입, 개발, 유지보수 |
| A.15 | 공급자 관계 |
| A.16 | 정보보안사고관리 |
| A.17 | 정보보안 업무연속성관리 |
| A.18 | 컴플라이언스 |

〈표-15〉 ISO 27001 통제항목

### (2) NIST의 CSF(Cyber Security Framework)

2014년 2월 최초로 발표되고 2019년 4월에 개정된 NIST의 CSF는 사이버보안을 향상 또는 유지시키기 위한 프레임워크(What to do)로써 필수요소를 기능, 범주, 참고로 대분류하였고 기능요소는 인식(Identify), 보호(Protect), 탐지(Detect), 대응(Respond), 복구(Recover)의 5가지 요소로 구성된다.[72)]

ISO 27001과는 달리 방법론(How to do)이 정의되어 있지 않지만 PDCA사이클을 동일하게 적용할 수 있다. NIST CSF는 5단계로 구분되어 있고 탐지(Detect)와 대응(Respond)을 강조하여 보안사고에 더욱 강력한 통제를 적용하고 있다. 상대적으로 '보호(Protect)'에 집중되었던 지금까지의 보안정책을 개선하기에 적절한 방안이 될 것이다.

72) NIST 프레임워크는 본래 국가 주요기반시설의 운영주체가 사이버 위협상황에 적절한 대응을 할 수 있도록 국가기반 시설을 대상으로 마련한 지침이다.

| NIST CSF | | ISO 27001 Annex |
|---|---|---|
| Identify | Asset Management (AM) | A.8. Asset Management |
| | Business Environment (BE) | A.11. Environmental Security<br>A.15. Supplier Relationship |
| Protect | Access Control (AC) | A.9. Access Control |
| | Awareness and Training (AT) | A.7. Human Resource Security |
| Detect | Anomalies and Events (AE) | A.16. Incident Management |
| Respond | Response Planning (RP) | A.16. Incident Management |
| | Communications (CO) | A.6. Organization<br>A.16. Incident Management |
| Recover | Recovery Planning (RP) | A.17. Business Continuity Management |

〈표-16〉 NIST CSF와 ISO 27001의 통제모델 비교

### (3) Lloyd's Register의 CES(Cyber-Enabled Ships)

영국의 로이드 선급에서 제시한 프레임 워크는 본선의 전자, 기계장치와 육상과의 연결, 관리방법에 있어 '전체적 접근'을 중시하며, 특히 본선 시스템, 장비의 채택과 관리에 있어 ISO/IEC 15288, ISO 17894 등 기존 표준규격의 준수를 특별히 강조한다.

CES는 일반 시스템, 휴먼 시스템, 소프트웨어, 네트워크 및 통신, 데이터 보증, 사이버 보안 등 6개 고려사항을 분석한 후 다음의 리스크 기반 프로세스를 통해 사이버 관리를 시행할 것을 권하고 있다.

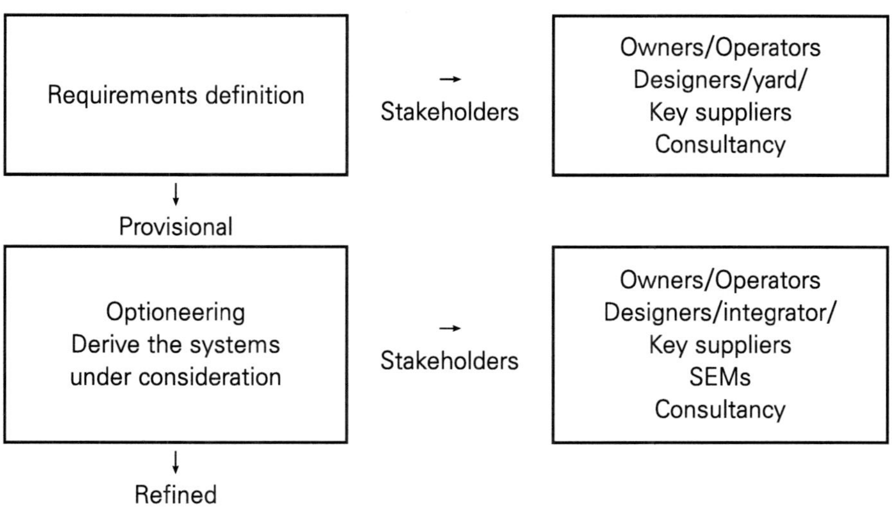

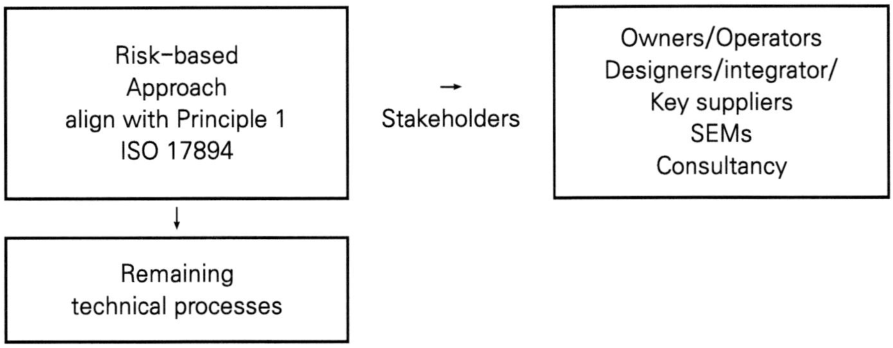


[그림 11] CES(Cyber-enabled Ships) 리스크 기반 사이버 보안 접근법 (Lloyd's Register)

### (4) DNV-GL의 Recommended Practice(Cyber security resilience management for ships and mobile offshore units in operation)

DNV-GL에서 제시하는 프레임 워크 및 방법론은 아래 그림과 같이 사이버 보안을 크게 평가(Assessment)→개선(Improvement)→검증과 확인(Verification, Validation)의 단계로 설명하고 있다.

평가의 단계에서는 보안범위 설정, 위협식별 및 중요도 평가 등 기본 평가를 수행하며 이어서 공격 가능성, 영향성 및 위험성 평가 순으로 다계층 평가를 실시한다. 개선의 단계에서는 구성원 능력과 인식제고, 기술보안, 사이버 보안 체계 구축의 기능을 수행한다. 사이버 보안 체계로는 ISO/IEC 27001을 추천한다.

검증 단계에서는 조직이 구축한 보안 체계와 방어 장비에 대한 테스트를 제시하는데 일반적으로 외부인을 통한 취약성 분석과 인증기관의 보안체계 인증을 권하고 있다.

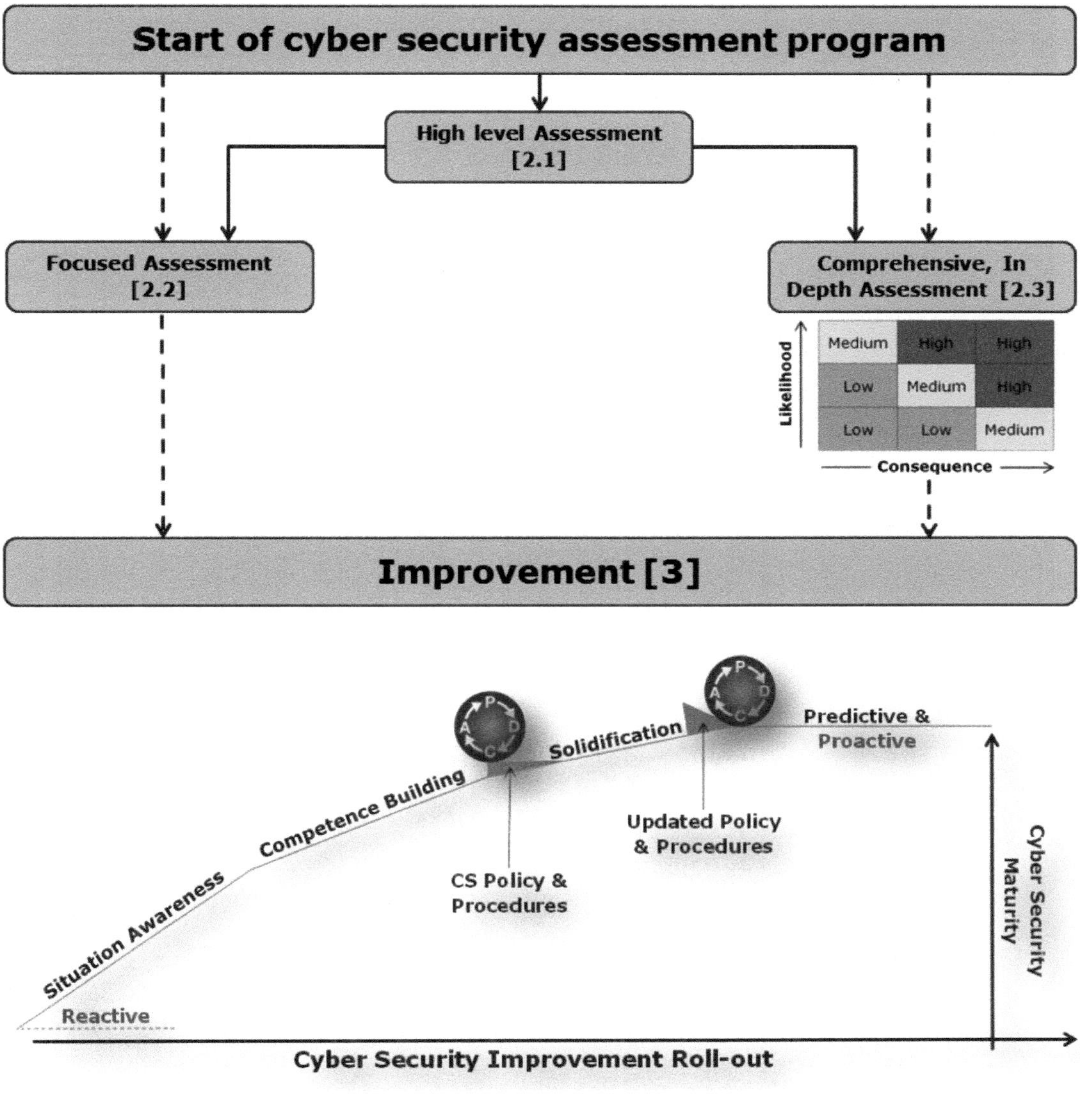


[그림 12] DNV-GL의 사이버 보안 체계도

### (5) ABS의 Guidance notes on the Application of Cybersecurity principles

미국의 ABS에서 사이버 보안 가이드 라인은 다음의 프레임 워크를 통한 접근법을 제시한다.

1단계 : 초기, 소기업의 기본 기능(Basic Capability)

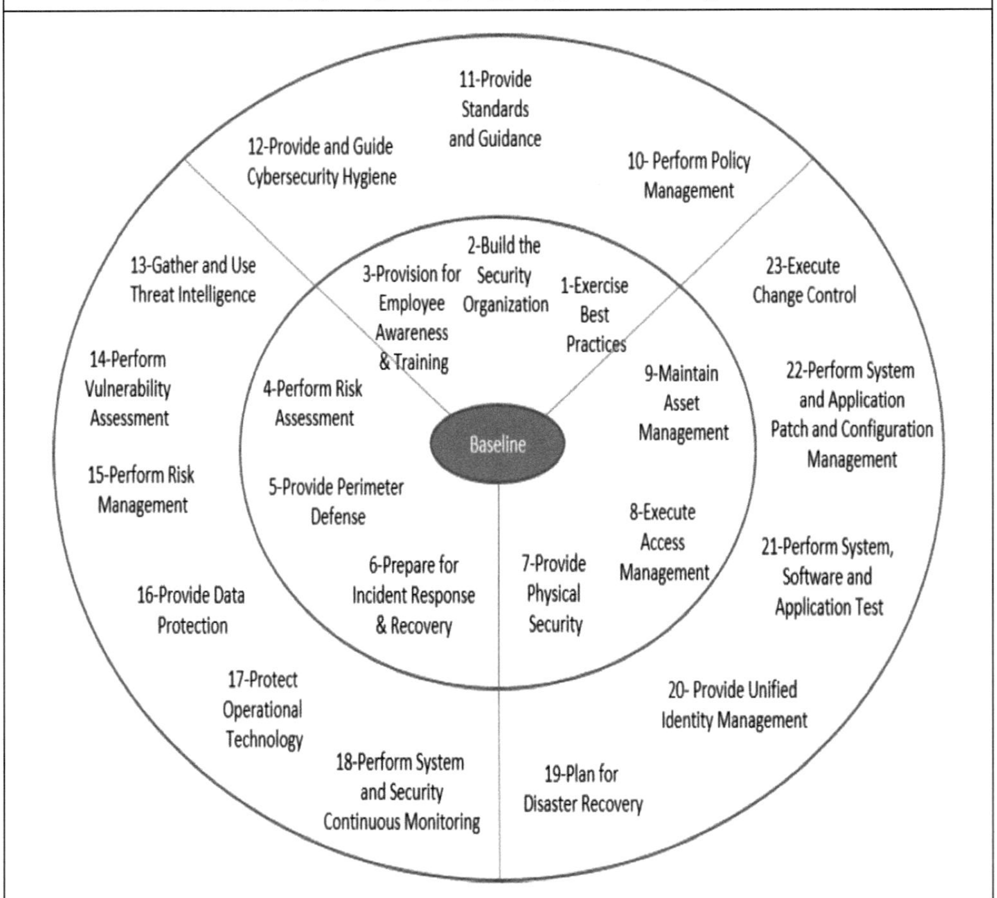


2단계 : 성숙, 확장 단계의 개발 기능(Developed Capability)

[그림 13] ABS의 사이버 보안 프레임 워크

프레임 워크 안의 세부 내용은 조직이 수행해야할 각 기능을 의미한다. ABS의 사이버 보안 가이드 라인은 크게 세부분으로 구성되며 첫 번째는 조직의 구성, 구성원의 인식제고와 훈련의 기능이며, 두 번째는 리스크 평가와 방어조치, 사고대응 및 복구 작업, 세 번째는 물리적 보호조치, 접근통제 및 자산관리를 담당한다. 보안단계가 성숙될수록 기본기능(Basic Capability) → 개발 기능(Developed Capability) → 통합기능(Integrated Capability) 순으로 세분화 및 발전된다.

### (6) BIMCO 선상 가이드 라인, KR 가이드 라인의 사이버 보안 방법론

한편, BIMCO의 가이드 라인은 [그림 14]와 같이 NIST의 방법론에 가까운 보안방안을 제시하고 있고, KR 가이드 라인은 사이버 보안 관리방안을 '리스크 평가'(리스크 분석과 식별), '리스크 관리'(보호와 탐지), '사고 대응', '복구관리'의 단계로 나누어 설명하고 있다.

본서는 사이버 보안 관리방법을 BIMCO의 방법론에 기초해 설명한다.

| 구분 | 통제 | 설명 |
|---|---|---|
| CRMA-01 | 위협의 식별 | • 선박에 대한 외부 사이버 보안 위협의 이해<br>• 보안인식 부족과 부적절한 사용으로부터 발생되는 내부 사이버 보안 위협의 이해 |
| CRMA-02 | 취약성의 식별 | • 직간접적 통신으로 연결된 선박 내 시스템에 대한 목록의 개발<br>• 선박 내 시스템에 대한 사이버보안 위협의 결과의 이해<br>• 현재 보호조치의 한계와 용량의 이해 |
| CRMA-03 | 리스크 평가 | • 외부 위협에 의해 악용될 수 있는 취약성 점검<br>• 부적절한 사용으로 노출될 수 있는 취약성 점검<br>• 개별 또는 조합되어 악용되고 있는 취약점의 보안 및 안전에 대한 영향도 점검 |
| CRMA-04 | 보호 및 탐지방법 개발 | • 보호조치를 적용하여 취약성이 악용될 가능성 감소<br>• 악용되는 취약점의 잠재적 영향도 감소 |
| CRMA-05 | 비상계획의 수립 | • 식별된 잠재적 사이버 위험을 완화하기 위해서 우선순위가 지정된 비상계획의 개발 |
| CRMA-06 | 사이버보안 사고의 대응 및 복구 | • 비상계획을 통한 사이버 보안 사고의 대응 및 복구<br>• 대응활동의 효과성 평가 및 위협과 취약성 재평가 |

* CRMA : Cyber Risk Management Approach

[그림 14] BIMCO의 사이버 보안 접근법

## c. 사이버 보안 체계 구축 및 인증

가항에서는 사이버 보안을 실행하는 일반적인 방법론을 소개하였다. 이밖에 사이버 보안의 체계를 구축하여 이를 공인된 제3자에게 검증받는 표준인증제도로서 ISO 27001과 해운회사에 특화한 KR 사이버 보안 시스템 인증 등이 있다.

### (1) KR 사이버 보안 시스템 인증

KR은 정보기술(IT)이나 운영기술(OT)을 운영하여 사이버 보안 시스템을 갖춘 회사 또는 선박에 적용하기 위한 총 89개 통제항목으로 구성된 시스템 인증지침을 개발하여 인증서비스를 제공하고 있다.

KR 사이버 보안 인증은 선박, 회사, 신조선을 각각 구분하여 부여하고 있으며 본 인증을 획득한 선박이나 회사는 IMO가 권고한 사이버 리스크 관리 수준을 충족하였다고 인정받을 수 있다.

#### (2) ISO/IEC 27001:2013 인증

국제 표준화 기구(ISO)에서 제정한 정보보호관리체계(ISMS)에 대한 요구사항을 담은 국제 표준으로서, 정보보안 분야에서 가장 권위 있는 국제규격이라 할 수 있다. 영국의 BS7799를 기반으로 ISO와 통합을 통해 현재의 27001로 운영하고 있으며 10개 요구사항과 114개의 세부 통제항목으로 구성되어 있다.

### d. 분야별 참고 또는 준수해야 할 규정

국제해운업 종사자에 특화한 각종 사이버 보안 가이드 라인 외 기타 유관 산업 종사자들이 숙지하거나 사업에 활용할 필요가 있는 표준이나 규정 등 참고자료를 별도로 분류하면 다음과 같다.

최근의 IMO, IACS 회의에서 '조선소는 사이버 회복력을 가진 선박을 건조하고, 기자재 제조사는 제품 생산 시 사이버 보안을 고려하며, 선박 소유자는 리스크 관리에 철저할 것'을 강조한 것과 같이 향후 사이버 보안 관리의 핵심은 각 이해관계자의 자기 역할과 책임의 분화이다.[73] 이와 같은 사이버 보안 관리의 방향성에 부합하기 위해서 각 종사자들이 자신의 영역에서 책임질 보안의 역할을 반드시 숙지해야 하며, 이의 선행 없이는 해상운송 사업과 조선 산업에서 도태될 수 밖에 없을 것이다.

#### (1) 조선업

(a) 각국 선급 규칙

모든 선박은 각 기국 또는 기국에 위임을 받은 선급법인으로부터 건조검사를 받아야 한다. 조선소는 특히 건조 전 선박설계의 적합성을 검증하는 기본승인(AIP, Approval in Principle)을 받아야 수주가 가능하다. 따라서 조선소와 기자재 업체는 각국 선급이 제시하는 선박디자인 사이버 보안 요건에 대비하여야 한다.

(b) 각 선급 사이버 보안 시스템(건조) 인증

73) TRIPARTITE 2019 회의 참조

(c) 각 선급 사이버 보안 형식승인 인증

**(2) 해운업계(선주, 운송주선업)**

(a) ISO/IEC 27001:2013 인증 : 선사

(b) ISO 28000(물류보안표준) : 운송주선업

(c) DCSA(디지털컨테이너해운협회) 규정[74)]

**(3) 항해통신장비, 전자기기 업체**

(a) IEC 61162-460 Edition 2.0 (2018) Maritime navigation and radiocommunication equipmentand systems - Digital interfaces - Part 460: Multiple talkers and multiple listeners - Ethernet interconnection - Safety and security : 국제전기기술위원회(IEC)

국제전기기술위원회가 제정하는 전기 전자장비의 국제표준으로 한국전자통신연구원이 제안하여 채택된 선박 사이버 보안 표준이다. IMO가 추진하는 e-내비게이션(e-Navigation)사업 등 선박 자동화, 최신화 보안 이슈에 발맞추기 위해 고안되었다. 선박에 장착하는 전자식 기자재는 본 표준을 준수한다.

(b) IEC 61162-450 : Lightweight Ethenet - a new standard for Shipboard networks[75)]

(c) KR 해상 사이버 보안 형식승인 지침, 2019.

선박에 탑재되는 원격 접속 장비, 통합제어 및 모니터링 시스템의 정격 승인기준이다. 기자재의 노드, 스위치, 포워더, 게이트웨이 등 타입별 사이버 보안 요건을 고안하여 승인받은 장비만이 입급 선박에 장착될 수 있다.

(d) Industry Standard on Software Maintenance of Shipboard Euipment

(e) CIRM Guideline Performance Test Procedure for ECDIC Edition 1.0

(f) HO Standard(국제수로기구 국제표준 표준사양서(S-52, S-64))

74) DCSA (Digital Container Shipping Association) : 해운업계의 디지털 표준화를 목표로 조직된 컨테이너 선사의 연합. HMM, 머스크, 하팍로이드, MSC, CMA CGM, 에버그린, 양밍 등 주요 글로벌 컨테이너 선사 대부분이 가입되어 있다.

75) IEC 표준은 IEC TC80(기술위원회) 워킹그룹에서 제공, IEC는 e-Navigation의 핵심요소인 항해장비 표준화(S-mode)를 향해 항해통신 장비의 통합을 시도하며, 우리나라도 조선업 및 e-Navigation 사업을 주도하는 표준을 선도하기 위해 활발하게 참여하고 있다.

(g) IEC 61174-ECDIS 성능요건

(h) Perfomance Standards for Shipboren VDRs, IMO

(i) Guidelines On VDR Ownership and Recovery MSC/Circ.1024, 2002

| IEC Number | 규격 |
|---|---|
| 60945 E. 4.0 | General requirements |
| 60872-1 | ARPA |
| 60872-2 | ATA |
| 60872-3 | EPA |
| 60936-1 | Radar-Part1 |
| 60936-2 | Radar-Part1 |
| 60936-3 | Radar-Part1 |
| IEC/PAS 60936-5 | Radar-Guidelines for the display of AIS information |
| 61174 | ECDIS |
| 62065 | Track Control |
| 61996-1 | VDR |
| 61996-2 | S-VDR |
| 61993-1 | AIS Part1 |
| 61993-2 | AIS Part1 |
| 62287-1 | AIS Class B |
| 62287-2 | AIS Class B |
| 62320-1 | AIS Base Station |
| 61108-1 | GNSS Part1 GPS |
| 61108-2 | GNSS Part2 |
| 61108-4 | GNSS Part4 |
| 61097-1 | GMDSS : Radar transponder |
| 61097-2 | GMDSS : EPIRB |
| 61097-3 | GMDSS : DSC |
| 61097-4 | GMDSS : Inmarsat C SES/EGC |
| 61097-5 | GMDSS : Inmarsat E(EPIRB) |
| 61097-6 | GMDSS : NAVTEX |
| 61097-7 | GMDSS : VHF |
| 61097-8 | GMDSS : Watching DCS |
| 61097-9 | GMDSS : Transmitter in MH/HF bands |
| 61097-10 | GMDSS : Inmarsat B SES |
| 61097-12 | GMDSS : Two-Way VHF |
| 61097-13 | GMDSS : Inmarsat F77 SES |
| 62238 E. 1.0 | VHF Radiotelephone with class D DSC |
| 61162-1 | Digital Interfaces Part 1 |
| 61162-2 | Digital Interfaces Part 2 |
| 61162-400 | Digital Interfaces Part 400 |
| 61162-401 | Digital Interfaces Part 401 |

| 61162-402 | Digital Interfaces Part 402 |
|---|---|
| 61162-410 | Digital Interfaces Part 410 |
| 61162-420 | Digital Interfaces Part 420 |

〈표-17〉 IEC TC80 표준 목록

### (4) 소프트웨어 업체, 수리 유지보수 업체(선박수리업, 항만용역업)

(a) Industry Standard on Software Maintenance of Shipboard Euipment CIRM(ComitéInternational Radio-Maritime)/BIMCO

본 규격은 국제해양통신위원회(CIRM)과 BIMCO의 공동 개발로 만들어졌다. 선박장비와 통합 시스템에 연동된 소프트웨어 유지 보수 관리의 안전과 효율적 관리를 위한 표준이다. 유지보수 업체는 본 표준을 통해 표준화된 서비스 프로세스를 준수하고 사이버 보안 관련 소프트웨어의 최신화 및 서비스 레포트 기재 준수사항을 숙지할 필요가 있다. 앞으로 선박을 방선하는 외부 서비스 업체에 대한 보안관리가 더욱 철저해지고 사고의 발생 시 손해배상 책임 소재는 점점 명확해 질 전망이므로 관련 업체의 주의가 필요하다.

(b) 서비스 레포트

| COMPANY VEHICLE SERVICE RECORD | | | | |
|---|---|---|---|---|
| | | | | |
| VEHICLE NAME | | | CHECHIS NUMBER | |
| | | | | |
| PURCHASE DATE | MODEL / MAKE BY | | DRIVER NAME / DEPARTMENT | |
| | | | | |
| SERVICE LOG | | | | |
| DATE | NAME OF SERVICE CENTER | SERVICES / DETAILS OF CHARGES | INVOICE NO. | AMOUNT ($) |
| | | | | |
| | | | | |
| | | | | |
| | | | | |
| | | | | |
| | | | | |
| | | | | |
| | | | | |
| | | | | |
| | | | | |
| | | | | |
| TOTAL AMOUNT AFTER MONTH : ____________ | | | | $ |

REMARKS BY DEPARTMENT HEAD

[그림 15] 서비스 레포트 양식 (KR 제공)

### (5) 항만운송관련사업 - 선용품공급업(선식업), 선박연료공급업

최근 본선에 방선하는 외부자, 도급업자들의 보안책임을 강화하는 추세이다. 선박을 대상으로 사업을 영위하는 선용품 및 주부식 사업자들도 선박의 보안에 대한 경각심을 가져야 한다.

### (6) 항만운송사업 - 항로표지, 잠수업체, 구난업

항로표지 제조사도 대체로 항해통신, 전자제품 제조사의 보안규정과 동일한 표준과 규격에 따른다. 한편 현재 e-Navigatione(내비게이션 사업)의 국제표준 구축은 국제항로표지 협회가 선도하고 있다.

(a) Industry Standard on Software Maintenance of Shipboard Euipment CIRM(ComitéInternational Radio-Maritime)/BIMCO

(b) KR 해상 사이버 보안 형식승인 지침, 2019.

(c) IALA Identity Management and Cyber Security[76)]

IALA 주도의 Maritime Cloud 개발 포럼은 e-내비게이션(e-Navigation)사업의 주요 원천기술이 될 해상 클라우드에 관한 연구 자료를 제공하고 있다. 웹 기반의 해상 클라우드 기술이 해사 분야에 통합 적용되면 디지털 인증, 생체인식 등 식별 기술의 호환 및 보안에 대한 논의가 필요하다. 자세한 자료는 하단 웹사이트를 참고할 수 있다.

(d) IEC 24760-1:2019 IT Security and Privacy-Aframework for identity management Part 1 : Terminology and concepts[77)]

본 규격은 ISO/IEC가 IT 보안과 개인정보보호를 위해 식별관리에 관한 개념을 제시한 표준이다. 디지털, IT 분야의 정보와 ID식별에 관한 모든 분야에 호환 적용할 수 있다.

(e) IEC 62443-4-2 Edition 1.0(국제전기표준회의)[78)]

IEC 62443 시리즈는 국제전기표준회의(IEC)가 산업자동화 및 제어시스템(IACS;Indestrial Automation and Control System)의 정보보안 규격을 정의하는 국제표준이다. 이중 62443-4-2는 제어시스템의 제조 규격에 관련한다. IMO와 IALA(국제항로표지협회)가 주도하는 이-내비게이션(e-Navigation)사업의 기술표준으로 중요하다. 한국선급의 사이버 보안 형식승인 지침도 본 표준을 기반으로 한다.

---

76) 다운로드 https://maritimeconnectivity.net/docs/Identity%20Management%20and%20Cyber%20Security.pdf

77) https://webstore.iec.ch/preview/info_isoiec24760-1%7Bed2.0%7Den.pdf 참고

78) 다운로드 https://webstore.iec.ch/preview/info_iec62443-4-2%7Bed1.0%7Db.pdf

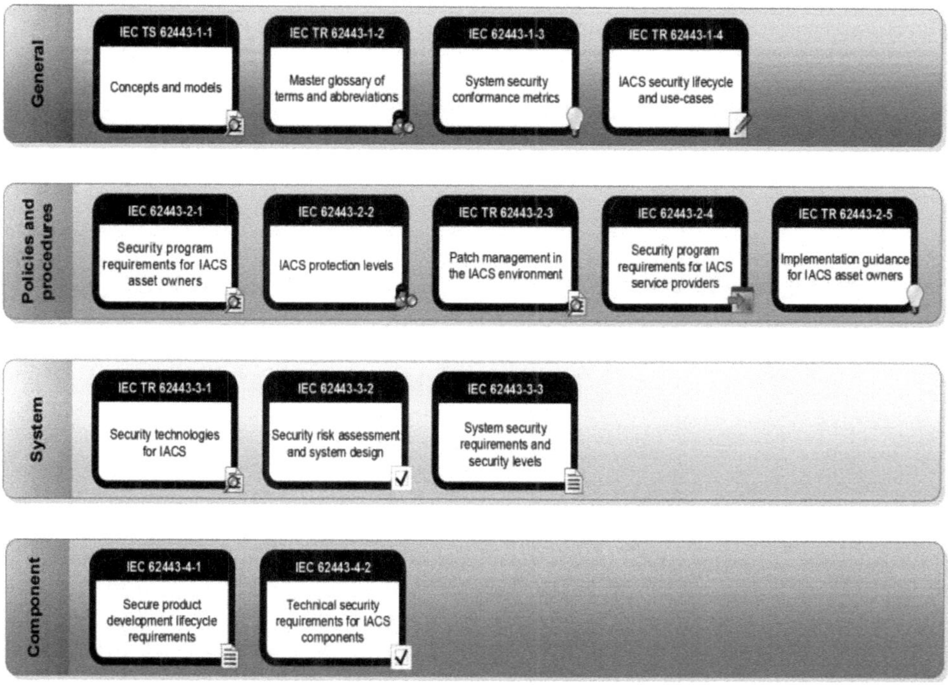


[그림 16] IEC 62443 체계

### (7) 화주

(a) ISO 28000(물류보안)

(b) ICC 적하보험 약관

### (8) 보험회사

(a) 선급검사규칙 : 선박의 디지털화가 계속됨에 따라 앞으로 선박인수의 조건이 변화할 것이므로 사이버 보안 능력 또한 감항성의 일부가 될 것이며 회사의 상당한 주의 의무(due deligence)에 대해서도 재점검할 필요가 있다.

(b) 기자재, 장비 사양서 : 보안규격의 준수 여부

(c) 사고조사를 위한 검사보고서

(d) 각종 사이버 보안 관련 인증 여부, ISM 등 작성 비치 여부

향후 상기 표준과 규격 등은 적용의 효율성 제고를 위한 통합화 작업이 진행되어 이해관계자들의 혼란을 최소화할 것이다.

# B. 해사 사이버 보안 리스크 관리 실무
## : BIMCO 가이드 라인을 기본으로

다음은 BIMCO가 제시하는 가이드 라인(2017)을 기본으로 한 사이버 보안 관리방안이다. 원본에 대한 번역본이며 필요 시 저자의 설명을 추가하였다. 이는 주로 선박과 선박회사를 대상으로 하는 관리방안임을 양지하시기 바란다.

## 1) 개요

### a. 사이버 안전과 사이버 보안

#### (1) 사이버 사고의 원인

사이버 보안과 사이버 안전은 개인, 선박, 환경, 회사 및 화물에 미치는 잠재적 영향 때문에 중요하다. 사이버 보안은 IT, OT, 비인가 접근, 조작 및 방해로 인한 정보, 데이터의 보호에 관계된다. 반면 사이버 안전은 안전에 중대한 데이터와 OT의 가용성 또는 무결성 손상에 의한 리스크를 포함한다.

사이버 안전사고는 다음과 같은 원인으로 초래될 수 있다.

- ECDIS에 보관된 해도 데이터의 손상과 같이 OT의 가용성 및 무결성에 영향을 미치는 사이버 보안사고
- 소프트웨어 유지보수 및 패치 실패
- 선박운항에 중대한 외부 센서 데이터의 손상 또는 조작, GNSS(Global Navigation Satellite Systems)를 포함하며 이에 한정하지는 않음

사이버 안전사고와 사이버 보안 사고는 원인은 각각 다를 수 있지만, 효과적인 대응은 모두 훈련과 보안인식에 기초한다.

#### (2) 사이버 리스크 관리란?

사이버 리스크 관리는 다음을 말한다.

- 육상과 본선 양쪽에서의 사용자, 주요 인원, 관리의 역할과 책임의 식별
- 중단될 경우 선박 운항과 안전에 위험을 초래하는 시스템, 자산, 데이터와 기능의 식별

- 사이버 사고를 보호하기 위한 기술적, 절차적 방안을 식별하고 지속적 운영을 보장
- 사이버 사고에 대비한 활동과 대응방안의 식별

사이버 리스크 관리는 일부 측면에서 상업적으로 민감하거나 기밀정보가 포함될 수도 있다. 따라서 회사는 이런 정보를 적절하게 보호하기 위해 가능하면 민감한 정보를 안전관리시스템(SMS)에 포함시키지 않는 것을 고려해야 한다.

## b. IT와 OT의 차이점

OT 시스템은 물리적 차원을 제어하고 IT 시스템은 데이터를 관리한다. OT 시스템은 전통의 IT 시스템과는 다르다. OT는 물리적 장치와 프로세스를 직접 모니터링 또는 제어하는 하드웨어이자 소프트웨어이다. 반면 IT는 소프트웨어, 하드웨어 및 통신 기술을 포함한 정보처리에 관한 기술영역을 다루고 있다.

전통적으로 OT와 IT는 구분되어 왔지만, 인터넷의 발전을 통해 OT와 IT는 역사적으로 독립 시스템이 통합되는 것처럼 가까워지고 있다. OT 시스템의 작동 중단은 선내 인명, 화물의 안전과 해양 환경에 중대한 위험을 초래할 수 있고 선박의 운항을 방해할 수 있다.

| Category | IT system | OT system |
|---|---|---|
| 동작 요건 | - 비 실시간적<br>- 일관성 있는 반응<br>- 비상대응 중요도 낮음<br>- 엄격하게 제한된 액세스 제어 | - 실시간<br>- 시간 임계적 반응<br>- 인간, 비상 접근에 대한 반응이 중요<br>- 접근통제는 엄격하되 차단되지는 않음 |
| 가용성 요구사항 | - 재부팅 허용됨<br>- 시스템에 따라 가용성 용인되는 경우 있음 | - 재부팅 허용되지 않음<br>- 백업시스템 필요할 수 있음 |
| 리스크 관리 요구사항 | - 데이터 관리<br>- 내고장성 중요도 떨어짐<br>- 리스크 영향은 화물 적양하, 통관, 상업적 관리의 지연을 유발 | - 물리적 영역 통제<br>- 안전이 최우선<br>- 내고장성이 필수적, 일시적인 중지가 허용되지 않음[79]<br>- 리스크 영향은 선내 개인, 환경, 장비, 화물뿐만 아니라 규제 불이행과도 관련됨 |
| 시스템 운영 | - 통상 알려진 운영체제로 구동되도록 설계됨<br>- 자동배포 툴로 업그레이드 가능 | 독점운영체제, 보안 기능이 없는 운영체제<br>- 소프트웨어 교체는 주의깊게 시행해야 함, 특수 제어 알고리즘과 수정된 하드웨어와 소프트웨어가 포함될 수 있음 |
| 자원적 제약 | 보안솔루션 같은 외부 프로그램의 추가 가능 | 보안기능 추가할 충분한 리소스 부족 |

〈표-8〉 IT와 OT 비교

79) Fault tolerance ; 耐故障性

IT, OT의 이해를 위해 주요 선내 장착 장비를 살펴볼 필요가 있다. 본선 장비에 대한 이해는 사이버 사고 발생 후 법적대응, 피해배상, 디지털 포렌식, 사고조사 등 후속 대응에 필요한 중요한 배경 지식이므로 주의 깊게 숙지해야 한다. 특히 제조사의 사양서와 A/S, 보안규격 준수, 원격 관리 여부 등을 유의해야 한다. 아래 소개하는 장비와 시스템은 IT와 OT의 보안 관점의 구분에 참고가 될 것이다. 특히 데이터의 전달체계와 디지털 자료의 추출, 무결성 검증의 가능 여부에 유의하여 살펴보기로 한다. 한편 사이버 사고 조사에 대한 자세한 내용은 다음 절에서 추가 설명하였다.

### (1) ECDIS(전자해도)

선박 자선 위치 정보, 속력, 측심, 항로정보 등을 스크린에 표현하여 전통의 종이 해도를 대체하는 시스템이다. ECDIS는 최적의 항로 설정과 자선, 타선의 선위 및 침로 확인을 가능하게 한다. 하지만 최신의 수로 정보를 업데이트 하는 과정에서 USB 보안 실패의 개연성이 있어 최근 사이버 취약점 요소로 자주 거론 되고 있다. 항로를 설정하는 주요 장치에 악성코드가 심어지는 등 보안사고가 발생할 경우 최악의 상황도 발생할 수 있으니 특별한 주의가 필요하다.

ECDIS는 AIS 등 다른 시스템과 연동되며 소프트웨어 업데이트, 자료 저장에 범용 이동식 매체가 사용되고 있다.

### (2) VDR(항해자료 기록장치)

비행기의 블랙박스의 역할과 유사하다. 선박 운항상 대부분의 정보가 실시간 기록, 저장된다. 항해 통신 기기, 주보기관 장비 등 선내 모든 주요장비의 데이터와 실시간 기상, 선박위치, 침로 등의 운항 정보들이 디지털 신호로 변환되어 메인 시스템에 일괄 저장된다. 특히 조타실 교신 내용, 대화 내용의 음성 녹음과 저장 기능도 갖추고 있어 유사 시 상황 파악에 큰 도움이 될 것이다.

AIS와의 차이점은, AIS가 사고예방을 목적으로 만들어진 것과 달리 VDR은 사고 후의 증거 분석 등 후속조치가 주 목적이라는 점이다. 대형 사고 후 선박이 침몰할 경우 원인 규명과 배상 및 당사자 처벌이 곤란하기에 비행기의 블랙박스와 같은 기능을 구상하게 된 것이다.

한편 VDR은 장비 차체의 저장 매체를 분리하여 저장된 자료를 외부로 추출할 수 있으며, 선박이 침몰하는 경우에 대비하여 자동 수중 부상(浮上)식 캡슐형 보조 저장매체를 갖추고 있는 등 증거 수집, 디지털 포렌식을 가능토록 설계되었다.

### (3) AIS(자동선박식별시스템 ; Automatic Identification System)

AIS는 GPS기술을 이용하여 선박 간, 선박-육상 간 선박 정보를 쌍방향 송수신하여 교통량이 많은 해역에서 선박의 충돌 등 사고를 예방하고 통항 정보를 수집하는 장비이다. 수집되는 정보는 선박명, 선종, IMO 등 식별번호, 선위, 선속, 침로 등이다.

AIS는 다음과 같은 방법으로 저장된 자료를 추출할 수 있다.

먼저 GICOMS 등 육상의 중앙통제센터, 기지국은 AIS 정보를 DB로 필터링 저장, 백업 저장되고 있어서 관제기관 및 사용자 모두 사후에 정보 추출이 가능한 구조로 구성되어 있다. 선박측에서도, AIS Display와 범용 컴퓨터를 RS-422, RS-232C 케이블[80]을 통해 연결하거나, ECDIS와 이더넷하여 직접 정보 추출 또는 별도의 저장 매체 저장이 가능하다.

### (4) GPS 플로터(GPS Plotter ; 위성항법장치)

GPS 플로터란 인공위성이 보낸 신호를 전자해도에 도면화하여 선박의 위치를 표시하는 위성항법장치를 말한다. 오차는 5미터 이내이다.

GPS 플로터는 AIS, ECDIS와 같은 항해장비와 연결되며 자료의 추출 또한 어렵지 않다. 다만 전원의 차단 시 최종 항적만 기록으로 남아 항적 외의 유의미한 정보를 구하지 못할 수도 있는데 세월호 사고 당시 GPS 플로터가 누군가의 고의로 전원을 차단했다는 의혹이 있었다.

육상과는 선박의 위성 통신 INMARSAT 단말기와 GICOMS 시스템이 연결되어 항해정보 입수를 위해 활용된다.

### (5) VTS(Vessel Traffic Service)

항만을 입출항하는 선박의 운항 통제를 주목적으로 운영되는 육상의 선박 관제 시스템이다.

선박과 VHF(단거리 무선통신), 위성전화, RADAR 등 모든 방식을 활용하여 통신하며 AIS 등 식별장치를 인식하여 침로, 선위를 파악한다. VTS의 통신내용, 스크린 저장 시설에서 유의미한 데이터를 추출할 수 있다.

80) RS-422, RS-232 케이블 병렬통신 방식의 컴퓨터 장치가 직렬방식의 외부와 통신할 때 사용되는 전송 규격; 시리얼 포트

### c. 계획과 절차

IMO 결의서 MSC.428(98)은 사이버 리스크를 특정한 위협으로 식별하고, 기업은 이를 안전한 선박운항과 환경의 보호에 영향을 미칠 수 있는 다른 리스크와 동일한 방식으로 가능한 한 해결하려고 노력해야 한다고 한다.

사이버 리스크 관리를 회사의 SMS에 통합하는 방법은 〈부록-1〉를 참고할 수 있다.

사이버 리스크 관리는 선박의 안전하고 효율적인 운영에 도움이 되는 안전 및 보안 문화의 고유한 부분이어야 하며 육상관리자 및 본선 직원을 포함한 회사의 다양한 수준에서 고려되어야 한다.

선박 운영에 있어 사이버 보안 사고는 물리적 영향 및 잠재적 안전 또는 오염 사고를 초래할 가능성을 내포한다. 이것은 회사가 선내 IT, OT의 사용으로 초래하는 리스크를 평가하고 사이버 사고에 대한 적절한 안전장치를 수립해야 함을 의미한다. 사이버 리스크 관리를 위한 회사의 계획과 절차는 ISM Code 및 ISPS Code에 포함된 현존 보안 및 안전 리스크 관리사항에 통합되어야 한다.

한편 ISPS Code 제8장에 의거, 모든 선박은 본선운항 및 관련된 잠재 위협의 식별 및 평가를 포함하는 보안 평가를 수행해야 한다. ISPS Code Part B 제8.3.5의 권고와 같이 리스크 평가는 컴퓨터 시스템과 네트워크를 포함한 무선 및 전기통신 시스템을 포함해야 한다. 따라서 선박보안계획(SSP)은 네트워크를 보호하기 위한 적절한 조치까지 포함해야 할 수도 있다. 정교하고 디지털화된 본선 OT 시스템의 채택으로 인해, 선박의 보안 절차가 가능한 최신으로 유지될 수 있도록 SMS를 참조하여 이러한 절차를 포함하는 것을 고려해야 한다.

TMSA같은 시스템 또한 상기한 계획 및 절차가 구현될 것을 요구하고 있다.

### d. 선박 관리자와 선박 소유자와의 관계

안전적합문서(DOC) 책임자는 본선에서 사이버 리스크 관리를 보장할 최종적 책임이 있다. 따라서 선박이 제3자의 관리 하에 있는 경우, 선박 관리자는 선박 소유자와 적절한 합의를 맺어놓을 것이 요구된다.

양 당사자의 책임의식, 실질적 기대의 상호 일치, 관리자에 대한 구체적 지시에 대한 합의 및 예산문제 뿐만 아니라 구매결정에 참여하는 문제 또한 특별히 강조되어야 한다.

ISM 요구사항과 별도로, EU 일반 데이터 보호 규정(GDPR) 또는 타국의 사이버 관련 법령 같은 추가적인 적용 법규도 고려해야 한다.

한편 사이버 위험 관리에 관한 소유자와 관리자의 합의는 공식적으로 서면으로 작성되어야 한다.

### e. 선박소유자와 선박 대리점과의 관계

선박 소유자, 선박 운영자, 터미널, 항만 서비스 공급 업체, 항만당국과 민감한 교류, 재정 및 경영상 목적으로 항만정보를 통해 선박과 지속적, 동시적 접촉하는 이해관계자로서 선박 대리점이 존재한다.

선박의 항만 입출항 수속은 글로벌, 지역적으로 대단히 복잡한 업무이다. 대리점 업무는 항만 공급 업체와의 정보 조율 및 최신화, PSC 대응, 선박 및 선원의 요구 사항 처리, 선박, 항만 및 유관 당국과의 전자적 통신을 포함한다.

사이버 리스크 관리를 위해 통상 선박 대리점은 정보를 선박 소유자의 관리 정보 시스템에 실시간으로 업로드하는 IT 시스템을 구축할 필요성이 있는데 다른 모든 비즈니스와 마찬가지로 선박 대리업무도 사이버 범죄의 대상이 될 수 있으므로 대리점의 품질 표준이 중요하다.

전자적 사기, 허위 선박 배정과 같은 사이버 범죄와 랜섬웨어 및 해킹과 같은 사이버 위협은 상호 사이버 전략 및 소유자, 대리점 간의 강화된 사이버 관계를 통해 경감시켜야 한다.

**사고사례 : Ship agent and shipowner ransomware incident**

한 선박은 회사의 비즈니스 네트워크가 이메일 첨부 파일로부터 랜섬웨어에 감염되었다고 보고받았다. 조사결과 랜섬웨어의 출처는 2곳의 선박 에이전트로서, 지역적으로나 업무적으로 분리된 상황이었다.

선박은 항해 및 선박운영에는 영향을 받지 않았지만 비즈니스 네트워크에는 영향을 받았다. 결국 선박소유자는 랜섬웨어에 의해 비용을 지불했다.

### f. 외부자와의 관계

해운회사는 항만 서비스 제공 업체의 물리적 보안 및 사이버 리스크 관리 프로세스를 평가하여 공급 계약에 포함시켜야 한다. 공급자 자격검사 시 평가되고 계약 요구사항에 포함되는 프로세스에는 다음이 포함 된다.

- 하위 공급 업체 관리를 포함한 보안 관리
- 제조 및 운영 보안
- 소프트웨어 엔지니어링 및 아키텍처
- 자산 및 사이버 사고 관리
- 인적 보안
- 데이터 및 정보 보호

## 2) 리스크 관리의 실무

### CRMA-01. 위협의 식별

사이버 리스크는 회사, 선박운항 또는 거래에 따라 다르다. 리스크를 평가할 때 회사는 사이버 사고에 취약성을 증가시킬 수 있는 운영상의 특정한 측면을 고려해야 한다.

역사적 증거를 보유한 다른 안전 및 보안 분야와 달리, 사이버 리스크 관리는 보안사고 및 그 영향에 관한 결정적인 정보가 없기 때문에 점점 더 확인이 쉽지 않다. 증거가 확보될 때까지 공격의 규모와 빈도는 앞으로도 계속 알려지지 않을 것이다.

### g. 사이버 공격의 동기와 목적

조직과 개인은 사이버 취약성을 악용할 동기를 갖고 있다. 다음 예시는 제기된 위협과 회사, 선박에 대한 잠재적 영향을 보여 준다.

| Group | Motivation | Objective |
|---|---|---|
| 행동주의자<br>(불만직원 포함) | - 명예 훼손<br>- 운항 방해 | - 데이터 파괴<br>- 민감한 데이터 유출<br>- 언론보도<br>- 서비스 또는 목표 시스템에 대한 접근 거부 |
| 범죄자 | - 금전적 이득<br>- 상업적 스파이<br>- 산업 스파이 | - 도난 데이터 판매<br>- 도난 데이터 랜섬<br>- 시스템 조작 랜섬<br>- 화물운송의 사기적 조작<br>- 더욱 복잡한 범죄, 정확한 화물 위치, 해상운송과 화물 취급을 위한 기밀 취합 |
| 기회주의자 | - 모험 | - 재정적 이득 |
| 정부 후원 테러리스트 | - 정치적 이득<br>- 간첩 | - 지식의 습득<br>- 경제적, 중대한 국가 기반시설 파괴 |

〈표-19〉 동기와 목적

상기 그룹은 활동적이며 선박의 안전과 보안 및 회사의 사업 수행 능력을 위협 할 기술과 자원을 보유하고 있다. 또 회사 직원이 선내 또는 육상에서 사이버 시스템 및 데이터를 손상시킬 수 있는 가능성도 있다.

일반적으로, 회사는 IT나 OT 시스템을 조작하고 관리할 때 또는 기술적, 절차적 보호조치에 실패할 때 인적 오류에 의해 이런 오류가 비의도적으로 초래될 수 있다. 그러나 회사나 선박을 손상시키기 위해 불만을 품은 선원에 의해 악의적이고 고의로 의도될 수 있는 가능성 또한 있다.

## h. 사이버 공격의 종류

일반적으로 회사와 선박에 영향을 줄 수 있는 사이버 공격은 두 가지 범주가 있다.

- 지정되지 않은 공격 : 회사나 선박 시스템, 데이터는 다양한 잠재적 타겟의 하나
- 표적공격 : 회사나 선박 시스템, 데이터는 의도된 타겟

대상이 지정되지 않은 공격은 인터넷에서 사용할 수 있는 도구와 기술을 사용하기 쉽다. 이런 도구와 기술은 회사와 선내에 존재할 수 있는 광범위한 취약점을 찾아 내고 악용하는 데 사용할 수 있다.

### (1) Malware

말웨어는 소유자의 인식 없이 컴퓨터에 액세스하거나 컴퓨터를 손상시키도록 설계된 악성 소프트웨어이다. 트로이목마, 랜섬웨어, 스파이웨어, 바이어스 및 웜 등의 다양한 말웨어가 있다. 랜섬웨어는 몸값이 지불될 때까지 시스템에서 데이터를 암호화한다.

말웨어는 구식(舊式)이나 패치되지 않은 상업용 소프트웨어의 알려진 결함 및 문제점도 악용할 수 있다. '악용'이라는 용어는 일반적으로 다른 컴퓨터 소프트웨어 또는 하드웨어의 문제를 이용하고 조작하도록 설계된 소프트웨어 또는 코드의 사용과 관계된다.

이 문제는 예를 들어 코드 버그, 시스템 취약성, 부적절한 설계, 하드웨어 오작동 및 프로토콜 구현상의 오류일 수 있다. 이러한 취약점은 원격으로 악용되거나 로컬에서 트리거(trigger)될 수 있다. 악성 코드는 종종 이메일 첨부파일이나 악성 웹사이트를 통해 배포되는 링크를 통해 사용자에 의해 실행될 수 있다.

### (2) Phishing

민감한 또는 기밀의 정보를 위해 수많은 잠재적인 대상에게 이메일을 보낸다. 이러한 이

메일은 이메일에 포함된 하이퍼링크를 통해 가짜 웹사이트에 방문하도록 요구할 수 있다.

### (3) Water holing(워터링 홀)

방문자를 착취하기 위해 가짜 웹사이트를 구축하거나 진짜 웹사이트를 손상(공격 대상이 방문할 가능성이 있는 합법적 웹사이트에 미리 악성코드를 심어 놓은 후 잠복하다가 피해자가 방문하면 피해자의 컴퓨터에 악성코드를 추가로 설치하는 공격 방법)

### (4) Scanning

무작위 인터넷 공격. 표적공격은 보다 정교해질 수 있으며 회사나 선박을 대상으로 특별히 제작된 도구와 기법을 사용한다.

### (5) Social engineering

소셜 미디어의 상호작용을 통해 내부자를 조작하여 보안 절차를 깨기 위해 잠재적인 사이버 공격자에 의해 사용되는 기술

### (6) Brute force

특정 정보(사용자의 패스워드)를 알아내기 위해 수많은 암호 조합을 시도하는 공격. 침입자는 암호가 추출될 때까지 가능한 모든 문자열 조합을 하나씩 대입하여 원시적으로 공격한다. 이 공격에 쉽게 노출되지 않기 위해 신중히 비밀번호를 설정해야 한다.

### (7) Denial of service(DoS)

네트워크에 데이터를 범람시킴으로써 정당하고 권한 있는 사용자가 정보에 액세스하는 것을 방지한다. 분산 서비스 거부(DDoS) 공격은 다수의 컴퓨터 및 서버를 제어하여 DoS 공격을 구현한다.

### (8) Spear-phishing

악성 소프트웨어 또는 악성 소프트웨어를 자동으로 다운로드하는 링크를 포함한 개인의 이메일을 대상으로 한다.

### (9) Subverting the supply chain

회사 또는 선박에 전달되는 장비, 소프트웨어 또는 지원 서비스를 침해함으로써 회사 또는 선박을 공격한다.

## i. 사이버 공격의 단계

사이버 공격은 단계적으로 수행된다. 사이버 공격을 준비하는 시간은 공격자의 동기와 목표, 그리고 회사가 이행하는 기술적, 절차상의 사이버 리스크 통제의 회복력에 의해 결정된다. 표적으로 삼은 사이버 공격을 고려할 때 일반적으로 관찰되는 공격단계는 다음과 같다.

### (1) Survey/reconnaissance

공개 소스는 사이버 공격에 준비를 위해 회사, 선박 또는 선원에 대한 정보를 얻는 데 사용된다.

소셜 미디어, 기술 포럼, 웹사이트, 문서 및 간행물의 숨겨진 속성은 기술적, 절차적 및 물리적 취약성을 식별하는데 사용될 수 있다. 공개 소스의 사용은 회사 또는 선박으로 오고 가는 실제 데이터를 모니터링 함으로써 보완 될 수 있다.

### (2) Delivery

공격자는 회사와 선박의 시스템 및 데이터에 접근하려고 시도할 수 있다. 이것은 회사나 선박 내에서 또는 인터넷과의 연결을 통해 원격으로 이뤄질 수 있다. 접근에 사용되는 방법은 다음과 같다.

- 화물 또는 컨테이너 추적 시스템을 포함한 회사 온라인 서비스
- 악성 파일이 포함되거나 악성 웹사이트를 링크한 이메일 전송
- 감염된 이동식 미디어 제공, 예를 들어 본선 시스템의 소프트웨어 업데이트
- 직원이 사용자 계정 정보를 공개하도록 허위 웹사이트 제작

### (3) Breach

침입자가 회사나 선박의 시스템을 침범할 수 있는 범위는 공격자가 발견한 취약성의 중요성과 공격을 실행하기 위해 선택한 방법에 달려 있다. 침범으로 인해 장비의 상태가 명백하게 변경되지 않을 수도 있음을 주지해야 한다. 침범의 중요성에 따라 침입자는 다음 행동이 가능하다.

- 항해 장비를 통해 사용되는 정보를 방해하거나 조작하는 등 시스템 운영에 영향을 주는 변경을 하거나, 화물목록 같은 운영상 중요한 정보를 변경한다.
- 화물 적하목록 또는 승무원 및 승객, 방문자 목록과 같은 상업적으로 민감한 데이터에 접근한다.
- 기관 관리 시스템 같은 통제 시스템을 완전히 제어한다.

#### (4) Pivot

피벗은 다른 작업을 수행할 수 있도록 이미 악용된 사례를 사용하는 기술이다. 이 공격 단계에서 공격자는 첫 번째 손상된 시스템을 사용하여 접근할 수 없는 다른 시스템을 공격한다. 공격자는 대개 가장 낮은 보안수준의 시스템의 가장 취약한 부분을 타겟으로 할 것이다. 한번 접근이 성공하면 공격자는 나머지 시스템을 악용하려고 시도할 것이다. 일반적으로 피벗 단계에서 공격자는 다음을 시도할 수 있다.

- 새로운 공격 단계에서 공격자를 지원하기 위해 시스템의 도구 악용 및 스크립트 업로드
- 스캐닝 또는 네트워크 매핑 도구를 사용하여 인접 시스템 검색 실시
- 시스템에 접근을 유지하기 위해 영구 도구 또는 키로거 설치
- 시스템에 새로운 공격 실행

한편 침입자의 동기와 목적은 그들이 회사나 선박 시스템 및 데이터에 어떤 영향을 미치는지를 결정한다.

공격자는 시스템을 탐색하고 액세스를 확장하거나 시스템으로 돌아갈 수 있는지 확인하여 다음을 시도한다.

- 화물, 선원, 방문자 및 여객에 대한 상업적으로 민감하거나 기밀의 데이터에 접근
- 선원, 여객, 방문자 목록, 적하 목록의 조작, 이는 화물의 사기적 불법운송을 허용하거나 도난을 용이하게 하는데 사용될 수 있다.
- 영업 시스템의 서비스 거부를 야기
- 해적 행위, 절도 및 사기와 같은 범죄를 유도
- 중요한 사전 입출항 정보를 삭제하거나 회사 시스템에 과부하를 가하는 등 회사 및 선박 시스템의 정상적인 운영을 붕괴

## CRMA-02. 취약성의 식별

해운 회사는 현실적으로 직면할 수 있는 잠재적 위협에 대한 평가를 우선 수행할 것이 권고

된다. 이는 최근의 위협 수준을 조정할 수 있도록 시스템의 견고함을 매핑하는 시스템 및 선내 절차를 평가함으로써 이행된다.

그것은 내부 전문가 또는 해운업 및 주요 프로세스에 대한 지식을 가진 외부 전문가에 의해 지원될 수 있다. 그 결과는 주요 위험을 중심으로 한 전략이어야 한다.

독립형 시스템은 통제되지 않은 네트워크에 연결되거나 인터넷에 직접 연결된 시스템에 비해 외부 사이버 공격에 덜 취약하다.

## a. 주요 선내 시스템의 취약성

중요한 선내 시스템이 통제되지 않은 네트워크에 어떻게 연결될 수 있는지 이해해야 한다. 사람의 행동으로 인해 많은 보안 사고가 시작되므로 인적 요소를 고려해야 한다. 선내 시스템에는 다음을 포함 한다.

### (1) 화물 관리 시스템

위험 화물을 포함한 화물의 적하, 관리 및 통제에 사용되는 디지털 시스템은 항만, 터미널을 비롯한 다양한 시스템과 연결될 수 있다. 이런 시스템에는 인터넷을 통해 화주가 사용할 수 있는 화물 추적 도구가 포함될 수 있다.

하지만 화물 추적은 일반적으로 화주와 운항 선박 간의 직접 연결이 아닌 선박에 연결된 회사 시스템을 통해 수행된다. 이런 방식은 화물 관리 시스템 및 적양하 목록의 데이터를 사이버 공격에 취약하게 만든다.

> 회사의 보안관계자는 사이버 보안 관리 전문가의 자문 시 당사가 운영, 관리하는 주요 시스템에 대한 충실한 자료를 제공하고 절대 누락해서는 안 된다.

### (2) 선교 시스템

업데이트 및 서비스 제공을 위해 육상 네트워크에 연결된 디지털 항해 시스템의 사용이 증가함에 따라 이런 시스템은 사이버 공격에 취약해지고 있다. 한편 다른 네트워크에 연결되어 있지 않은 선교 시스템 또한 제어되거나 제어되지 않은 네트워크로부터 시스템을 업데이트 하는데 종종 사용되는 이동식 미디어로 인해 마찬가지로 취약할 수 있다.

사이버 사고는 서비스 거부 또는 조작으로 확대될 수 있으므로 ECDIS, GNSS, AIS, VDR 및 레이더, ARPA를 포함한 항해와 관련된 모든 시스템에 영향을 미칠 수 있다.

육상, 기관실과의 통합 시스템, 네트워킹 관계를 파악하고 있어야 하며, 육상 보안 전문가에게 자세한 내용을 제공하여 위험관리를 전가해야 한다. ECDIS, GNSS, AIS, VDR 등 타 시스템과 연결되거나 데이터 추출이 가능한 장비에 대해서는 사고 복구, 조사에 대비하여 더욱 정확히 인지하고 있어야 한다.

### (3) 추진, 엔진관리 및 전력제어 시스템

본선 주기관, 추진장치 및 조타장치를 모니터링하고 제어하기 위한 디지털 시스템의 사용은 시스템을 사이버 공격에 취약하게 만든다.

이러한 시스템의 취약성은 원격 기반 모니터링과 함께 사용되거나 통합 선교 시스템을 사용하는 선박의 항해, 통신 장비와 통합될 때 증가할 수 있다.

기관사는 C/R 시스템이 주요 기관 장비와 선교 간 IT 시스템으로 연결되는지 여부와 기관장비로부터 누구나 데이터 저장, 추출이 가능한지 여부를 상세히 파악하여 사이버 보안 전문가에게 일임한다.

### (4) 접근 제어 시스템

감시, 보안경보, 전자 인사시스템을 포함하여 선박과 화물의 물리적 보안 및 안전을 보장하기 위해 접근통제를 지원하는 디지털 시스템은 사이버 공격에 취약하다.

### (5) 승객 서비스 및 관리 시스템

재산 관리, 승선 및 출입통제에 사용되는 디지털 시스템은 귀중한 여객 관련 데이터를 보유하고 있다. 지능형 장치(태블릿, 핸드 스캐너 등)는 결국 수집된 데이터가 다른 시스템으로 전달되게 하는 공격 벡터이다.

여객선사의 경우 개인정보가 포함된 시스템, 외부인(고객)이 접속하는 시스템에 대해 상세한 파악을 선행하고 특히 유럽을 항해하는 노선인 경우 GDPR(유럽일반개인정보보호법) 적용 대상이므로 운항정보 또한 보안 전문가에게 알려야 한다.

### (6) 승객의 공용 네트워크 접속

오락용 시스템과 같이 여객의 편의를 위해 선내 설치된 고정 또는 무선 인터넷 네트워크는 제어되지 않는 것으로 간주되어야 하며 본선의 주요 안전시스템과 연결되어서는 안 된다.

### (7) 관리자, 선원 복지 시스템

선박 관리, 행정 또는 선원 복지용 선내 컴퓨터 네트워크는 인터넷 접속 및 이메일 제공 시 특히 취약하다. 이는 선내 시스템 및 데이터에 접근하기 위해 사이버 공격자에 의해 악용될 수 있다.

이러한 시스템은 제어되지 않는 것으로 간주되어야하며 본선 안전에 중요한 시스템과는 연결되어서는 안 된다. 선박 관리 회사 또는 소유자가 제공하는 소프트웨어도 이 범주에 포함된다.

### (8) 통신 시스템

위성 또는 기타 무선 통신을 통한 인터넷 연결 가용성은 선박의 취약성을 증가시킬 수 있다.

서비스 공급자가 구현한 사이버 방어 매커니즘은 신중히 고려되었겠지만 모든 본선 시스템과 데이터를 보호할 수 있을 것으로 전적으로 의존해서는 안 된다.

이러한 시스템에는 필수 선박보고 정보를 전송하는 공공기관과의 통신 링크가 포함된다. 또 해당 기관의 적용 가능한 인증 및 접근통제 관리 요구사항은 엄격히 준수되어야 한다.

## b. 선박과 육상 간 상호 접속

디지털 통신은 비즈니스, 운영 관리 및 본사와의 연락 유지에 사용되고 있기 때문에 육상과 점점 더 통합되고 있다. 게다가 항해, 전력 및 화물 관리의 안전에 본질적으로 중요한 선박 시스템은 점점 더 디지털화되고 인터넷과 연결되어 아래와 같이 다양한 적정 기능을 수행한다.

- 주기관 성능 모니터링
- 유지보수 및 예비품 관리
- 화물, 적양하, 크레인, 펌프관리, 적재계획
- 항해 성능 모니터링

현대 기술은 특히 불안전한 네트워크 설계와 인터넷에 대한 통제되지 않는 접근이 발생할 경우 선박에 취약점을 가중할 수 있다. 또한 육상과 본선 인력들은 일부의 장비 생산업체가 어떻게 본선 장비 및 네트워크 시스템에 원격 접근을 유지하는지 알지 못한다.

알려지지 않은, 조정되지 않은 선박에 대한 원격 접근은 리스크 평가의 중요한 부분으로써 고려되어야 한다. 이를 위해서 본선 시스템에 기반한 모든 컴퓨터에 대한 이해와 사이버 사고로 인해 안전, 운영 및 비즈니스가 어떻게 손상될 수 있는지 인식이 필요하다.

계약자와 서비스 제공자를 포함한 생산자와 제3자에 대해 다음을 고려해야 한다.

1. 생산자 및 서비스 제공업체의 사이버 리스크 관리에 대한 인식 및 절차 : 이러한 회사는 자체 조직에서 사이버 인식 훈련 및 정책이 부족할 수 있으며 사이버 사고를 초래할 수 있는 더 많은 취약요소를 보일 수 있다.

   이런 기업들은 접근 가능한 본선 IT 및 OT 시스템에 대한 교육 및 정책을 포함한 최신화된 사이버 리스크 관리에 관한 회사 정책을 보유해야 한다.

2. 제3자의 사이버 리스크 관리 절차의 완성도 : 선박회사는 사이버 네트워크 보안의 내부통제 방안을 질의하고 향후 계약 및 서비스를 고려하여 사이버 리스크 관리를 보증 받아야 한다. 선박이 항만 터미널이나 하역 회사와 같은 제3자와 네트워킹 되어야 하는 경우에 특히 중요하다.

### c. 일반적인 취약성

다음은 현존선 및 일부 신조선에서 볼 수 있는 일반적인 사이버 취약점이다.

- 지원되지 않는 운영체제
- 구식 또는 불량 백신 소프트웨어
- 비효율적인 네트워크 관리, 기본 관리자 계정과 비밀번호 사용을 포함하여 부적절한 보안구성과 모범 사례
- 경계보호와 망분리 없는 본선 컴퓨터 네트워크
- 안전상 중대한 장비 및 시스템이 육상 측과 상시 연결
- 협력업체와 서비스 공급자를 포함하여 제3자에 대한 부적절한 접근통제

## CRMA-03. 리스크 평가

### 2) 리스크 평가 개요

사이버 리스크 평가는 선박 보안 책임자 또는 IT 부서장에게 즉시 위임되기보다 회사의 고위 관리자 수준에서 시작되어야 한다. 다음과 같은 이유 때문이다.

1. 사이버 보안 및 안전성을 제고하기 위한 계획은 동시에 표준 비즈니스 절차 및 운영에 영향을 미치므로 더 많은 시간과 비용이 소요될 수 있다. 따라서 위험 완화를 평가하고 결정하는 것은 고위 경영진 차원의 결단이어야 한다.
2. 사이버 리스크 관리를 향상시킬 수 있는 다양한 계획은 IT 시스템이 아니라 비즈니스 절차, 교육훈련, 선박과 환경의 안전과 관련되어 있으므로 IT 부서 외부에서 조직적으로 정착될 필요가 있다.
3. 사이버 인식 제고의 계획은 회사가 고객, 공급 업체 및 당국과 상호 작용하는 방식을 변경하게 하고, 이해관계자 간의 협력에 새로운 요구사항을 부과할 수 있다. 따라서 이런 상호 관계의 변화를 어떻게 추구할 것인지는 경영진의 결단 사항이다.

본선 사이버 리스크를 다룰 때 다음 질문을 리스크 평가를 위한 기초로써 사용할 수 있다.

- 어떤 자산이 위험에 처해있는가?
- 사이버 사고의 잠재 영향은 무엇인가?
- 누구에게 사이버 리스크 관리의 최종 책임이 있는가?
- OT 시스템과 근무 환경은 인터넷으로부터 보호되고 있는가?
- OT 시스템에 원격으로 접근할 수 있는가? 그렇다면 어떻게 모니터링하고 보호되는가?
- 모범 사례가 사용되고 있는가?
- IT와 OT 시스템을 운영하는 직원의 훈련 수준은 어떤가?

상기 답안을 바탕으로 회사는 권한을 위임하고 전체 리스크 평가 수행에 필요한 예산을 배정하고 회사 및 선박의 운항에 가장 적합한 솔루션을 개발해야 한다.

그리고 다음 사항을 해결해야 한다.

- 운영, 안전 및 환경 보호에 중요한 시스템을 식별한다.
- 사이버 정책, 절차 수립 책임자를 지정하고, 모니터를 실시한다.
- 안전한 원격 접근에 복수 방어 체계를 어디에 사용해야 하는지, 네트워크를 인터넷으로부터 차단해야 하는지
- 직원 훈련 필요성의 확인

### (1) 고려사항

사이버 리스크 수준은 회사, 선박, 사용되는 IT 및 OT 시스템, 저장된 정보 또는 데이

터의 상황을 반영한다. 해운 산업은 사이버 사고에 대한 취약성에 영향을 미치는 다양한 특성을 가지고 있으며 다음이 고려되어야 한다.

- 사이버 통제는 본선에서 이미 이행되고 있다.
- 많은 이해 관계자가 IT 인프라에 대한 책임의 결여를 초래하는 선박의 운영 및 용선에 종종 관여한다.
- 선박이 온라인 상태이고 어떻게 글로벌 공급사슬의 다른 부분과 결합되는가?
- 선박 장비가 원격으로 모니터링 되고 있는가, 예를 들어 생산자에 의한 영업상 중요한 데이터, 상업적으로 민감한 정보는 육상 기반의 공급자, 항만 터미널, 하역회사, 또는 공공기관과 공유되는가
- 선박의 안전과 환경보호를 위해 중대한 컴퓨터 제어 시스템의 가용성 여부

상기 요소들은 모두 평가에 고려되어야 하며, 회사 사이버 보안 정책, 안전관리시스템과 선박보안계획과 통합시켜야 한다. 또 회사는 사이버 리스크 관리절차를 개발하고 이행할 때 관련 국제, 산업계 표준과 모범사례 뿐만 아니라 해당 국가 및 기국의 규정도 참고하여야 한다.

IT 및 OT 시스템, 소프트웨어 및 유지 관리는 서비스 공급자로부터 외주 용역할 수 있으며 회사 자체는 이러한 공급자가 제공하는 보안 수준을 검증할 방법이 없을 수 있다. 그래서 일부 회사는 소프트웨어 및 사이버 보안 검사를 담당하는 다른 공급자를 사용한다.

한편 빅데이터, 스마트쉽 및 사물인터넷이 증가함에 따라 사이버 공격자가 사용할 수 있는 정보의 양과 잠재적 사이버 범죄자가 증가하고 있다. 사이버 리스크 관리에 대한 견고한 접근 방식은 현재와 미래 모두에서 중요하다.

### (a) 외부자 접근

외부자의 방선을 통해 방문자와 본선의 하나 또는 하나 이상의 컴퓨터가 연결되는 것은 선박과 육상 간의 연결을 초래한다. 기술자, 공급 업체, 항만 관리자, 터미널 담당자, 대리점, 도선사 및 기타 기술자가 본선에 올라 랩탑과 태블릿 같은 장치와 연결하는 것은 일반적이다. 일부 기술자는 컴퓨터 업데이트, 데이터 다운로드 또는 기타 작업 수행을 위해 이동식 미디어의 사용을 요청한다. 또한 세관 공무원 및 PSC 검사관이 본선에 승선하여 알려지지 않은 이동식 매체를 삽입하여 컴퓨터에 공식문서 인쇄를 요청하기도 한다.

종종 건선거, 휴항 기간 또는 신조, 현존선을 인계받는 때에 본선 시스템에 접근하는 자에 대한 통제가 없는 경우도 있다. 이런 경우, 본선 시스템에 악성 소프트웨어가 남아 있는지 알아내기 어렵다. 민감한 데이터는 선박에서 제거하고 선박이 정상이 될 때 재설치하는 것이 권장된다. 가능한 한 시스템 사용 전에 말웨어를 스캔하여야 한다. OT 시스템은 올바르게 작동하는지 테스트해야 한다.

일부 IT 및 OT 시스템은 원격으로 접속할 수 있으며 원격 모니터링, 데이터 수집, 유지보수 기능, 안전 및 보안을 위해 지속적인 인터넷 연결로 작동될 수 있다. 이러한 시스템은 계약자가 원격 액세스로 시스템을 모니터링하고 유지 관리하는 '제3자 시스템'이다. 이러한 시스템에는 양방향 데이터 흐름과 업로드 전용 모두가 포함된다. 원격 제어, 액세스 또는 구성 기능이 있는 시스템 및 워크 스테이션은 다음과 같다.

- 조타실과 기관실 컴퓨터와 본선 행정 네트워크의 워크 스테이션
- 원격 추적 냉동 온도 콘트롤 시스템 또는 특수화물
- 복원성 결정 지원 시스템
- 선체 응력 모니터링 시스템
- 전자항해해도, VDR, 동적위치유지 시스템(DP)
- 화물취급 및 적재, 주기관, 화물관리 및 적하계획 시스템
- CCTV등의 안전 및 보안 네트워크
- 시추작업, 시추방폭장치(BOP), 해저 설치 시스템, 가스 탱커 비상정지장치, 해저 케이블 설치 등 특수 시스템

장비 연결의 범위와 성격은 회사에 의해 인식되어야 하며 리스크 평가의 중요한 부분으로 고려되어야 한다.

(b) Bring your own device(BYOD)

선원들은 개인휴대장비(BYOD)를 선내에 가지고 와서 선박 시스템이나 네트워크에 연결할 수 있다. 이것이 편리하고 경제적일 수는 있지만 이러한 장치는 관리되지 않았기 때문에 취약성 정도가 현저히 높아진다. 정책 및 절차는 망분리를 사용하여 취약 데이터를 보호하는 방법뿐 아니라 BYOD의 통제 및 사용 또한 다루어야 한다.

### (2) 중요도 평가

#### (a) CIA 모델에 의한 평가

기밀성, 무결성, 가용성 모델은 다음 영향을 평가하기 위한 토대를 제공한다.

- 선박, 선원, 화물 및 여객에 관한 정보의 비인가 접근 또는 유출
- 선박의 안전하고 효율적인 운영 및 관리와 관련한 정보 및 데이터를 변경하거나 파괴하는 무결성의 손상
- 정보 및 데이터의 파괴 또는 선박 시스템의 서비스, 운영 방해로 인한 가용성 상실

기밀성, 무결성 및 가용성의 상대적 중요성은 정보 또는 데이터의 사용에 달려 있다. 예를 들어 상업적 운영과 관련된 IT 시스템의 취약성을 평가하는 것은 가용성보다는 기밀성 및 무결성에 초점을 맞출 수 있다. 반대로 본선 OT 시스템, 특히 안전에 중대한 시스템은 기밀성 대신 가용성 또는 무결성에 초점을 맞출 수 있다.

잠재적 영향은 안전, 운영, 환경, 재정, 평판 및 규제준수와 관련될 수 있다. 다양한 평가 방법론은 사이버 공격으로 인한 중요성의 정도를 정의할 수 있는 기준과 기술을 제공한다.

| Potential Impact | Definition | In Practice |
|---|---|---|
| Low | 기밀성, 무결성 또는 가용성의 손상으로 인해 회사 및 선박, 조직 자산 또는 개인에 대한 제한된 악영향이 우려됨 | 제한된 악영향은 다음의 보안 침해를 의미함 : (i) 조직이 주요 기능을 수행할 수 있는 범위 내, 기간 동안만 선박 운영의 저하를 유발할 수 있지만, 기능의 효율성은 현저하게 감소 (ii) 조직 자산에 경미한 손상을 초래 (iii) 경미한 재정상 손실 초래 또는 (iv) 개인에게 경미한 손해 초래 |
| Moderate | 기밀성, 무결성 또는 가용성의 손상은 회사 및 선박, 자산 또는 개인에 상당한 악영향을 미칠 것으로 예상됨 | 실질적인 악영향은 다음을 의미함 : (i) 조직이 주요 기능을 수행할 수 있는 범위 내 또는 기간 동안 선박운영을 상당히 저하시키고, 기능의 효율성은 상당하게 감소 (ii) 조직 자산에 상당한 손상을 초래 (iii) 상당한 재정적 손실을 초래 (iv) 인명 사상이나 심각한 생명 위협 상해를 포함하지 않는 개인에게 상당한 손해를 초래 |
| High | 기밀성, 무결성 또는 가용성의 상실로 인해 회사 및 선박 운영, 자산, 환경 또는 개인에 중대한 또는 치명적인 악영향을 초래 | 중대한 또는 치명적인 악영향은 다음을 의미함 : (i) 조직이 하나 이상의 주요 기능을 수행할 수 없는 정도 및 기간동안 선박 운영의 중대한 저하를 유발 (ii) 환경 또는 조직 자산에 중대한 피해 초래 (iii) 중대한 재정적 손실을 초래 (iv) 인명 사상 또는 생명을 위협하는 중상을 포함하여 중대하고 치명적인 피해를 초래 |

〈표-10〉 Potential impact levels when using the CIA model

OT 시스템의 리스크 평가는 장비의 재고 개요, 컴퓨터 기반 시스템 및 네트워크 연결 매핑을 기반으로 해야 한다. 또한 액세스 지점과 통신 장치가 이 개요에 포함되어야 한다. 선내 OT 시스템의 사이버 사고 영향에는 물리적 영향이 포함될 수 있으므로 리스크 평가에는 다음이 포함되어야 한다.

- 승선 인원, 선박 및 화물의 안전에 미치는 영향
- 선내, 주변 환경을 포함한 OT 시스템에 대한 물리적 영향 ; 통제되고 있는 프로세스에 미치는 영향과 OT 시스템 자체에 대한 물리적 영향
- OT 시스템 내 비디지털 제어 구성요소에 대한 리스크 평가의 결과

리스크 평가를 기반으로 한 보호 조치의 실행은 모든 선박에서 ISM Code와 SMS를 통해 운영되고 있다. 안전성 평가는 물리적 차원과 디지털 차원이 서로 얽혀 있다는 것을 염두한 물리적 세계와 관련한다. 사이버 사고로 인한 잠재적인 물리적 손해의 평가는 다음과 같다.

- 사고가 어떻게 물리적 환경에 영향을 주는 센서와 액추에이터의 운영을 조작할 수 있는가?
- 사고를 방지하기 위해 OT시스템 내에 어떤 잉여 콘트롤과 수동 최우선 가능성이 존재하는가?
- 물리적 사고가 어떻게 나타나는가?
- OT 시스템에 의해 수행된 물리적 프로세스에 대한 잠재적 영향을 어떻게 평가하는가?

### (b) 평가 사례

선박에는 복잡한 전력 관리 시스템이 장착되어 있다. 자동 부하 공유, 전원 제어 및 자동 동기화를 위한 시스템을 제어하는 스위치 보드 및 발전기로 구성된다. 전력 관리 시스템의 최상부에는 SCADA(Supervisory Control and Data Acquisition) 시스템이 출력을 제공하고 선원이 선내 전력의 분배를 제어할 수 있게 한다.

전력 관리는 선원, 선박 및 화물의 안전에 중요하다. 또한 선박의 메인 엔진(샤프트 제너레이터) 또는 보조 엔진에 의한 연료 사용으로 동력이 생성되므로 전력관리는 환경적, 재정상 분명한 영향을 갖고 있다. 따라서 전력 관리 시스템을 오작동 또는 작동시키지 못하게 하는 사이버 사고는 선박의 운영 및 안전에 위험을 초래한다. 리스크를 줄이기 위해 회사는 이러한 사이버 사고 발생 가능성을 최소화하는 보호 조치를 추가

해야 한다.

SCADA 시스템에는 선내 전력 관리를 위해 사용되는 실시간 센서 데이터가 포함되어 있다. 또한 회사가 관리의 목적으로 사용하는 전력 소비량에 대한 데이터를 생성한다. 데이터 및 정보의 잠재적 영향을 확인하려면 CIA 모델을 사용해야 한다. 해운회사는 SCADA 시스템에 의해 저장, 처리 또는 전송된 가장 민감한 정보의 잠재적 영향을 결정해야 한다.

CIA모델을 사용하여 해운회사는 다음의 결론을 내릴 수 있다.

- SCADA 시스템에 의해 획득한 센서 데이터의 기밀성을 잃어도 센서가 공개적으로 게시되어 있기 때문에 영향이 적다. 그러나 안전 관점에서 센서에 의해 전송되는 정보는 신뢰할 수 있어야 한다. 따라서 무결성 손상은 잠재적으로 큰 영향을 미친다. 또한 정보를 읽을 수 없는 경우에도 안전 이슈가 된다. 따라서 가용성 손상은 잠재적으로 큰 영향을 미친다.
- 통계 목적을 위해 회사에 전송되는 전력 소비 정보에 대한 기밀성의 손실은 잠재적으로 낮은 영향이라 평가된다. 또한 데이터가 오직 내부 고려사항으로만 사용되기 때문에 무결성 및 가용성 손실로 인한 잠재적 영향 또한 작다고 할 수 있다.

| SCADA | Confidentiality | Integrity | Availability | Overall Impact |
|---|---|---|---|---|
| Sensor Data | Low | High | High | High |
| Statistical Data | Low | Low | Low | Low |

〈표-21〉 SCADA system CIA 평가 결과

그런데 상기와 같은 CIA 중요도 평가는 평가자의 판단력과 구성원의 성향 등 다양한 주관적 변수에 따라 결과 차이가 크게 달라질 수도 있다. 다음은 선박의 자산식별과 CIA평가 사례이다. 두 선박은 선내 구성원의 브레인 스토밍을 통해 다음과 같은 평가 결과를 도출하였다.

| No. | Category | Assets | Application | Location | Value | | | Criticality Index |
|---|---|---|---|---|---|---|---|---|
| | | | | | C | I | A | |
| 1 | | Server PC | Window 7 | Bridge | 2 | 2 | 2 | 2 |
| 2 | | Bridge PC | Window 7 | Bridge | 2 | 2 | 2 | 2 |
| 3 | | Wireless AP | | Bridge | 1 | 1 | 1 | 1 |
| 4 | | Auto Pilot System | | Bridge | 1 | 5 | 3 | 3 |
| 5 | | ECDIS | | Bridge | 3 | 5 | 5 | 4 |

| 6 | | GPS Navigator | | Bridge | 4 | 5 | 5 | 4 |
|---|---|---|---|---|---|---|---|---|
| 7 | | AIS | | Bridge | 4 | 5 | 3 | 4 |
| 8 | | VDR | | Bridge | 5 | 5 | 5 | 5 |
| 9 | | ECR office PC | | ECR | 1 | 4 | 3 | 3 |
| 10 | | M/E Control Sys. | | E/R | 4 | 5 | 5 | 4 |
| .. | ... | ... | ... | | | | | |

〈표-22〉 A, B 선박의 자체 CIA평가 사례

이는 CIA 중요도 평가를 1~3 또는 1~5 구간으로 평가기준을 세분화 한다 해도 평가 자체가 주관성을 띄기에 평가자에 따라 편차를 보일 수 있음을 보여준다. 특히 선박 리스크는 선종, 톤수, 화물, 본선 직원의 수준, 의식, 항로에 따라서도 일률적이지 않기에 선박에 적용하는 CIA 평가방식은 오차 수정의 기술적 방법이 요구된다. 따라서 자산 중요도 평가와 해석은 제3자의 객관적 평가가 가장 유일하고 적절한 방법이다.

### (c) 회사에 의한 리스크 평가

> 회사 자체의 리스크 평가는 평가 과정 중 경영진이나 실무자의 주관적, 자의적 판단과 해석으로 오류의 발생 가능성이 있다. 따라서 리스크 평가는 전문가의 위임하는 것을 권한다.

리스크 평가 프로세스는 현재의 사이버 위협 수준을 처리하기 위한 견고함을 매핑하기 위해 선내 시스템을 평가함으로써 출발한다.

리스크 평가는 본선 IT 및 OT 시스템을 평가한다. 평가를 수행할 때 회사는 다음 사항 뿐만 아니라 선박보안 평가서(SSA)의 결과도 참고해야 한다.

- 선내 IT 및 OT 시스템을 보호하기 위한 현존 기술적, 절차적 통제방법의 확인
- 인적 요소를 포함하여 취약한 IT 및 OT 시스템과 이러한 시스템의 사용을 규율하는 정책 및 절차의 식별. 식별에는 펌웨어의 패치 및 업데이트 현행 수준 뿐만 아니라 장비와 관련된 알려진 취약점에 대한 검색을 포함
- 사이버 공격에 취약한 본선 운영방식의 확인 및 평가
- 가능한 사이버 사고와 주요 선내 운영상 영향의 식별, 보호조치를 구축하고 우선순위화하기 위한 발생 가능성의 식별

회사는 사이버 리스크 관리 문제를 다루기 위해 이미 마련되어있는 기술적 및 절차적 통제를 이해하기 위해 선내 장비 및 시스템의 제조사 및 서비스 제공업체와 상의할 수 있다. 또한 중요한 시스템이나 구성 요소의 공장 표준 구성에서 식별된 사이

버 취약점은, 미래의 장비 보호를 원활히 하기 위해 공표되어야 한다.

#### (d) 제3자에 의한 리스크 평가

자체 평가는 훌륭한 출발이 될 수 있지만 (3)항에서 언급한 바와 같이 자체 평가 중에 발견되지 않을 수 있는 위험과 편차를 식별하고 더 깊이 있는 훈련을 위해서 제3자의 리스크 평가를 고려하는 것이 좋다.

중요한 IT 및 OT 인프라에 대한 침투 테스트는 실제 방어 수준이 회사의 사이버 보안 전략에 명시된 기대하는 수준과 일치하는지 여부를 식별하기 위해 수행될 수 있다. 침투 테스트는 IT 시스템, 사회 공학 및 시설 보안 경계의 물리적 침투를 사용한 공격을 시뮬레이션하는 외부 전문가에 의해 수행될 수 있다.

이 테스트는 시스템에 소프트웨어를 액세스하고 삽입하는 작업을 포함하기 때문에 활성 테스트라고 한다. 이는 IT 시스템에만 적합할 수 있다. 침투 테스트 중 OT 시스템에 대한 리스크가 용납될 수 없는 경우, 수동 시험 접근법이 고려된다. 이 방법은 시스템이 전송한 데이터를 스캐닝하여 취약성을 식별한다.

일반적으로 소프트웨어를 시스템에 적극적으로 액세스하거나 삽입하려는 시도는 없다.

### (3) 리스크 평가 절차

#### (a) 사전 평가 활동

선내 사이버 리스크 평가를 시작하기 전에 다음 활동을 수행 한다.

- 주요 IT, OT 제조사 식별
- 네트워크 구조, 인터페이스와 상호연결을 포함하여 주요 OT, IT 시스템의 상세 문서 검토
- 각 제작사와의 사이버 보안 접점을 확인하고 협력관계 구축
- IT, OT 시스템의 유지보수와 지원을 위한 상세 문서 검토
- 선박 소유자, 선박 운영자가 본선 네트워크 및 장비의 유지보수와 지원에 관해 보유한 계약상의 요구사항 및 의무를 수립
- 필요 시 세부계획 수립을 위해 제조사와 공급자를 포함한 외부 전문가 지원

(b) **선박 평가**

선박 네트워크와 시스템 및 장치 평가의 목표는 기밀성 상실, 무결성 손상 또는 장비, 시스템, 네트워크 및 선박 운영상의 손상을 초래할 수 있는 모든 취약성을 식별하는 것이다. 이러한 취약점과 약점은 다음 중 하나에 속할 수 있다.

- 소프트웨어 결함 또는 구형 또는 패치하지 않은 시스템과 같은 기술
- 접근 관리, 관리되지 않은 상호연결 등의 설계
- 잘못 구성된 방화벽 등의 구현상의 오류
- 절차상 또는 기타 사용자 오류

본선 평가 시 중요한 점은 선장, 기관장, 1등 항해사 등 모든 승무원이 참여해야 한다는 것이다. 이 프로세스는 본선 IT 및 OT 시스템의 구현, 설계상 문서와 어떻게 다른지를 이해하게 하고, 선원들에게 전달되는 사이버 교육의 수준을 이해할 수 있도록 돕는다.

(c) **취약성 검토, 보고의 분석**

평가 후에는 식별된 각 취약성은 잠재적 영향과 악용 가능성에 대해 평가되어야 한다. 권장되는 기술적 또는 절차상 시정조치는 각 취약성에 대해 식별되어야 한다.

이상적인 사이버 리스크 평가는 다음을 포함한다.

- 실행요약 : 평가한 선박에 대한 권고사항과 전반적인 프로필
- 기술적인 발견 : 발견한 취약성의 제거, 악용 가능성, 결과 영향, 적절한 기술적 수정 및 경감 조언
- 우선 순위화 행동 목록 : 할당 된 우선순위는 조치의 효과, 비용, 적용 가능성 등을 반영해야 한다. 이 목록은 가능한 한 완전한 목록이어야 하며, 서비스 및 제품 목록이 외부에 표시되어서는 안 된다.
- 보충 자료 : 모든 주요 결과에 대한 기술적 세부 사항과 치명적인 결함에 대한 포괄적인 분석을 포함하는 보충 자료. 이 섹션은 치명적이거나 위험이 높은 취약점에 대한 침투 테스트 도중 복구된 샘플 데이터를 포함하여야 한다.
- 부록 : 사이버 리스크 평가팀이 수행한 활동기록 및 사용된 도구

사이버 리스크 평가의 일부는 기밀로 취급되어야 하는지 고려되어야 한다.

사이버 리스크 관리 정책 및 절차는 회사 안전관리시스템(SMS)에 포함되어야 하지

만, 회사 외부에서 사용 가능하게 될 경우 취약점이 될 수 있는 정보는 포함해서는 안 된다.

(d) 제조사 통보

> 최근의 스마트쉽, 무인화 선박, e-Navigation 사업 등의 추세에 따라 선박 건조 단계에서 탑재되는 선박 기자재의 형식승인이 상당히 강화된다. 모든 선내 장비는 KR 등 선급의 형식승인 인증을 득한 후 장착될 것이다.

선박 소유자는 조사 결과를 검토, 토론 및 평가했다면, 영향을 받는 시스템의 제조사에게 조사결과를 보낼 수 있다.

제조사에 통보하기 위해 선박소유자의 승인을 얻은 결과는 전체 리스크와 기술적 이해를 확보하기 위해 제작사의 사이버 보안 담당자와 협력하여, 외부 전문가의 조력을 받아 더 분석될 수 있다.

이런 지원 활동은 제조사가 개발한 치료 계획이 본질적으로 포괄적임을 확인하고 취약점을 제거하기 위해 올바른 해결책을 식별하기 위해서이다.

## CRMA-04. 보호 및 탐지방법 개발

회사의 리스크 평가 결과와 이어지는 사이버 보안 전략은 합리적으로 실제 가능한 만큼 낮게 감소되어야 한다. 기술적으로는 합의된 수준의 사이버 보안을 수립하고 유지하는 데 필요한 조치를 포함한다.

본선에서 사이버 보안을 관리하는 방법을 인식하고 선장과 항해사, 필요시 회사보안책임자에게 책임을 위임하는 것이 중요하다.

### (4) 다계층 방어 및 다방면 방어

다음의 개인 역할, 절차와 기술을 고려하여 여러 계층의 보호 방법으로 중대한 시스템과 데이터를 보호하는 것이 중요하다.

- 사이버 사고를 탐지할 수 있는 가능성을 높인다.
- 정보, 데이터 또는 IT 및 OT 시스템의 가용성을 보호하는데 필요한 노력과 자원을 증가시킨다.

본선과 연결된 OT시스템은 하나 이상의 기술적 또는 절차적 보호조치가 필요하다. 방화벽과 같은 방어시설은 시스템에 인가받지 않은 침입을 방지하기 위해 중요하지만 내부자 위협에 대응하기에 충분하지 않을 수 있다.

이러한 다계층 방어는 아래 조합이 권장된다.

- 선박보안계획서(SSP)에 따른 선박의 물리적 보안
- 효과적인 세분화를 포함한 네트워크 보호
- 침입 탐지
- 정기적 취약점 스캔 및 테스트
- 소프트웨어 화이트 리스트 작성
- 액세스 및 사용자 컨트롤
- 이동식 미디어 및 패스워드 정책의 이용과 관련한 적절한 절차
- 적절한 절차에 대한 위험과 친숙도에 대한 개인적 인식

회사 정책 및 절차는 사이버 보안이 안전 및 보안 위험 관리에 대한 전반적인 접근 방식으로 고려됨을 보장해야 한다. 사이버 위협의 복잡성과 지속 가능성은 다계층 접근 방식이 고려되어야 함을 의미한다. 다계층의 보호방식으로 보호되는 장비 및 데이터는 사이버 공격에 더욱 회복적이다.

시스템 간의 통합을 개발할 때 신뢰범위 모델을 고려해야 한다. 시스템은 신뢰가 암시적인 시스템과 신뢰가 명시적이어야 하는 시스템으로 그룹화된다. 대규모 또는 복잡한 네트워크의 경우 위협 모델링은 다방면 방어를 지원하기 위해 시스템 간 기술 제어가 구현되어야 함을 이해하는 활동으로 간주되어야 한다.

그러나 IT 및 OT 시스템 간의 통합 수준이 높은 본선에서는 기술적, 절차적 보호 조치가 모든 취약한 통합 시스템 전 계층에 적용되는 경우에만 다계층 방어가 작동한다. 이것이 "다방면 방어"이며 한 시스템의 모든 취약점이 다른 시스템의 보호 조치를 우회하는 것을 막는데 사용된다.

사이버 리스크 보호 대책은 본질적으로 기술적 또는 절차적이며, 절차적 통제를 시행하기 위해 기술적 통제가 구현된다. 적절한 조치를 사용한 접근법의 조합은 효과적인 보호 수준을 제공한다. 다계층 방어와 다방면 방어는 상호 보완적인 접근 방식으로써 함께 구현된다면, 사이버 리스크 관리의 전반적 대응의 기초를 제공할 수 있다.

또 사이버 리스크 보호대책은 기술적일 수 있고, 선내 시스템이 사이버 공격에 회복력

있게 설계 및 구성되었는지를 보장하는데 중점을 둘 수 있다. 보호대책은 절차적일 수도 있으며 회사 정책, 안전 관리 절차, 보안 절차 및 접근통제를 포함하여야 한다.

특별히 현존선에 실용적이고 비용 효율적인 기술 통제를 구현할 때 고려해야 할 점이 있다. 그리고 사이버 보안 통제의 실행은 가장 중요한 이익을 제공하는 조치 또는 조치의 조합에 중점을 두고 우선 순위화 해야 한다.

### (5) 기술적 보호조치

#### (a) 네트워크 포트, 프로토콜 및 서비스의 제한 및 제어

네트워크 시스템에 대한 액세스 목록은 회사의 보안 정책을 구현하는데 사용될 수 있다. 이를 통해 네트워크 또는 서브넷의 통제 정책에 기반하여 통제된 네트워크 또는 서브넷을 통해 적절한 트래픽만 허용되도록 할 수 있다.

라우터는 공격으로부터 보호되고 시스템이나 데이터에 대한 비인가 접근을 방지하기 위해 사용하지 않는 포트는 닫을 것을 권장한다.

#### (b) 방화벽, 라우터 및 스위치와 같은 네트워크 장치 구성

어떤 시스템이 제어되거나 제어되지 않는 네트워크에 연결될 것인지 결정해야 한다. 제어된 네트워크는 방화벽, 보안 게이트웨이, 라우터 및 스위치를 사용하여, 연결된 장치로부터 보안 위험을 방지하도록 설계된다.

제어되지 않은 네트워크는 데이터 트래픽 제어의 부족으로 인해 위험을 초래할 수 있고, 직접적인 인터넷 연결로 인해 악성 코드에 의한 침투 가능성이 높으므로 제어된 네트워크와 격리시켜야 한다.

- 선박 자체 운영상 중요한 네트워크가 통제되어야 한다. 이러한 시스템은 높은 수준의 보안을 유지하는 것이 중요하다.
- 항해 및 기타 선내 OT 시스템 소프트웨어에 원격으로 접속하도록 공급업체에 제공하는 네트워크도 제어되어야 한다.
- 이러한 네트워크는 공급 업체가 시스템 업그레이드를 업로드하거나 원격 서비스를 수행하는데 필요할 수 있다. 이런 연결의 육상측 외부 액세스 포인트는 비인가 접근을 방지하기 위해 보안되어야 한다.
- 공공 기관에 의무적으로 보고해야 하는 화물 적재, 적하 계획 및 관리 시스템은 통제되어야 한다.
- 고객용 접속 네트워크와 같은 네트워크는 통제되지 않을 수 있다(승객 오락용 또는 승

무원을 위한 개인 인터넷 접속과 관련된 네트워크). 일반적으로 모든 무선 네트워크는 제어되지 않는 것으로 간주되어야 한다.

필요한 액세스 및 신뢰 수준에 기반한 효과적인 시스템의 분리는 사이버 사고를 예방하는 가장 성공적인 전략 중 하나이다. 또 효과적으로 세분화된 네트워크는 공격자의 선박 시스템 액세스를 현저히 방해할 수 있으며 악성코드 확산을 방지하는 가장 효과적인 기술 중 하나이다.

선내 네트워크는 방화벽으로 분할되어 안전한 영역을 만들어야 한다. 영역 내의 통신 링크와 장비가 적을수록 해당 영역의 시스템과 데이터의 보안은 강화된다.

기밀 및 안전에 중요한 시스템은 가장 보호된 영역에 있어야 한다.

### (c) 물리적 보안

물리적 보안은 사이버 리스크 관리의 중심 요소이며 효과적인 다계층 방어전략은 기술적인 통제가 사소한 기술적 수단을 통해 우회될 수 없음을 보장한다.

### (d) 탐지 차단 및 경고

침입과 감염을 식별하는 것은 통제 절차의 중요한 부분이다.

사용자와 시스템에 대한 네트워크 운영과 예상 데이터 흐름의 기준이 수립되고 관리되어야, 사이버 사고 경고 임계수준이 설정될 수 있다. 이것의 핵심은 책임성을 보장하는 역할과 책임에 대한 정의이다. 또한 기업은 침입탐지시스템(IDS : Intrusion Detection System) 또는 침입방지시스템(IPS : Intrusion Prevention System)을 네트워크 또는 방화벽의 일부로 통합하도록 선택할 수 있다.

이 시스템의 주요 기능은 위협, 악의적 활동 및 코드의 식별, 로깅, 보고 및 활동 차단 시도를 포함한다. 또한 본선 직원이 경보 및 그 의미를 이해할 수 있도록 돕는다. 탐지된 사고는 이러한 유형의 경보에 대처할 책임 있는 개인 또는 서비스 제공자에게 전달되어야 한다.

### (e) 위성 및 무선통신

무선 및 위성통신의 사이버 보안은 서비스 제공 업체와 협력하여 고려해야 한다. 이와 관련하여 선내 네트워크 보호에 대한 요구사항을 수립할 때 위성 링크의 사양을 고려해야 한다.

선박의 항해, 제어 시스템과 육상 서비스 제공자 간 업링크 연결을 구축할 경우, 선박 시스템에 대한 불법적 접근을 방지하는 방법이 고려되어야 한다.

액세스 상호 연결은 배포 당사자의 책임이다.

인터넷 액세스 포인트에서 본선 최종 도착지까지 사용자 트래픽의 최종 라우팅은 선박소유자의 책임이다.

사용자 트래픽은 통신 장비를 통해 라우팅되어 전송된다. 이 트래픽에 대한 액세스 포인트에서 데이터 보안, 방화벽 및 전용 'last-mile' 연결을 제공해야 한다.

가상사설망(VPN)을 사용할 때, 데이터 트래픽은 수용 가능한 국제 표준으로 암호화 되어야 한다. 또한 육, 해상 네트워크에 연결된 서버와 컴퓨터 전면에 방화벽이 배치되어야 한다.

배포자는 특정 트래픽에 가장 적합한 라우팅 및 연결 유형에 대해 조언해야 한다. 육상의 트래픽 필터링(검사 및 차단)은 선박 소유자와 배포자 간의 문제이다. 육상 필터링과 선내 방화벽, 보안 검사, 차단 게이트웨이가 모두 필요하며 충분한 보호 수준을 성취하기 위해 서로를 보완해야 한다.

### (f) 무선접근 통제

선박 네트워크 무선 액세스는 적절히 승인된 장치로 제한되어야하며 정기적으로 변경되는 강력한 암호화 키를 사용하여야 한다.

무선 액세스 통제를 위해 다음 사항이 고려된다.

- 비대칭 암호화를 이용한 인증 시스템을 사용하고 적절한 무선 전용 액세스 포인트(관리 네트워크와 격리된 고객 네트워크)로 네트워크를 격리할 것
- 승인되지 않은 무선 액세스 포인트 또는 장치를 가로막을 수 있는 무선 IPS 같은 시스템의 채택
- 무선 액세스 장비와 네트워크 플러그, 네트워크 랙 같은 네트워크 사이의 물리적 상호 연결의 보호를 통해 불량 장치에 의한 무단 액세스 방지

### (g) 악성코드 탐지

본선 시스템에서 악성코드의 존재를 자동으로 탐지하고 처리할 수 있는 스캐닝 소프트웨어는 정기적으로 업데이트 되어야 한다.

일반적으로 본선 컴퓨터는 육상 사무실 컴퓨터와 동일한 수준으로 보호되어야 한다. 안티 바이러스 소프트웨어는 본선의 개인 업무 컴퓨터에 설치, 유지관리 및 업데이트 되어야 한다. 이렇게 하면 이 컴퓨터가 선박 네트워크 상의 서버 및 다른 컴퓨터에 대해 공격 벡터로 활동하는 위험을 줄일 수 있다.

이런 방어 방법을 신뢰할 것인지 여부를 결정할 때 스캐닝 소프트웨어가 얼마나 정기적으로 업데이트 될 것인지 고려해야 한다.

### (h) 하드웨어와 소프트웨어의 보안구성

고급 사관만이 관리자 프로필을 부여받아 일반 사용자 프로필의 설정 및 억제를 제어할 수 있다. 사용자 프로필은 컴퓨터, 워크 스테이션 또는 서버가 필요한 목적으로만 사용되도록 제한되어야 한다. 사용자 프로필은 사용자가 시스템을 변경하거나 새 프로그램을 설치하고 실행할 수 없도록 해야 한다.

### (i) 이메일과 웹브라우저의 보호

선박과 육상 간의 이메일 교환은 선박운항에 필수적인 요소이다. 적절한 이메일 및 웹브라우저 보호를 위해 다음이 필요하다.

- 잠재적인 소셜 엔지니어링의 위험으로부터 육, 해상 직원보호
- 민감정보 획득의 방법으로써 사용될 수 있는 이메일 보호
- 데이터의 기밀성과 무결성을 보장할 수 있도록 이메일이나 음성을 통한 민감 정보의 교환이 적절하게 보호되고 있음을 확인
- 악의적인 스크립트로부터 웹브라우저와 이메일 클라이언트를 보호

안전한 이메일 전송을 위한 모범 사례는 이메일 시스템에서 하이퍼링크를 사용하지 않도록 설정하고, 필요 시 zip 또는 암호화 파일을 사용하거나, 일반 이메일 주소를 사용하지 않고 시스템에서 사용자 계정을 구성했는지를 확인하는 것이다.

### (j) 데이터 복구 기능

데이터 복구 기능은 안전한 사본 또는 이미지에서 시스템 또는 데이터를 복원할 수 있는 기능이다. 백업 기능은 사이버 사고 복구를 보장하는 데 이용될 수 있어야 한다.

영향을 줄이기 위해서 어떤 주요 시스템이 빠른 복원 기능을 필요로 하는지 우선순위를 정할 수 있도록 보존 기간 및 복원 시나리오가 수립되어야 한다.

데이터 가용성 요구사항이 높은 시스템은 회복력이 있어야 한다.

선박의 안전한 항해 및 운영에 필수적인 OT 시스템은 사이버 사고 후 선박이 빠르고 안전하게 항해 및 운항능력을 회복 할 수 있는 백업 시스템을 갖추어야 한다.

**(k) 응용소프트웨어 보안**(패치관리)

안전 및 보안 업데이트는 선내 시스템에 제공되어야 한다. 일반적인 보안패치는 정기적 유지보수 사이클에 포함되어야 한다. 중요한 패치는 OT 시스템의 운영상 영향의 관점에서 평가되어야 한다.

이러한 업데이트 또는 패치는 시스템상의 결함이 사이버 공격으로 악용되기 전에 해결될 수 있도록 올바르고 적시에 적용되어야 한다.

중요한 패치를 설치할 수 없는 경우 가상 패치 기술을 구현할 수 있는 대안이 고려되어야 한다.

**(6) 절차적 보호조치**

절차적 통제는 직원이 어떻게 선내 시스템을 사용하는지에 중점을 둔다. 민감한 정보를 포함한 계획과 절차는 기밀로 유지되어야하며 회사 정책에 따라 처리된다.

## b. 훈련 및 인식교육

훈련 및 인식교육은 사이버 리스크 관리의 가장 효과적인 접근법으로서 중요한 지원요소이다.

내부 사이버 위협이 고려되어야 한다. 직원들은 IT와 OT 시스템을 보호하는 핵심적인 역할을 가지고 있다. 반면에 악성코드에 대한 예방책 없이 시스템 간 데이터를 전송하기 위해 이동식 미디어를 사용하는 일을 저지를 수도 있다. 이런 훈련과 의식제고는 적절한 수준으로 조정되어야 한다.

- 선장, 항해사, 선원을 포함한 본선 직원
- 선박의 관리, 선적, 운영을 지원하는 육상 직원

선박 소유주와 운영자는 운송 사업에 있어서 도급 절차의 일부로 터미널 및 하역회사를 포함하여 제3자의 사이버 보안 준비상태를 명확히 해야 한다.

인식제고 프로그램은 모든 선상 직원을 위해 적절히 마련되어야 한다. 그리고 다음을 포함해야 한다.

- 이메일에 관한 위험과 어떻게 안전한 방식으로 행동할 수 있는지. 예를 들어 사용자로 하여금 악성 사이트로 연결되는 링크를 클릭하게 하는 피싱 공격
- 소셜 미디어, 채팅 및 데이터 이동이 덜 통제되고 모니터링되는 클라우드 기반의 파일 저장 등 인터넷 사용에 관련된 리스크
- 개인 장비의 사용에 관한 리스크. 이런 장비들은 통제가 전무하거나 리스크를 이전시킬 수 있다.
- 감염된 하드웨어(이동식 미디어) 또는 소프트웨어(감염된 패키지)를 사용하여 회사 하드웨어상의 소프트웨어 설치 및 유지보수 관련 리스크
- 안티 바이러스 체크나 인증성 확인이 수행되지 않은 소프트웨어나 데이터 보안 관행에 관한 리스크
- 사용자 정보, 패스워드, 디지털 인증서의 보호
- 외부인의 물리적 존재와 관련한 사이버 리스크, 예를 들어 외주기술자가 감독자 없이 장비를 사용하고 떠나는 경우
- 의심스런 행동이나 장비를 탐지하고 가능성 있는 사이버 사고를 보고하는 방법, 예를 들어 눈에 띄지 않는 이상한 연결이나 선박 네트워크에 알려지지 않은 장비를 꽂는 사람
- 선박의 안전이나 운항에 관한 사이버 사고의 영향 또는 결과의 인식
- 안티 바이러스, 패치, 백업 및 사이버 대응계획과 테스트같은 예방적 유지보수 루틴을 어떻게 유지하는지에 대한 이해
- 선박 시스템에 연결 전 서비스 공급자의 이동식 미디어에 의한 위험에 대비한 보호절차

추가로, 직원들은 안티 악성코드 소프트웨어가 존재한다고 해서, 모든 이동식 미디어의 사용을 통제하는 것과 같이 강력한 보안 절차의 필요성이 사라지지 않는다는 것을 인지할 필요가 있다.

한편 해당 직원들은 컴퓨터가 손상되었을 때의 다음과 같은 징후를 알고 있어야 한다

- 응답이 없거나 느린 시스템
- 예기치 않은 패스워드 변경 또는 인가된 사용자의 시스템 출입 불능
- 정상적인 작동 실패 또는 예기치 못한 프로그램 오작동을 포함하여 프로그램의 예기치 못한 에러
- 이용가능 디스크 공간 또는 메모리의 예상치 못한 또는 갑작스런 변화
- 예상치 못하게 반송된 이메일
- 예상치 못한 네트워크 접속 불량
- 빈번한 시스템 충돌

- 비정상적인 하드디스크 또는 프로세서 작동
- 권한, 브라우저, 소프트웨어 또는 사용자 설정의 예상치 못한 변경

그리고 지정된 직원(안전관리자 ; DP)은 침입탐지시스템의 보고서를 이해할 수 있어야 한다. 이 목록은 포괄적이지는 않으며, 가능성 있는 사이버 사고로 처리되어야할 잠재적 징후의 인식을 제고하기 위함이다.

#### (a) 방문자 접근통제

당국, 기술자, 대리점, 항만 및 터미널 관계자, 선주 감독과 같은 방문객은 본선 컴퓨터 액세스가 제한되어야 한다. 또 민감한 OT 네트워크 컴퓨터에 대한 비인가 접근은 금지되어야 한다.

방문자의 네트워크 접근이 필요하여 허용될 경우 사용자 권한이 제한되어야 한다. 또 유지 보수를 위해 특정 네트워크에 액세스할 경우에는 회사 및 선박 운영자가 지시한 적절한 절차에 따라 승인되고 조정되어야 한다.

방문자가 컴퓨터 및 프린터 사용을 요구하는 경우 통제된 네트워크로부터 '에어 갭'처리한 독립 컴퓨터를 사용해야 한다. 비인가 액세스를 방지하기 위해 물리적으로 액세스 가능한 모든 컴퓨터와 네트워크 포트에 이동식 미디어 블로커를 사용해야 한다.

> **사고사례 : 벙커링 서베이어의 본선 장비 사용**
>
> 한 드라이 벌크선이 벙커링을 마친 후 벙커 서베이어가 서명을 위한 서류를 인쇄하기 위해 엔진 콘트롤룸의 컴퓨터 사용을 요청했다. 서베이어는 컴퓨터에 USB 드라이브를 삽입하고 선박의 관리 네트워크에 악성 프로그램을 감염시켰다. 이 악성코드는 나중에 사이버 평가가 실시될 때까지 탐지되지 않았다.
>
> 이는 외부인 소유의 USB 장치 등의 사용을 방지하거나 제한하는 절차의 필요성을 상기시킨다.

#### (b) 업그레이드와 소프트웨어 유지관리

제작사 또는 소프트웨어 개발자로부터 더 이상 지원받지 못하는 하드웨어 또는 소프트웨어는 잠재적인 취약점을 해결하기 위한 업데이트를 받지 못하므로, 더 이상 지원되지 않는 하드웨어 및 소프트웨어의 사용은 사이버 리스크 평가의 일부로 회사에 의해 주의 깊게 평가되어야 한다.

충분한 보안 수준을 유지할 수 있도록 관련 하드웨어 및 소프트웨어가 업데이트되어야 한다. 적시에 소프트웨어 업데이트하는 절차가 선종, 인터넷 속도, 해상 시간 등을 고려하여 이뤄져야 한다. 소프트웨어는 최신으로 유지되어야 하는 운영체제를 포함한다. 또한 라우터, 스위치, 방화벽 및 다양한 OT 장치는 정기적인 업데이트를 요하는 자체 펌웨어를 구동하므로 이는 절차적 요구사항에서 다뤄져야 한다.

소프트웨어의 효과적인 유지관리는 소프트웨어 전체 수명 동안 유지관리 활동을 지원하는데 필요한 조치의 식별, 계획 및 실행에 달려 있다. 안전한 소프트웨어 유지 관리를 보장하는 산업 표준은 개발되어 있다. 본선 장비 및 통합 시스템의 소프트웨어 유지보수와 관련한 모든 이해관계자에 대한 요구사항을 명세하고 있다. 이 표준은 본선, 육상 및 원격 소프트웨어 유지보수를 포함한다.

### (c) 안티 바이러스 및 악성코드 프로그램 업데이트

소프트웨어 툴을 검사하여 악성코드를 탐지하고 처리하기 위해 업데이트가 필요하다. 업데이트가 적시에 선박에 배포되고 선내 모든 컴퓨터가 업데이트될 수 있도록 절차적 요구 사항이 수립되어야 한다.

### (d) 원격접속

선내 IT 및 OT 시스템에 대한 원격 접속을 통제하기 위한 정책 및 절차가 수립되어야 한다. 누가 액세스할 수 있는지, 언제 액세스할 수 있는지, 무엇에 접근할 수 있는지 명확한 가이드 라인이 설정되어야 한다. 원격 접속을 위한 모든 절차에는 선장 및 기타 시니어 사관과의 긴밀한 협조가 포함된다.

IT 또는 OT 시스템이 중단된 경우 검토를 위해 모든 원격접속 발생을 기록해두어야 한다. 원격 접속이 필요한 시스템은 명확하게 정의, 모니터링되고 정기적으로 검토되어야 한다.

### (e) 관리자 권한의 사용

정보의 접근은 오직 인가된 직원만이 가능하다.

관리자 권한은 시스템 구성 설정에 대한 접근과 모든 데이터를 허용한다. 관리자 권한으로 시스템에 로그인하는 사용자는 기존의 취약성을 더욱 쉽게 악용되도록 할 수 있다. 관리자 권한은 회사 또는 본선의 적절히 훈련된 직원에게만 주어지며, 이러한 권한을 통해 시스템에 로그인 한다. 관리자 권한의 사용은 이런 접근을 필요로 하는 기능에만 한정하여야 한다.

사용자가 더 이상 본선에 있지 않으면 사용자 권한은 제거되어야 한다. 일반 사용자 이름을 사용하여 한 사용자에서 다음 사용자로 계정이 전달되어서는 안 된다. 선박 시스템에 원격으로 접속하는 육상직원이 역할을 변경하고 더 이상 접속의 필요가 없는 경우에도 비슷한 규칙이 적용되어야 한다.

해운업과 같은 비즈니스 환경에서는 다양한 이해관계자가 선박 시스템에 접속한다. 공급자와 협력업체는 선박 운영에 대한 상세한 지식과 시스템 액세스 권한을 갖고 있기 때문에 위험성이 있다.

또한 기밀 데이터 또는 안전상 중요한 시스템에 대한 접근을 보호하기 위해서 강력한 비밀번호 정책이 개발되어야 한다. 비밀번호는 강력해야 하고 주기적으로 변경되어야한다. 아울러 회사 정책은 너무 자주 변경해야하는 지나치게 복잡한 비밀번호는 쪽지에 써져 있거나 컴퓨터 근처에 방치될 위험이 있다는 사실을 지적해야 한다.

### 사고사례 : 메인 어플리케이션 서버 랜섬웨어 감염

선박의 주요 어플리케이션 서버가 랜섬웨어에 감염되어 IT 인프라가 완전히 손상되었다. 랜섬웨어는 서버의 모든 중요한 파일을 암호화하여 민감한 데이터가 손실되고 선박운항 작업에 필요한 어플리케이션은 사용할 수 없게 되었다. 이 사고는 서버를 완전히 복구한 이후에도 다시 발생했다.

#### (f) 물리적 이동식 미디어 통제

통제되지 않은 시스템에서 통제하는 시스템으로 데이터를 전송할 때 악성코드가 유입될 위험이 있다. 이동식 미디어는 방어층을 우회하고, 인터넷에 연결되어 있지 않은 시스템을 공격하는데 사용될 수 있다. 이러한 미디어 장치 사용에 대한 명확한 정책이 중요하다. 미디어 장치는, 통제되지 않은 시스템과 통제하는 시스템 간 정보를 전송하는 데 사용되어서는 안 된다는 것을 보증해야 한다.

그러나 이러한 미디어 장치를 사용하는 것이 불가피한 상황(소프트웨어 유지 관리)도 있다. 이러한 경우 이동식 미디어를 체크하여 악성코드를 확인하고 디지털 서명 또는 워터 마크를 통해 합법적인 소프트웨어의 유효성을 확인하는 절차가 있어야 한다.

이동식 미디어 사용과 관련된 정책 및 절차는 선박의 통제된 네트워크에 연결되지 않는 컴퓨터에서 이동식 미디어 장치를 스캔해야 한다는 요구사항이 포함되어야 한다. 예를 들어 유지보수 기술자의 랩탑과 같이 이동식 미디어를 본선에서 스캔할 수 없는 경우

승선 전 스캔할 수 있다.

회사는 파일을 선내 시스템에 업로드하기 전 이동식 미디어를 검색해야 한다는 요구사항에 대해 항만당국 및 터미널 관계자에 알리는 것을 고려해야 한다. 다음 파일 형식을 전송할 때 검색이 수행되어야 한다.

- 화물, 적하 계획 관련 파일
- 국가, 세관, 항만당국 관련 양식
- 벙커링, 윤활유 양식
- 선박 선용품 및 주부식 리스트
- 기관 유지보수 파일

이 리스트는 예시일 뿐이며 절대적이지 않다. 가능하면 파일과 양식은 전자식으로 전송되거나, 이동식 미디어의 사용 없이 신뢰할 수 있는 출처로부터 직접 다운로드되어야 한다.

### (g) 데이터 삭제를 포함한 장비 폐기

폐기할 장비가 상업적으로 민감하거나 기밀의 데이터를 포함할 수 있다. 그래서 장비의 폐기 전 회사는 폐기하는 장비에 보관된 데이터가 완전히 삭제되어 검색할 수 없게 하는 절차를 마련해야 한다.

### (h) 육상으로부터의 지원과 비상계획

사이버 공격 시 선박은 기술 지원에 접근할 수 있어야 한다. 이런 지원과 관련 절차에 대한 세부내용은 본선에서 이용할 수 있어야 한다.

## CRMA-05. 비상계획의 수립

본선 비상계획의 개발 시 사이버 사고의 중요성을 이해하고 대응 조치의 우선순위를 정하는 것이 중요하다.

사이버 사고 시 운영, 자산 등에 미치는 영향이 평가되어야 한다. 대부분의 경우 선적 계획과 관리 시스템을 제외하고 기밀 데이터의 유출을 포함한 본선 IT 시스템의 손실은 비즈니스 연속성의 문제가 될 것이며, 안전한 선박운항에 영향을 주어서는 안 된다. 사이버 사고가 IT 시스템에만 영향을 미칠 경우의 우선 순위는 사고조사 및 복구 계획의 즉시 이행이 될 것이다.

OT 시스템의 손상은 안전한 선박운항에 중대하고 즉각적인 영향을 미칠 수 있다. 사이버 사고로 인해 OT 시스템이 손상되거나 오작동할 경우 선원, 선박, 화물의 즉각적인 안전과 해양환경 보호를 보장하기 위해 효율적인 조치가 취해져야 한다. 일반적으로 주요 시스템의 손실과 대체 모드 사용의 필요성을 포함한, 사이버 사고에 대한 적절한 비상계획은 안전경영시스템(SMS)에 포함된 운영 및 비상절차에 의해 다뤄져야 한다.

안전경영시스템의 현행 절차 중 일부는 이미 이런 사이버 사고를 포함하고 있다. 그러나 사이버 사고가 여러 시스템을 동시에 종료시키는 복합 사고를 일으킬 수도 있다. 비상계획은 이런 사고들도 고려해야 한다.

### (i) 육상 네트워크와 본선 OT 시스템의 분리

육상과 OT 시스템 간의 연결은 성능 모니터링, 예측 유지보수 및 원격 지원과 같은 광범위한 적용에 관련된다.

이들 시스템의 공통점은 안전한 선박운항에 반드시 필요하지 않다는 것이다. 하지만 이것은 안전한 선박운항에 필요한 시스템에 대한 잠재적 공격벡터를 나타낸다. 따라서 언제 어떤 환경 하에서 이런 연결이 허용되는지 평가하는 것이 적절하다. 선박의 안전 운항 위해 OT 시스템이 육상 네트워크 연결로부터 일시적으로 분리되는 시기를 명시한 계획이 수립되어야 한다. 연결의 차단은 공격자가 안전상 주요 시스템을 조작하거나 시스템을 직접 통제하는 것으로부터 보호한다. 또 이런 연결 분리는 네트워크 세그먼트 간 악성코드가 전파되는 것을 회피하기 위해서도 이뤄질 수 있다.

육상측과의 연결을 효과적으로 차단하려면, 단일 네트워크 케이블(특색있는 색깔로 표시)을 분리하거나 방화벽 전원을 꺼서 물리적으로 네트워크가 신속하게 분리될 수 있는 방식으로 네트워크와 연결 서비스를 설계하는 것이 중요하다.

### (j) 안전경영시스템(SMS)

안전경영시스템(SMS)은 이미 사고 또는 위험 상황을 보고하고, 의사결정을 위한 소통과 권한수준을 정의하는 절차를 이미 포함하고 있다. 적절한 경우, 이러한 절차는 사이버 사고 시 의사소통 및 권한을 반영하도록 개정되어야 한다.

다음은 사이버 사고에서 다뤄져야할 목록이다.

- 전자 항법 장치의 가용성 손실 또는 항해 관련 데이터의 무결성 손실
- GNSS를 포함한 외부 데이터 소스의 가용성 또는 무결성 손실
- GMDSS를 포함한 육상과의 필수적인 연결의 손실

- 데이터 관리 및 통제의 무결성 손실과 추진, 보조시스템 및 기타 주요시스템을 포함한 제어 시스템의 가용성 손실
- 랜섬웨어 또는 - 서비스 거부(Dos) 등의 사고

또한 사이버 사고로 인한 장비 또는 신뢰할 수 있는 정보의 손실이 현행 비상계획과 절차가 무력해지지 않도록 보장하는 것이 중요하다. 비상계획과 관련 정보는 사이버 사고가 데이터의 삭제나 통신의 중단을 가져오는 경우도 있으므로 비전자식 양식으로 준비되어야 한다.

사이버 사고에 대한 대응 수준은 사건의 복잡성 또는 심각성에 따라 본선 및 회사의 역량을 넘어서는 경우도 있다. 이런 경우 외부 전문가의 도움이 필요하다(포렌식 분석 및 사후 조치 등).

## CRMA-06. 사이버 보안 사고의 대응 및 복구

사이버 사고 자체가 소멸하지 않을 수도 있음을 이해해야 한다. 예를 들어 ECDIS가 악성코드에 감염된 경우 백업을 시작하면 다른 사이버 사고로 이어질 수 있다. 그래서 감염된 시스템을 치료하고 복원하는 방법을 계획하는 것이 권장된다.

식별된 사이버 사고에 대한 지식은 회사 모든 선대의 대응계획을 개선하는데 사용되어야 하며 이런 사이버 사고에 대한 대응전략이 고려되어야 한다.

### (k) 효율적인 대응

선박이 정상 운항을 재개할 수 있도록 IT 또는 OT 시스템을 복구하기 위한 적절한 조치를 취하기 위해 본선, 육상직원 또는 외부 전문가와의 협력을 포함하는 팀이 수립되어야 한다. 대응팀은 대응의 모든 측면을 수행할 수 있어야 한다.

효과적인 대응은 최소한 다음 단계들로 구성된다.

1. 초기 평가 : 적절한 대응을 위해, 대응팀은 다음을 찾아내야 한다.
   - 사고발생 경위
   - 어떤 IT, OT시스템이 영향을 받았는지
   - 영업상, 운항상 데이터가 영향을 받은 정도

• IT, OT시스템에 대한 위협이 얼마나 남아있는지

2. 시스템과 데이터를 복구한다. 사고 초기 평가에 이어 IT, OT시스템과 데이터는 시스템과 복구된 소프트웨어로부터 위협을 제거하여 운영 가능한 상태로 치유, 복구, 복원되어야 한다.

3. 사고조사. 사이버 사고의 원인과 결과를 이해하기 위해, 사고조사는 적절한 경우, 외부 전문가의 조력을 받아 회사에 의해 수행되어야 한다. 사고조사의 정보는 잠재적 재발을 방지하기 위해 중대한 역할을 할 것이다.
4. 재발방지. 시정조치의 이행에 관한 회사 정책에 따라, 상기 언급한 조사 결과를 고려하여, 기술적, 절차적 보호조치의 부적당에 관한 조치가 고려되어야 한다.

사이버 사고가 복잡할 경우, 예를 들어 IT, OT시스템이 정상상태로 회복되지 않는 경우, 선내 비상계획과 함께 복구계획이 가동되어야 한다. 이런 경우, 대응팀은 다음의 상황에서 선박에 조언을 제공할 수 있어야 한다.

- IT 또는 OT 시스템이 데이터 보호를 위해 중지되어야 하는지 혹은 계속 구동되어야 하는지
- 특정 선박 통신링크가 육상과 차단되어야 하는지
- 사전 설치된 보안 소프트웨어에 제공된 고급 툴의 적절한 사용
- 사이버 사고가 기존 복구계획 수준을 넘어 IT, OT 시스템을 손상시킨 정도

관련 직원들이 대응능력을 효과적으로 유지하는데 도움이 되도록 정기적 사이버 보안 연습을 실행하는 것이 중요하다. 적절한 경우 사이버 보안 연습은 실제 사건에서 영감을 얻을 수 있고 사이버 위기로 확대되는 대규모 사건을 시뮬레이션할 수 있다.

이는 첨단 사이버 보안 사고를 분석하고 비즈니스 연속성과 위기 관리를 처리할 수 있는 기회를 제공한다.

### (1) 복구계획

복구계획은 본선 및 육상회사에 출력물로 게시되어야 한다. 이 계획의 목적은 IT 및 OT를 운영 상태로 복원하는데 필요한 시스템과 데이터의 복구를 지원하는 것이다. 본선 직원의 안전을 보장하기 위해 선박의 운항과 항해는 계획에 우선순위를 설정해야 한다. 복구계획은 사이버 보안 담당자에 의해 이해되어야 하며, 복구계획의 세부 사항과 복잡성은 선종과 본선 IT, OT 및 기타 시스템에 따라 차이가 있다.

사고 대응팀은 사고의 원인으로 중요한 정보를 제공할 수 있는 증거의 파괴를 유발하는 복구조치(디스크 와이핑 등)의 영향을 신중히 고려해야 한다. 가능하면 작동능력을 회복하는 동안 증거를 보전하기 위해 전문 사이버 사고 대응조직이 확보되어야 한다.

데이터 복구 기능은 중요한 기술적 보호조치이며, 일반적으로 IT 데이터의 소프트웨어 백업의 형식이다. 본선이나 육상 모두 소프트웨어 백업은 사이버 사고 이후의 운영 상태로 IT의 회복이 가능해야 한다.

백업시스템이 부재하고 육상의 지원이 필요한 상황에서는 OT의 복구가 특별히 복잡할 수 있다. 어디에서 누구에 의해 지원이 가능한지의 세부사항은 복구계획에 포함되어야 한다.(예를 들어 서비스 엔지니어의 조력을 위해 입항하는 경우)

자격을 갖춘 본선 직원이 있다면, 더욱 폭넓은 진단과 복귀조치가 수행될 수 있을 것이다. 하지만 그렇지 못하다면 복구계획은 기술적 지원을 조속히 받기에 제한적일 것이다.

## 3) 비즈니스 연속성(BCP) 이론

한국선급(KR)은 사이버 인증 지침 2단계부터 비즈니스 연속성 대응방안 구축을 의무화하여, 회사 및 선박 사이버 보안 시스템 인증 2단계, 3단계(CS2, CS3)에 아래와 같은 규정을 수록하여 통제하고 있다.

### KR 해상 사이버 보안 시스템 지침 2019

**제3절 회사(선박) 사이버보안 적합성2 (선박 CS2)**

309. 비즈니스 연속성 강화

1. 시스템 운영매뉴얼은 내부 정책과 연계성을 주기적으로 검토하고 위험관리 프로세스와 연계되어야 한다.
2. 회사(또는 선박)는 비즈니스 연속성을 유지하기 위한 비상상황 발생 시 재해복구 계획을 수립하여야 한다.

**제4절 회사 사이버보안 적합성3 (선박 CS3)**

403. 비즈니스 연속성 보장

1. 회사(선박)는 사고대응을 지원하는 시스템을 주기적으로 점검하고, 필요 시 업데이트를 실시하여야 한다.
2. 회사(선박)는 내외부 환경요인과 자산의 변화 및 변경 등을 고려하여 사고대응 계획서를 지속적으로 검토하고 개선하여야 한다.

> 3. 재해복구를 위한 시스템 보안요구사항을 적용하고 정기적으로 점검하고 조치하여야 한다.
> 4. 재해복구능력을 테스트하고 계획의 검증을 위해 주기적으로 가상 모의훈련을 실시하여야 한다.
> 5. 침투테스트 전 사전평가를 통해 취약성을 제거하여야 한다.
> 6. 침투테스트 완료 시 결과를 검토하고 회사 보안의 효과성을 측정하여 보고하여야 한다.
> 7. 회사(선박)는 침해사고 조사 분석 시 관련 정책, 조사실, 기술도구를 제공하여야 한다.

한편 BCP(비즈니스 연속성)의 구현을 위한 국제표준으로 ISO 22301이 있다. ISO 22301은 중대 사고로 인한 기업의 사업중단 리스크를 최소화하기 위해 개발된 국제표준이다. 해사영역에서는 기존의 ISM, PMS, ISPS, ISO 27001 등 다양한 기법으로 연속성 관리를 하고 있는데 유사한 관리프로그램은 최대한 통합하여 운영하는 것이 효율적이라 판단된다. 한편 최근 STX와 해군 제1함대 정비창 등이 본 표준 인증을 획득한 바 있다.

## 4) 사이버 사고 조사

### a. 해양사고 조사의 의의

사이버 사고 조사는 취약점이 악용된 방식에 관한 중요한 정보를 제공할 것이다. 가능하면 회사는 회사 절차에 따라 IT, OT에 영향을 준 사이버 사고를 조사해야 한다. 자세한 조사는 외부의 전문가 조력이 필요할 수 있다.

사이버 사고 조사는 법률적, 형사적 분쟁의 책임 소재 파악을 위한 디지털 포렌식을 포함하기도 한다. 본선 장비의 정확한 파악과 로그북 등 성실한 기록 유지관리는 향후 포렌식 조사와 보험 클레임에 큰 도움이 될 것이다.

한편 조사 결과는 본선과 육상의 기술적, 절차적 보호조치를 개선하는 데에도 사용되어야 한다. 해상 사이버 리스크에 대한 이해와 함께 더 넓은 해양산업의 이해에 도움을 줄 수 있다. 사고조사는 아래의 결과를 이끌어 낸다.

- 본선과 육상의 해양산업에 직면한 잠재적 사이버 리스크에 대한 더 나은 이해
- 인식제고를 위한 훈련의 개선을 포함한, 학습교훈의 확인
- 재발 방지를 위한 기술적, 절차적 보호조치의 갱신

## b. 해상 디지털 포렌식

선박의 디지털화로 인해 해상에서의 사고 양상이 크게 변모하고 있다. 사이버 보안 사고는 계속 증가할 전망이므로 사고 조사와 후속 대응을 위한 포렌식 전략에 대해서도 심도 있는 연구가 필요하다. 하지만 아직 이에 대해 관심과 논의가 부족한 것이 사실이다. 본서에서는 기존의 선박 사고 조사와 본선 장비 운용방식을 기본으로 해상 사고 대비 포렌식 방안에 대해 살펴본다.

### ⓐ 해상 사고 조사의 근거

해난, 해상사고의 조사에 대해서 국제법상 유엔해양법(UNCLOS), SOLAS협약에서 언급되고 있다. 특히 'SOLAS 해양사고 조사 코드'[81] 는 해양사고의 조사방법, 증거수집 방법, 조사관의 권한 등을 다루고 있다. 국내법으로는 '해양사고의 조사 및 심판에 관한 법률'이 해양사고 발생 후 조사 방법과 절차, 재결 등 준사법적 절차, 해기사의 징계 등을 담고 있다.

> **해양사고의 조사 및 심판에 관한 법률**
>
> 제35조(증거보전)
>
> ③ 해양사고가 발생한 경우 누구든지 다음 각 호의 어느 하나에 해당하는 행위를 하여서는 아니 된다. 다만, 선원이나 선박의 안전 확보, 해양환경의 보호 등 공공의 중대한 이익 보호 또는 인명 구조 등을 위하여 제5호에 따른 행위를 하여야 할 필요가 있는 경우에는 그러하지 아니하다.
>
> 1. 해당 해양사고와 관련된 선박에 비치하거나 기록 · 보관하는 다음 각 목의 간행물 또는 서류 등(전자적 간행물 또는 서류 등을 포함하며, 이하 이 항에서 "기록물"이라 한다)의 파기 또는 변경
>    가. 「선박안전법」 제32조에 따라 선박소유자가 선박에 비치하여야 하는 항해용 간행물
>    나. 「선원법」 제20조제1항에 따라 선장이 선내에 비치하여야 하는 서류 및 같은 조 제2항에 따라 선장이 기록 · 보관하여야 하는 서류
> 2. 해당 해양사고와 관련된 선박으로서 「해사안전법」 제46조제2항에 따른 안전관리체제를 수립 · 시행하여야 하는 선박의 소유자 또는 같은 법 제51조에 따른 안전관리대행업자가 해당 선박의 안전관리체제 수립 · 시행과 관련하여 작성 · 보관하거나 선박에 비치하는 기록물의 파기 또는 변경
> 3. 해당 해양사고와 관련된 선박으로서 제2호에 따른 선박 외의 선박의 소유자 또는 「선박관리산업발전법」 제2조제2호의 선박관리사업자가 해당 선박의 운용, 선원의 관리 또는 선박의 정비와 관련하여 작성 · 보관하는 기록물의 파기 또는 변경
> 4. 해당 해양사고와 관련된 선박과 「해사안전법」 제36조에 따른 선박교통관제 또는 「선박의 입항 및 출항 등에 관한 법률」 제19조에 따른 선박교통관제를 시행하는 기관 사이의

81) Code for the Investigation for Marine Casualities and Insidents ; IMO 2005년 채택, 제 1, 2, 3편으로 구성되어 사고조사 방법, 증거수집 방법, 조사권한 등의 내용을 수록하고 있으며 우리법은 해양사고의 조사 및 심판에 관한 법률에서 이를 반영하고 있다.

선박교통관제 또는 해상교통관제와 관련하여 작성 · 보관되는 기록물의 파기 또는 변경
5. 해당 해양사고와 관련된 선박의 손상된 선체 · 기관 및 각종 계기(計器)와 그 밖의 부분에 대한 수리

④ 「선박안전법」 제26조에 따라 선박시설기준에서 정하는 항해자료기록장치(이하 이 항에서 "항해자료기록장치"라 한다)를 설치한 선박의 선장은 해당 선박과 관련하여 해양사고가 발생한 경우 지체 없이 항해자료기록장치의 정보를 보존하기 위한 조치를 하여야 한다.

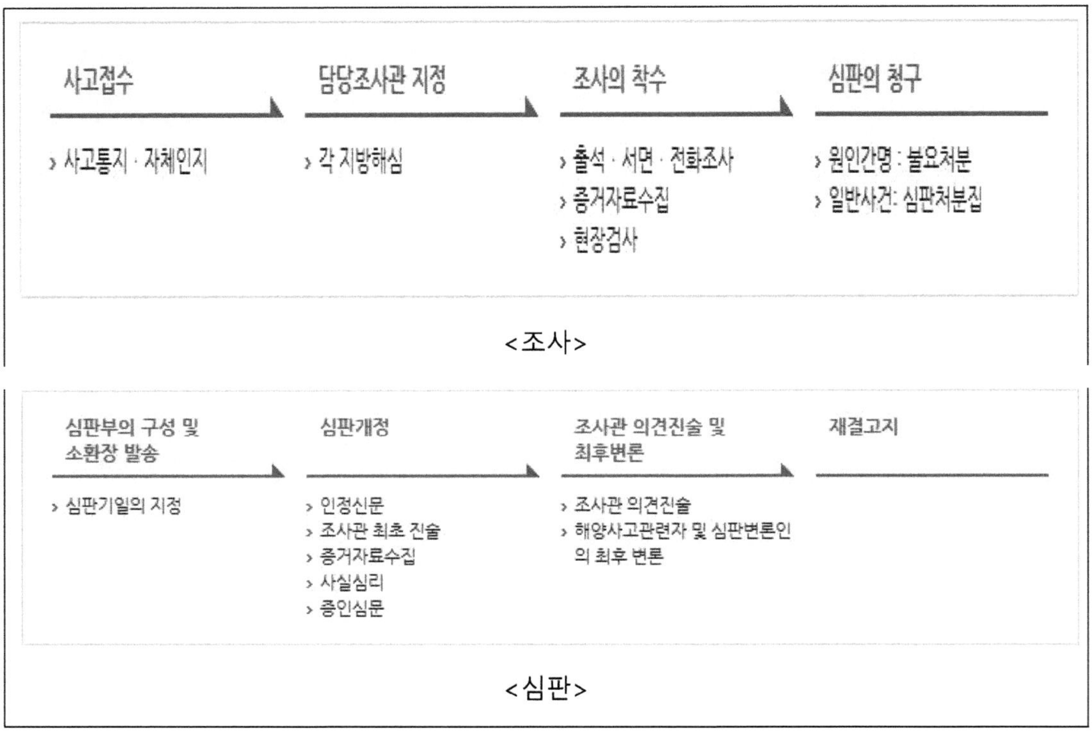


[그림 17] 해양안전 심판원의 사고 조사와 심판 절차[82]

ⓑ 사고조사의 절차

〈평시〉

- 로그북, 벨북 등 기타 일지 기록 유지
- 감항성 유지 기록
- 검사관계서류
- 각종 인증서 보관, 비치(선급, ISM, ISPS, PMS, 화주검사 등)
- 표준 인증 증빙자료(ISO 27001, KR 시스템 인증)
- 선원 자격 증명 서류
- 각종 장비 사양서

82) 해양안전심판원 누리집 참조

- 항해 통신장비 사양서
- 기관 보조기계 사양 및 Instruction Book
- 건조 관련 서류, 선적 서류

〈사고 발생 직후〉
- 필요 시 전원 차단
- 네트워크 차단
- 시스템 육상 담당자 통보
- 선박 소유주(육상 관리자) 보고
- 위성통신 기지국 : 증거 보존을 위한 네트워크 차단
- VTS 보고 : 자료 보존, 사고 당시 주변 선박 자료요청
- 기국 및 연안국 보고 : 항만당국, 수사부서
- 필요 시 현장 보존, 유지
- 현장 상황 변동 최소화 : 사진촬영 등 채증, 증거 훼손 여부 기록
- 관계자 외 접근통제 조치
- CCTV, VDR, AIS 데이터 보존 : VDR 빠른 회수
- 각종 위치 정보 관련 서류 출력 및 사본
- VDR 다운로드 버튼 작동 : 12시간 분량 자료 저장[83)]
- 선장, 항해사 모바일 기기 사용기록(SNS, 문자메시지, 통화내역, 촬영된 사진 파일 등)

〈사고 발생 이후 〉
- 항해 유지, 감항성 유지
- 각종 기록 보관
- 데이터 저장, 사본 작성
- VDR 음성파일, CCTV 녹화자료
- GPS 플로터, AIS 항적자료
- 기타 텍스트 또는 암호화한 자료
- 주요 관계자의 진술 청취 및 진술서류 작성 : 특히 외국인 선원의 진술서 징구
- 상대선의 진술이나 상대선으로부터 발생한 유의미한 자료
- 사고 직전 또는 최근 IT, OT 장비 점검, 수리 내역
- 디지털 기기 소모품 청구, 교체 등 자료 : 안티 바이러스 등 소프트웨어
- 해수부(해양안전심판원) AIS 원문 또는 Data 파일요청
- AIS 데이터 재생 및 저장

83) VDR의 소유 및 회수에 관한 가이드 라인

| 증거보존 | 증거수집 및 보관 | 증거분석 | 증거제출 및 조사 |
|---|---|---|---|
| 현장보존 (Saving Process) | 유관기관 보고 자료 확보 | | |
| 본선 | 본선 | | |
| VDR 캡슐확보 | 진술 확보 선내자료 취합 | 증서 사본 진술서 | 해양사고 조사 수사 및 기소 민사재판 |
| 침몰 시 | VTS, GICOMS, 심판원, 해양경찰, 주변 선박 | 해양경찰 심판원 조사관 | 해양경찰, 심판관 |
| | 데이터 복구<br>로그 분석<br>이미징<br>키워드 검색<br>무결성 검증<br>원본 보관<br>선원 인터뷰<br>선원 모바일 장비 | 사본 변환<br>증거추출 및 분석보고서<br>무결성, 진정성 입증 | |
| | 사이버 보안 전문가 (포렌식) | 사이버 보안 전문가 (포렌식) | |

〈표-23〉 디지털 포렌식과 해양사고 조사 절차

ⓒ 디지털 증거 수집 및 분석 도구

- AIS(Automatic Identification System ; 선박자동식별장치)

SOLAS 규정에 의거 AIS(선박자동식별장치)는 주로 선박 간, 선박-육상 간 무선 통신을 통한 운항 정보 및 선박 위치 정보를 상호 자동 송수신하며 VTS가 이를 수집, 관제함으로써 선박 교통량이 많은 연근해 종합관제와 운항 선박 안전 항행 정보 제공의 기능을 한다. 각 선박 내 AIS 단말기를 설치하여 GPS를 통해 측위 정보를 제공하는 원리이다.

AIS를 이용한 디지털 포렌식은 쌍방 데이터를 수집, 분석 및 검증하는 절차로 이뤄진다. 선박 간 또는 육상-선박 간 쌍방의 정보 교환 방식이기 때문에 육상 기지국, VTS 또는 GICOMS와 사고 당시 근거리 선박에서 데이터를 구할 수 있다. 보안 전문가가 투입된 후 AIS와 ECDIS 장비로부터 데이터의 추출이 가능하다 이후 추출 및 문서화된 데이터는 보험사, 해양안전심판원 및 수사기관 등에서 검증, 이용하게 된다.

한편 사이버 공격이나 사이버 보안상의 이유로 충돌, 침몰의 사고가 발생한 경우에도 AIS를 통해 항적도를 재구성한다면 사이버 공격의 시기, 사고와의 개연성을 이 자료를 통해 추정할 수 있을 것이다. 따라서 AIS를 이용한 디지털 포렌식 조사는 책임 소재나 사이버 위험으로 인한 사고임을 밝히기 쉽지 않은 사안에서 매우 유용하게 활용될 수 있다고 보인다.

- VDR(Voyage Data Recorder ; 항해자료기록장치)

VDR은 조타, 항해통신, 주보기관 등 운항에 관한 주요 시설장비에 장착된 자동제어 센서로부터 데이터를 수집하여 운항정보, 선위, 기상상황, 침로, 교신내용, 선내 대화내용 등을 자동 저장하는 시스템으로 항공기, 자동차의 블랙박스 같은 기능을 한다. SOLAS 협약에 의거하여 국제항행 선박에 의무 장착된다.[84)]

GPS, 레이다, 자이로 콤파스, 기관실, VHF 통신, 속력 로그 등의 자료가 선교의 메인 콘트롤 DB에 저장되고, 저장 데이터는 통상 HDD 등의 방식으로 착탈이 가능하다. 선박 침몰 시 캡슐의 방식으로 데이터가 보호되며, 비상 다운로드를 위한 리모트 컨트롤 기기, UPS 등의 보조기능을 추가하여 안정성을 확보한다.

특히 비상 시 저장자료를 백업할 수 있는 보조 기록 장치와 인터페이스 수단을 갖추고 있는데 USB 등을 이용하여 DATA를 저장하고 재생할 수 있게 한다. 이러한 자료 저장과 재생 시스템을 통해 사고 전후의 자료를 범용 컴퓨터를 통해 구동 시킬 수 있다. 사고가 발생했다면 VDR을 회수하고 VDR 제조사의 재생장치를 통해 데이터를 구동하는 방식으로 디지털 포렌식을 진행할 수 있다.

한편 VDR은 AIS와 달리 선교 교신 내용의 음성 저장이 가능하다는 점이 특징인데 통신 내용과 업무상 대화 내용이 온전히 보존될 경우 사고 당시 정황을 추정하는 기능을 할 수 있는 장점이 있다. 또한 VDR의 로그분석을 통해 시스템 메시지, 에러 로그, 통신 선로 에러 로그의 확인이 가능하여 사고, 사건 발생 시점의 항해 통신 장비 및 시스템 상황과 당시 취해졌던 조치사항과 에러 내용을 확인할 수 있어 사이버 해킹 여부의 판단도 이 과정에서 가능해진다.

저장 매체의 데이터 삭제, 훼손이 의심될 경우에는 키워드 검색의 방식으로 무결성 검증을 시도할 수 있다. 단 이 기능은 지원 소프트웨어에 따라 다소 차이가 있다.

84) SOLAS Chapter Ⅴ, 선박안전법 해수부 고시(항해자료기록장치)

```
329473  01/22/11 05:08:25   Stream VIDEO (type VIDEO) connected
329474  01/22/11 05:08:25   Hardened storage module ready
329475  01/22/11 05:08:26   Configuration saved to hardened storage
329476  01/22/11 06:08:28   Mike test completed successfully
329477  01/22/11 06:14:55   Video channel 1 - no video signal
329478  01/22/11 13:08:26   Configuration saved to hardened storage
329479  01/22/11 18:08:29   Mike test completed successfully
329480  01/22/11 21:08:26   Configuration saved to hardened storage
329481  01/23/11 05:08:26   Configuration saved to hardened storage
329482  01/23/11 06:08:30   Mike test completed successfully
329483  01/23/11 13:08:26   Configuration saved to hardened storage
329484  01/23/11 13:18:17   Download drive has been replaced - rebooting
329485
329486  01/23/11 13:20:48   System powered on (Version 3.10)
329487  01/23/11 13:20:50   Alarm I/O module started
329488  01/23/11 13:20:51   Stream AUDIO (type AUDIO) connected
329489  01/23/11 13:20:51   Stream NMEA (type NMEA) connected
329490  01/23/11 13:20:51   Stream VIDEO (type VIDEO) connected
329491  01/23/11 13:20:51   Hardened storage module ready
329492  01/23/11 13:20:48   PC clock set to GPS time (difference is 3298 milliseconds)
329493  01/23/11 13:20:48   Configuration saved to hardened storage
329494  01/23/11 13:21:03   Video channel 1 - no video signal
329495  01/23/11 14:20:54   Mike test completed successfully
```

[그림 18] VDR 로그분석 예

# C. 해사 사이버 보안 리스크 관리 전략

## 1) 해상보험

해상운송사업은 고가의 선박을 해상이라는 고립된 공간에서 운용하는 고도의 위험성을 내재하므로 재산과 인명의 대형 손해를 보전해 주는 다양한 선박, 적하보험을 활용하고 있다.

지금까지는 사이버 보안 보험클레임 사례가 많지 않았다. 하지만 앞으로 선주와 화주들은 사이버 사고에 의한 선박이나 적하의 멸실, 손상, 비용손해가 발생할 경우 이를 보험을 통해 보상받을 수 있는지 여부를 심각하게 고민해야 할 것이다. 아울러 랜섬웨어같은 사이버 공격에 의한 공동해손 발생 시 공동해손 분담의 문제는 어떻게 풀어야 할지도 해상사업의 모든 이해관계자가 함께 논의할 필요가 있다.

### a. 해상보험의 종류

해상보험은 전통의 해상보험 증권과 이에 부수하여 선체보험(Hull and Machinery Insurance), 적하보험(Cargo Insurance) 등의 약관, 선주상호공제(Third party liability/ P&I Insurance) 및 각종 특약 등이 활용되고 있다. 사이버 위협 및 보안실패로 기인한 손해는 어떤 보험으로 보상이 가능한지 원론적 수준에서 살펴본다.

### (1) 선체 및 기계류 보험

선박의 선체 및 기관에 대한 보험으로 가장 많이 활용되는 '1983년 협회기간약관(ITC Hull-1/10/83)'은[85] 제6조(담보위험)에서 보험으로 보상하는 대상을 규정하고 있는데 이에 따라 담보되는 위험은 '해상 고유의 위험'[86], '화재', '폭발', '선박 외부로부터의 폭력을 수반한 도난', '투하', '해적행위', '핵장치나 원자로의 사고', '기관의 파열', '차축의 파손', '기관이나 선체의 잠재적 하자', '선장 등의 과실', '선장 등의 악행' 등이 열거되고 있다. 문제는 사이버 침해로 인한 선박의 멸실, 손상을 상기 위험으로 볼 수 있는가이다. 본래 해상보험이 담보하는 해상위험이란 선박이 바다 위를 지나기에 맞닥뜨려야 하는 전통의 해상위험만을 일컫던 의미였는데 이에 따르면 과거에는 기관의 파열이나 선원의 과실로 인한 선박의 위험은 보상할 길이 없었다. 이후 해상보험은 이를 보완해 왔고[87] 현재의 협회기간약관에는 이를 반영해 놓았다.

한편 사이버 공격을 해적행위로 해석할 수 있다면 상기 제6조(Perils 담보위험) 제1.5항에 따라 Piracy(해적행위)를 담보위험으로 보고[88] 본 약관에 따라 보상이 가능하다는 판단을 할 수가 있다. 영국해상보험법 부칙 '보험증권 해석원칙(Rules for Construction of Policy)' 제8조는 '해적'을 '폭동을 일으킨 여객 또는 육상으로부터 선박을 공격하는 폭도를 포함한다'고 정의하고 있는데 이 정의에 따라 사이버 위협을 '육상으로부터 선박을 공격하는 행위'로 판단할 수 있는지가 관건이 된다.

또 상기 약관 제6조 제2.4항은 수리자, 용선자의 과실(Negligence of Repairs or Charterers) 또한 보상하는 담보위험으로 정하고 있는 바, 사이버 위협이 외부자의 과실이었다면 본 조항에 근거하여 보상의 대상으로 해석될 수도 있음을 보여준다.[89]

### (2) 적하 보험

적하에 관한 보험으로 1982년과 2009년에 개정된 ICC(A), ICC(B), ICC(C) 신협회적

85) 1983 Institute Time Clauses-Hulls ; '협회'는 영국보험자협회를 의미함

86) 영국해상보험법 부칙 보험증권 해석원칙 제7조 참고

87) 인치마리약관(추가위험약관) : 1987년 Inchmaree호의 보일러 폭발 사건이 당시의 보험약관으로는 보상이 되지 않자 이를 해상고유의 위험 이외의 담보위험을 추가위험약관에 보완하였고, 이후 개정된 선체보험에 포함함

88) 1906 MIA Schedule/Rules for Construction of Policy : 부속서 보험증권 해석원칙 제8조 Pirates includes passengers who mutiny and rioters who attack the ship from the shore

89) ITC Hull-1/10/83 Perils 6.2.4 negligence of repairers

하약관이 쓰이고 있다.[90] ICC(B)와 ICC(C)는 화재, 폭발, 좌초, 침몰, 충돌, 지진, 화산폭발, 공동해손, 투하, 갑판적 등의 담보위험을 열거하고 있어 사이버 보안 위협에 의한 손해를 논할 여지가 없다. 다만 ICC(A)는 제4조의 일반면책 조항(고의 불법행위, 통상의 누손 및 파손, 통상의 자연마모, 고유의 하자, 지연, 파산, 핵무기의 사용), 제5조 불감항, 제6조 전쟁면책, 제7조 동맹파업 등을 제외한 손해를 담보하고 있다. 제6조(전쟁면책조항) 제2항이 '나포, 압류, 구속 또는 억류(해적 행위는 제외) 그리고 그 결과 또는 그로 인한 어떠한 시도에 의해 발생한 손해 또는 비용을 보상하지 않는다' 라고 면책조항을 두고 있으나 협회기간약관과 같이 해적행위는 면책에서 제외하고 있는 것을 알 수 있다. ICC(B), ICC(C)는 해적행위에 의한 손해를 면책하고 있다.[91]

### (3) P&I 보험

한편 선체보험, 화물보험이 보상하지 않는 선원 및 여객에 대한 보상, 충돌의 상대선에 대한 보상(손해의 1/4), 오염으로 인한 손해배상, 상대선 적하에 대한 보상 등 선박소유자의 위험을 담보하는 P&I 보험이 있다.[92]

안타깝게도 우리나라의 P&I 클럽 및 국제 P&I 그룹(IGPANDI)에 가입된 13개 클럽의 거의 모든 보험약관은 예외 없이 사이버 공격에 의한 보상을 거부하고 있다. Swedish, Japan, Gard P&I 등은 '해를 입히는 수단으로써 컴퓨터, 컴퓨터 시스템, 악성코드, 컴퓨터 바이러스 등을 사용하거나 운용함으로 인해 직접적 또는 간접적으로 초래된 모든 손실, 손해배상, 비용 등은 보상할 책임이 없다'[93] 라고 사이버 공격에 의한 손해를 면책하고 있으며, 한국 P&I 클럽도 보험약관에서 '위해를 가할 수단으로서의 컴퓨터, 컴퓨터 시스템, 컴퓨터 소프트웨어, 악의적인 코드, 컴퓨터 바이러스, 또는 기타 전자시스템의 사용 또는 작동에 의한 사이버 전쟁위험'의 손해 및 비용을 보상하지 않는다고 규정하고 있다.

또한 이들 P&I 클럽은 보험약관에서 전자식 무역 시스템으로 인한 손해를 일관되게 면책하고 있는데, 예컨대 스웨디시 P&I는 '종이없는 거래 시스템을 통한 손해배상책임은 면제'로 규정하고[94], 스탠다드 클럽의 약관 또한 '종이없는 거래에 관한 면책'[95] 조항을 두

90) 이에 대응하는 1963년 개정 구협회적하약관 ICC(AR), ICC(WA), ICC(FPA)가 여전히 병용되고 있다.

91) ICC(A) 6.2 : In no case shall this insurance cover loss damage or expense caused by capture seizure arrest restraint or detainment (piracy excepted), and the consequences thereof or any attempt thereat.

92) P&I보험 : Protection and Indemnity 선주책임상호보험(회원이 보험자이자 피보험자가 되는 구조로 영리보험보다는 공제에 더 가까운 제도라 할 수 있다.)

93) Institute Cyber Attack Exclusion Clause (Cl.380) : shall not be liable for any losses, liabilities, costs or expenses directly or indirectly caused by or contributed to or arising from the use or operation, as a means for inflicting harm, of any computer virus.

94) Gard P&I (Bermuda) : excludes liability cuased by pareless trading systems

95) The Swedish Club : There is an exclusion relating to the paperless trading

고 있어 디지털 환경의 불확실성으로부터 철저히 거리를 두려 하는 것을 볼 수 있다.

## b. 보험의 기본원칙과 사이버 보안

한편 보험약관에 관련 조항이 수록되었다 하더라도 실제 클레임에서 보험사가 피보험자의 주장을 그대로 인용할 것이지는 별개의 문제이다. 이에 사이버 보안 관련 클레임에 관련한 보험의 주요원칙을 살펴본다.

### (1) 감항성 담보(Warranty of Seaworthiness)

해상보험에서의 담보란 어떤 특정한 사항이 행해지거나 행해지지 않을 것 또는 어떤 조건이 충족될 것을 말한다. 다시 말해 피보험자가 준수해야 할 약속 또는 준법을 의미하는데 원칙적으로 담보가 위반되면 보험자의 책임은 해제된다.[96] 이처럼 담보의 준수는 보험 보상의 전제가 되므로 철저한 이행이 요구된다.

담보는 명시담보와 묵시담보로 구분되며 묵시담보에는 대표적으로 감항능력(Seaworthiness) 담보가 있는데[97] 여기서 감항능력 담보와 사이버 보안이 관련이 있는 개념인지를 살펴본다.

영국해상보험법(MIA, 1906) 제39조 4항은 감항능력을 '선박이 해상사업의 통상적인 해상고유의 위험에 대응하는데 있어서 모든 점에서 합리적으로 적합할 것'이라고 정의하고 있는데 이 정의의 취지로 보아 '사이버 보안의 확보'가 '감항능력'에 해당하지 않을 이유가 없다.

MIA에 따르면 기간보험에 있어 선박소유자가 선박의 불감항을 인지한 채 선박을 운항한 경우 보험자는 면책된다. 한편 불감항으로 인한 화물 손해 시 선박소유자는 손해배상의 책임을 지게 된다. 다만 아직까지 여기에 대해서 판례나 확립된 이론은 보이지 않는다. 앞으로 보험 클레임에 있어 '사이버 보안의 확보' 여부를 선박의 감항능력 준수로 판단할 것인지 많은 논란이 될 것이고 이에 대비해 놓아야 할 것이다.

### (2) 최대선의(Utmost good faith)와 상당한 주의의무(Due diligence)

피보험자와 보험사 간의 정보 비대칭의 문제로 확립된 이론이다.[98] 상대적으로 정보가

96) 2015년 영국보험법(Insurance Act (IA) 2015)의 제정으로 담보위반에 따른 무조건 면책조항은 모두 삭제되고 위반이 치유될 수 있는 조건이 제시되었다.

97) 영국해상보험법(MIA) 제33조~41조

98) 영국은 보험계약자와 보험자 간의 이해상충 문제를 조정할 목적으로 소비자보호법 개정, 보험법(IA 2015) 제정을 통해 최대선의에 따른 완전한 고지의무를 '위험의 적절한 표시의무(Fair Presentation)'로 대체하였다.

풍부한 피보험자(선박)는 보험자에게 보험인수를 결정할 수 있는 사이버 보안에 관한 모든 정보를 제시해야 하는데, 보험업계는 피보험자의 정보 고지 수준에 대해 의문을 갖고 있다. 선박회사가 선박 내의 모든 전자식 설비, 운용 장비, 항해 통신장비와 사이버 보안 관련한 이슈를 설명할 수 있고, 선박의 보안 관리자가 실질적인 자격과 운용 능력을 갖고 있는지를 아직까지 증명한 바가 없다. 선박운용자들이 기관이나 항해분야에 있어서 고도의 전문성을 지닌 것은 사실이지만 이들이 선박 IT지식까지 보유한 것은 아니기 때문이다. 이런 현실에서 보험자는 점점 더 사이버 보안 클레임을 인정하기 힘들고 새로운 사이버 보험을 인수하려 하지도 않을 것이다. 이에 해운업계는 기존의 ISM Code를 더욱 실질적으로 이행함으로써 보안인식 수준과 보안담당자의 능력을 향상시켜 이들이 제공하는 정보에 대한 신뢰수준을 제고해야 할 것이다.

한편 상당한 주의의무의 이행은 선박 사이버 보안의 문제에 있어서 피보험자가 얼마나 성실하게 리스크 관리를 하고 있느냐를 의미할 것이다. 선박의 사이버 보안 리스크 관리방안은 대표적으로 IMO의 ISPS Code(SSP), ISM Code(SMS)와 화주단체의 TMSA, RIGHT 등이 있다. 특히 화주검사규칙은 사이버 보안 리스크 관리에 외부 전문가의 참여를 독려함으로써 리스크 관리를 비전문가의 의례적인 서류준비에 한정하지 않고 있다. ISM Code의 안전관리자(Designed Person)와 ISPS Code의 선박보안책임자(SSO)의 자격요건도 단순히 관련 교육의 이수만으로는 전적으로 인정받기 어려울 것이다.

이처럼 보험사로부터 상당한 주의의무를 다했음을 인정받으려면 상기 요건을 문서로써 완비하는 수준으로는 어렵고 외부 전문가의 주기적인 조력과 신뢰할 만한 IT 전문가의 선내 배치까지 고려해야 할 시기가 되었다. 그렇지 않으면 아무도 사이버 공격에 의한 손해를 보상하지 않을 것이다.

### (3) 근인(causa proxima)

영국해상보험법 제55조는 '보험자는 피보험위험에 근인하여(proximately caused by) 발생하지 않는 손해에 대하여는 책임을 지지 않는다'고 하여 인과관계에 따른 보상원칙을 제시하고 있다.[99)]

이런 인과관계의 원칙은 다양한 이론이 있고, 약관이나 영국보험법에서 표현하는 방법 또한 다양하여 일률적인 해석이 쉽지 않다. 더구나 사이버 침해의 경우 그 다양성과 복잡성이 더할 것으로 보인다. 예컨대 사이버 공격에 의한 선박장비 손상이 발생했을 경우 흔적을 남기지 않는 해커의 존재를 어떻게 증명하고 이로 인한 피해수준을 어떻게 규명할지는 큰 숙제이다. 따라서 사이버 침해에 특화한 인과관계 기준에 대한 연구와 정리가 필

99) 영국해상보험법 제55조(1) : ...he is not liable for any loss which is not proximately caused by a peril insured against.

요하다. 또한 입증 책임은 권리를 주장하는 자에게 있으므로, 사이버 침해에 의한 선박의 멸실이나 손상을 입증하기 위해서 해운선사는 더 많은 기술적, 인적 지원을 준비해야 할 필요가 있다.

### c. 해상보험의 개선방향

#### (1) 보험업계와 해사 관련기구의 역할

IHS Markit의 2016년 설문조사에 따르면 사이버 공격을 인지한 11%의 회사만이 보험사에 이를 통지했고, 그 중 3.3%만이 보상을 받았는데 선체 및 기관보험으로 보상받은 경우는 전혀 없었고 P&I 보험으로 1% 이하의 회사가 보상을 받았다고 한다.[100] 이는 아직까지 해운선사들이 사이버 공격에 의한 손해사실을 공개하는 것에 소극적이며, 설령 보험을 청구하더라도 실제로 보상을 받는 것은 매우 어렵다는 사실을 보여준다.

이와 관련하여 해상 사이버 공격, 범죄가 현대사회의 큰 재난으로 다가오고 있는 지금 기존 해상보험 또한 이에 발맞춰 큰 폭의 변화가 필요하다는 논의가 있다. 우선 영국 해상보험법의 대대적인 손질로써 디지털 세상의 시대적 이슈를 정책적으로 명확히 반영하는 노력이 필요하다는 견해와 해상 사이버 보안에 특화한 새로운 선박, 적하보험 약관이 필요하다는 의견이 바로 그것이다.[101]

한편 컨테이너 화물에 대한 신개념 보상 서비스를 머스크(A.P. Moller-Maersk Group) 등 대형선사가 도입하고 있음은 적하보험의 피보험자인 화주들이 관심을 가질만한 소식이다. '밸류 프로텍트'라는 금전보상 서비스는 보험의 가입 없이 사이버 공격 등의 원인에 기인한 화물 파손 등을 간단한 절차로 보상한다.[102]

아울러 해운 유관 분야에서 공통적 해석이 가능하도록 사이버 보안 관련 단어와 개념을 명확히 하자는 논의 또한 활발하다. 앞서 살펴본 바와 같이 정보보안과 사이버 보안의 개념, 사이버 공격과 테러, 해적행위 등 위법행위 간의 구별 등이 보험의 인수나 보상에 있어서 분명히 구분을 요하는 개념들이다.

#### (2) 해운업계의 노력

선박과 해운회사는 보험의 기본원칙에 근거하여 평소 성실한 리스크 관리를 이행해야 함

100) https://safetyatsea.net/news/2016/ihs-fairplay-maritime-cyber-security-survey-the-results/

101) 참고로 영국의 보험사 Beazley사는 2019년 선박 사이버 리스크에 특화한 'Cyber defence for marine'이라는 상품을 출시했다. 이 보험은 사이버 사고로 기인한 선체의 손상 및 불가동 손실을 각각 최대 50만불, 5만불까지 보상한다. 보험가입 전 사이버 보안 리스크 평가 및 리스크 관리 준비 작업을 선급법인을 통해 시행하는데 이는 제공하는 서비스이자 보험인수의 조건이기도 하다. 기존의 선체보험에 확장 담보를 통해서도 가입이 가능하다.

102) KMI 항만물류 뉴스 참조(2019.3.)

을 앞서 설명하였다. ISM Code, ISPS Code 등 국제규격으로 제시된 사이버 리스크 관리법을 서류적으로는 물론 실질적으로 충실히 이행해 나갈 필요가 있다. 아울러 회사는 현행 보험약관과 기존 보험상품들을 면밀히 분석하고 보험자와 심도 있는 협상, 대화를 통해 리스크 갭(Gap)을 줄여나가는 노력을 시도해야 한다. 또한 지식과 경험을 가진 사이버 보안 전문가를 실무에 배치하여 과거보다 향상된 클레임 처리능력을 갖출 필요가 있다.

IMO는 지난 2~3년 간에 걸쳐 사이버 보안 리스크에 대한 문제 제기와 관리방법의 제공, 전파 등 사이버 보안 인식제고를 위해 노력해 왔다. 해운업계는 이제 준비시간 부족 등의 이유로 사이버 보안을 회피하거나 관리의 미흡을 변명하기 어렵다.

# 제4장

# 연습문제

# 퀴즈 모듈 1 (국문 50제, 영문 10제)

해사 사이버 보안의 이해 동영상 모듈1과 연계 학습 가능 www.edu.orangecq.com

## 01. 해사 사이버 보안이란 무엇인가요?

① ISM SMS에 사이버 보안 관리방안을 수록하는 것
② 자산, 정보 및 데이터를 비인가 접근, 조작 및 방해로부터 보호하는 것
③ ISPS 선박보안평가(SSP)의 수립을 통해 사이버 보안에 대비하는 것
④ IT시스템, OT시스템을 해적과 테러로부터 방어하는 것
⑤ 회사와 선박 시스템 및 데이터를 손상, 파괴 또는 접근하려고 시도하는 것

| **정답 ②** |

발틱 국제해운협의회(BIMCO)는 해사 사이버 보안을 '모든 IT, OT자산, 정보, 데이터, 시스템을 인가받지 않은 접근, 방해로부터 보호하는 활동'이라 정의하여 보안의 대상을 단순히 정보에만 국한하지 않고 선박의 정보, PC, 데이터, 네트워크, 관련 시스템 모두를 대상으로 하고 있습니다. 또한 사고의 원인을 외부의 공격 등 고의적인 행위에 한정하지 않고 과실, 태만 등 의도성 없는 행위까지 포함하고 있습니다.

## 02. 현대 선박과 해상운송의 특징이 아닌 것은 무엇인가요?

① 선박의 디지털화
② 해상 통신의 고립화
③ 수많은 국제 규제의 탄생
④ 선박 사고의 국제적 파급성 증가
⑤ 선박의 자동화와 무인화

| **정답 ②** |

현대 선박과 해상 운송은 고도의 디지털화, 자동화를 통해 안전 및 효율성을 추구하고 있으며, 환경오염과 인명안전을 제고하기 위한 국제규제 는 더욱 강화되고 있습니다. 이를 뒷받침하기 위해 해상 통신은 위성통신 을 활용하여 선박과 육상 시스템이 더욱 긴밀히 연계되는 추세입니다.

## 03. 다음 중 가장 옳은 설명을 고르세요.

① 사이버 보안조직은 SMS와 ISPS Code를 모두 고려해야 한다.
② 1항사는 ISO 27001 교육을 수료해야 한다.
③ 조타실 디지털 장비는 기관장이 책임진다.
④ 선박의 사이버 리스크 관리는 선장이 담당한다.
⑤ 선원 사이버 보안 교육은 CSO가 직접 실시한다.

| 정답 ① |

IMO는 사이버 리스크 관리를 기존의 선박운영 시스템을 모두 고려 하여 SMS에 반영하도록 권고하고 있습니다. 또한 사이버 보안 조직 은 SMS에 지정한 바에 따릅니다. 외부 전문교육이나 전문가 컨설팅은 강제사항은 아니지만 화주검사에서 적극 권고하고 있으므로 사이 버 보안 관리체계(SMS) 구축 시 이를 고려하는 것이 좋습니다.

## 04. 다음 설명 중 틀린 것은 무엇인가요?

① CCTV가 설치된 조타실 시스템의 기밀성은 침해받지 않는다.
② 보안의 3요소는 기밀성, 무결성, 가용성을 지칭한다.
③ 사이버 공격으로 레이다가 작동하지 않으면 가용성을 침해받은 것이다.
④ OT 장비는 가용성의 유지가 가장 중요하다.
⑤ 화물관리 시스템의 온도 데이터가 변조되면 무결성이 침해받은 것이다.

| 정답 ① |

CCTV 등 물리적 보안 관리가 디지털 시스템의 기밀성을 완전히 보장하는 것은 아닙니다.

## 05. 해사 사이버 보안 관리 체계 구축의 가장 적절한 방안은 무엇인가요?

① DOC를 선박에 비치한다.
② SMS를 매년 개정한다.
③ 기존의 모든 관리시스템을 ISM에 통합 반영한다.
④ ISPS 선박보안평가(SSP)를 수정한다.
⑤ ISO 27001 인증 심사를 받는다.

| 정답 ③ |

기존의 모든 선박관리 시스템의 보안 관련 부분을 ISM Code에 따라 SMS에 통합 반영하고 기국의 승인을 받아야 합니다. 기존 의 시스템이란 ISM, ISPS, 화주검사 통제항목 및 ISO 인증 등을 의미합니다.

## 06. 다음 중 옳은 설명을 고르시오.

① 레이다는 IT 자산이다.
② 조타실 PC는 0T 장비이다.
③ ECDIS는 OT 장비이므로 사이버 보안이 필요 없다.
④ 위성통신 시설이 해킹 당하는 것은 불가능하다.
⑤ 악성코드는 선박에서도 주요한 사이버 위협의 하나이다.

| **정답** ⑤ |

일반적으로 레이더, ECDIS는 OT장비, PC는 IT장비로 분류합니다. 다만, 최근 인터넷 기술의 발전으로 OT와 IT 시스템이 점차 하나 의 장비처럼 통합되는 추세에 있음을 주의해야 합니다. 한편 통 신시스템 또한 위성통신 수신시스템 등을 통해 해킹이 가능합니다.

## 07. 해사 사이버 보안의 선박 담당자는 누구인가?

① CSO(회사보안담당자)가 지정하는 사람
② SMS상에 지정된 자
③ 회사 안전 관리자
④ SSO(선박보안담당자)
⑤ 관리회사의 임원

| **정답** ② |

ISM Code에 의거하여 안전관리시스템(SMS)에 사이버 보안 조직, 담당자의 역할 등을 지정할 수 있습니다.

## 08. 다음 중 가장 틀린 설명을 고르시오.

① IMO는 BIMCO와 KR 가이드 라인의 사용을 권장한다.
② IMO는 MSC 회의에서 사이버 보안 리스크 관리를 SMS를 통해 구축할 것을 결의했다.
③ 각 선박들은 2021년부터 사이버 보안 리스크 관리를 반영한 DOC를 검사받을 것이다.
④ 사이버 보안은 ISM Code에만 적용되고 ISPS Code와는 관련이 없다.
⑤ 본선 사이버 보안 관리 체계는 ISO 27001의 규정에 따른다.

| **정답** ④ |

ISPS Code는 외부의 의도적 공격에 대비한 물리적 안전에 초점을 맞춘 규약입니다. 하지만 ISPS Code에도 디지털 보안에 대한 정의와 보안 방안이 명시되어 있기에 IMO는 SMS에 이 부분을 통합 반영할 것을 권고 하였습니다.

※ MSC 101/4/4 'MEASURES TO ENHANCE MARITIME SECURITY MANAGEMENT IN SAFETY MANAGEMENT SYSTEM'

## 09. 본선의 사이버 보안 관리에 대한 설명 중 옳은 것은?

① PSC 검사관과 오일 메이저 검사원의 지적사항이 상충할 경우 PSC 검사관의 의견을 따른다.
② 선박 검사관의 업무용 USB 외 모든 이동식 장비는 보안검사 후 사용한다.
③ 선식업체가 제공하는 하드디스크는 개인 PC에서만 사용한다.
④ 물리적 사이버 보안은 기존의 ISPS 상의 출입통제 방안을 적절히 통합하여 구축한다.

⑤ 안티 바이러스 프로그램은 1년에 한 번씩 교체한다.

**| 정답 ④ |**

선박 검사관을 포함하여 외부인의 방선 시 이동식 장비는 외부에서 보안 검사 후 사용할 것을 권장합니다. 또한 외부 이동식 디스크는 가급적 개인 PC에서도 사용하지 않아야 합니다. 안티 바이러스, 방화 벽 등 보안 솔루션에 대한 사용 규정은 소프트웨어 제공업체와 기자재 제작 업체의 사양서 및 계약에 따라 적절한 방안을 구축하여야 합니다. ISPS Code는 외부의 의도적 공격에 대비한 물리적 안전에 초점을 맞춘 규약이지만 ISPS Code에도 PC에 대한 보안 방안을 담고 있기에 SMS을 통해 적절한 통합이 필요합니다.

## 10. 다음 중 가장 올바른 설명은?

① 2011년 머스크 라인의 사이버 보안 사고는 경제적 손실은 입지 않았다.

② 선박은 고립된 장소이므로 소셜 엔지니어링의 방식으로는 공격받을 수 없다.

③ 사이버 리스크는 보안 위협, 취약점으로부터 비롯된다.

④ 선박 사이버 보안 인식교육은 본선 초급사관에게 가장 필요하다.

⑤ 해사 사이버 리스크 관리는 규제의 대응만을 위해 필요하다.

**| 정답 ③ |**

선원과 선사 직원 모두 소셜 엔지니어링 방식의 위협에 노출되어 있습니다. 사이버 보안 인식제고 교육은 회사 고위 임원부터 선박 초급 사관에 이르기까지 모든 당사자에게 모두 중요하지만 회사의 주요 정책 수립과 예산 편성을 위해서는 고위 임원의 인식 제고가 선행되어야 합니다. 한편 사이버 리스크 관리는 PSC, 화주검사 등 규제 대응을 위해서도 필요하지만 선박과 인명의 안전 자체를 위해서도 우선 고려해야 할 중요한 관리사항입니다.

## 11. 현대사회의 정보 이용형태의 설명 중 틀린 것은?

① 단말기, 서버 등에 정보가 저장 된다.

② 형태보다 내용 자체가 중요한 무형성의 특징을 갖는다.

③ 정보는 보안을 유지하기 위해 일회성 소모된다.

④ SNS와 이메일로 정보의 공유가 가능하다.

⑤ 클라우드 서버를 통해 정보의 저장과 이동이 가능하다.

**| 정답 ③ |**

현대 사회의 정보는 데이터화되어 무형의 성질을 가짐으로써 확장, 공유, 이동이 가능하기 때문에 개인 단말기, 서버, 클라우드, 출력 문서를 통해 저장되며, SNS와 이메일을 통해 공유될 수 있습니다.

## 12. 현대의 비즈니스 환경을 과거의 환경과 비교한 설명 중 옳지 않은 것은?

① IT 시스템의 사전적 보호 역할이 강화되었다.
② 기업 기밀의 보호를 위해 외부침입의 방어에 치중하고 있다.
③ 기업의 다양한 업무 시스템이 전사적으로 통합되고 있다.
④ 스마트폰의 대중화로 업무 영역과 개인 영역의 구별이 어려워졌다.
⑤ 수동적 법규 준수보다 선제적 리스크 관리를 중시하고 있다.

**| 정답 ② |**

IT 기술의 발달도 기업 기밀 보호는 외부침입의 제어는 물론 내부보안을 강화하는 것이 중요해졌다.

## 13. 재해나 재난으로부터 기업 영업을 빠르고 정확하게 회복하고자 개발된 경영 기법은?

① 침해사고 대책
② 프로젝트 매니지먼트(PMP)
③ 비즈니스 연속성 관리(BCP)
④ 재해복구 훈련 지침
⑤ 6시그마

**| 정답 ③ |**

비즈니스 연속성이란 9.11 테러 이후 부상한 경영 기법으로, 재해나 재난으로부터 영업을 빠르고 정확하게 회복하고자 개발된 개념이다. 사이버 보안의 체계구축과 관리는 이런 비즈니스 연속성이 추구하는 가치와 매우 유사하다.

## 14. 다음의 사례에서 적절한 리스크 관리 방안은 무엇인가?

사이버 리스크 식별 단계에서 선사 고객정보의 외부 유출 시도가 탐지되었다. 사이버 보안 책임자는 보안 솔루션을 구매하여 관리하였다.

① 위험 감소 ② 위험 수용 ③ 위험 전가 ④ 위험 거부 ⑤ 위험 회피

**| 정답 ① |**

리스크는 이를 수락(수용), 회피, 전가, 완화(감소)하는 선택을 통해 관리될 수 있는데, 예시처럼 적극적으로 리스크를 감소시키려고 노력할 수 있으며, 보험을 통해 리스크를 전가하기도 한다.

## 15. 다음 중 선박 사이버 공격 경로에 대한 설명 중 옳지 않은 것은?

① 선박 회사 이메일을 통해 선내 악성코드 감염 시도가 가능하다.
② AIS, ECDIS 게이트웨이를 통한 공격이 가능하다.
③ 위성통신 수신기를 통한 공격 사례가 있다.
④ 선교 컴퓨터 시스템에 대한 물리적 공격은 해당되지 않는다.
⑤ USB 메모리 스틱을 통한 말웨어 감염이 가능하다.

| **정답** ④ |

사이버 보안 공격은 물리적 공격을 포함한다.

## 16. 사이버 보안에 관한 설명 중 옳지 않은 것은?

① 위험이란 취약점과 위협의 곱으로 표시할 수 있다.

② 사이버 보안은 정보 및 데이터를 위협으로부터 보호하는 것이다.

③ 기밀성, 무결성, 가용성을 확보하는 것은 자산을 보호하는 활동이다.

④ 외부의 위협은 자산에 피해를 주기 위한 취약점을 이용한다.

⑤ 위협이란 사이버 공간이나 정보 자산에 피해를 줄 수 있는 원인이나 행동을 말한다.

| **정답** ① |

위험(RISK)은 외부의 위협이 취약점을 이용하여 자산에 손실(Impact)을 입힐 수 있는 가능성(Probability)을 의미한다.

## 17. 다음 설명 중 옳은 것을 고르시오?

① 데이터를 허가받지 않은 변경으로부터 보호하는 것을 진정성이라고 한다.

② 인가받지 않는 방식으로는 정보를 획득할 수 없는 것을 무결성이라고 한다.

③ 본선 시스템, 네트워크, 데이터에 실제로 또는 잠재적으로 악영향을 미치거나, 대응조치를 필요로 하는 사고를 사이버 사고라고 한다.

④ 정당한 사용자가 원하는 때에 필요한 정보나 서비스를 사용할 수 있도록 보장하는 것을 기밀성이라고 한다.

⑤ 기밀성, 무결성, 가용성을 위험의 3요소라고 한다.

| **정답** ③ |

인가되지 않는 방식으로는 정보를 획득할 수 없도록 하는 것을 기밀성, 데이터를 허가받지 않은 변경으로부터 보호하는 것을 무결성, 정당한 사용자가 원하는 때에 필요한 정보나 서비스를 사용할 수 있도록 보장하는 것을 가용성이라 하며 이 세가지를 보안의 3요소라 부른다.

## 18. 보안절차를 깨기 위해 내부자를 조종하는 수법으로 최근 가장 많이 활용되는 사이버 공격의 방법으로 합법적인 사용자를 속여 기밀을 탈취하려는 것은?

① 무작위대입(Brute force)

② 사회공학(Social engineering)

③ 분산서비스 거부 공격(DoS)

④ 피싱(Phishing)

⑤ 악성코드(Malware)

| **정답** ② |

## 19. 다음 사이버 보안의 용어와 개념 중 잘못된 설명을 고르시오.

① 악성코드(Malware)는 컴퓨터, 서버, 네트워크에 손상을 입히도록 의도적으로 설계된 소프트웨어를 뜻한다.

② 스피어 피싱(Spear phishing)은 악성 소프트웨어 또는 이를 포함한 링크 등을 이메일로 배포하여 사용자 정보를 탈취하는 수법을 말한다.

③ 현대 사이버 보안의 최대의 위협요소는 랜섬웨어 공격을 꼽을 수 있다.

④ 피싱(Phishing)은 개인정보와 낚시의 합성어이다.

⑤ Brute force는 특정정보(사용자의 패스워드)를 알아내려는 무차별 대입 공격이다.

**| 정답 ③ |**

많은 사이버 보안 전문가들은 현대 사이버 보안의 최대 위협요소로서 휴먼 에러 (Human Error)를 꼽고 있다. 휴먼 에러는 사람이 저지를 수 있는 일반적이고 자연적인 실수로 이를 방지하기 위해 인식제고 훈련과 보안 관리체계 수립이 필수적이다.

## 20. 현대 해상운송의 추세에 대한 설명 중 옳지 않은 것은?

① 운송 선박 내에서 공용 통신을 널리 사용하고 있다.

② 이동식 저장매체와 클라우드 서버를 통한 정보의 공유가 일상화되어 있다.

③ 운항 정보, 화물 정보 등 각각의 데이터는 연동되지 않는다.

④ 선박의 주요장비를 육상에서 원격 통제할 수 있다.

⑤ 위성통신을 통해 운항 중인 선박과 실시간 통신이 가능하다.

**| 정답 ③ |**

데이터나 정보는 기업의 영업효율을 위해 시스템을 통해 전사적으로 통합되는 추세이며, 안전과 환경보호를 위해 선박의 운항 정보는 육상의 유관기관 간 연동되며 통제된다. 이런 통합화는 선박을 사이버 위협에 더욱 노출시키는 원인이 된다.

## 21. 보안과 사이버 보안에 대한 비교 설명 중 옳지 않은 것은?

① 일반적인 보안은 물리적 공간의 인명, 재산의 보호를 위한 일련의 활동을 말한다.

② 전통의 보안은 의도적 불법 요인의 비중이 높지만, 현대의 사이버 보안은 의도적 불법 요인이 거의 없다.

③ 일반적인 보안의 피해형태는 부상, 사망, 도난 등 거시적 피해가 주류를 이룬다.

④ 사이버 보안의 피해 규모는 명확히 측정하기 어렵다.

⑤ 사이버 보안의 피해형태는 정보 유출, 위변조 등 비가시적 피해가 많다.

| 정답 ② |

전통의 보안과 사이버 보안 모두 의도적 불법 요인의 비중이 높으며, 비의도적 요인에 의한 사고도 포함한다.

## 22. 해사 사이버 보안의 효용에 대한 설명 중 옳지 않은 것은?

① 해사 사이버 보안을 통해 선박 회사의 자산을 보호할 수 있다.

② 해사 사이버 보안 관리시스템의 구축으로 회사의 대외 신뢰도가 향상될 수 있다.

③ 사이버 보안 관리는 선원의 안전을 제고하기 위해서도 필요하다.

④ 사이버 보안을 통해 해양오염의 방지까지 기대할 수는 없다.

⑤ 해사 사이버 보안 관리시스템의 구축은 국제규제의 준수를 위해서 필수적이다.

| 정답 ④ |

해사 사이버 보안 관리는 선박과 시스템의 보호를 통해 인명, 선박의 안전과 해양오염의 방지를 추구한다.

## 23. 다음 중 IT와 OT 시스템에 대한 서술 중 옳지 않은 것은?

① IT 시스템은 데이터 또는 정보의 수집, 저장, 전송 등에 사용되는 장비, 시스템 등을 말한다.

② 선박의 IT와 OT 시스템은 자산의 식별 단계에서 명확히 분류해야 한다.

③ OT 시스템은 선내 시스템을 모니터링하고 제어하는 모든 장비, 센서, 소프트웨어, 네트워크를 말한다.

④ 선박의 항해통신 시스템, 기관 및 추진시스템은 IT 시스템에 속한다.

⑤ 선박의 모든 개별 장비는 원격제어, 모니터링, 알람 시스템으로 종합적 연동된다.

| 정답 ④ |

현대 선박의 시스템 자동화, 통합화 및 인터넷의 발전을 통해 IT, OT 시스템이 통합되고 있으나 항해통신, 기관 및 추진시스템은 선내 시스템을 모니터링하고 통제하는 장비로서 OT 시스템으로 분류한다.

## 24. 다음 중 IT와 OT 시스템에 대한 서술 중 옳지 않은 것은?

① 선교 시스템은 ECDIS, AIS, VDR 등 항해와 관련한 모든 시스템에 영향을 주므로 가장 취약한 시스템이다.

② 통신 시스템은 위성 통신을 통한 인터넷 연결로 취약성이 증가된다.

③ 주기관 및 추진장치 시스템은 통합 선교 시스템을 사용하는 선박의 항해, 통신장비와 연동되므로 보안에 특히 주의해야 한다.

④ 선내 PC는 선박의 대표적인 IT 시스템이다.
⑤ OT 시스템은 선박의 운항에 직접적인 영향이 있다.

**| 정답 ① |**

선내 모든 시스템은 선박의 운항 상황이나 보안 관리 실태에 따라 취약성에 차이가 있을 수 있다.

## 25. 다음 중 OT 시스템의 일반적인 취약점이 아닌 것은?

① 비효율적인 관리자 계정관리 및 비밀번호의 사용
② 지원되지 않는 운영체제
③ 구형, 불량 백신
④ 협력업체와 서비스 공급자의 접근 곤란
⑤ 경계 보호와 망분리없는 네트워크

**| 정답 ④ |**

OT 시스템은 서비스 공급, 수리업자 등의 무분별한 접근으로 보안상 취약하다고 평가 받는다.

## 26. 다음 중 IT 시스템과 OT 시스템을 비교한 서술 중 옳지 않은 것은?

① OT 시스템은 선박 운항과 직접 연관이 있어 접근통제는 엄격하지만 동작을 차단할 수는 없다.
② IT 시스템은 OT 시스템에 비해 내고장성의 중요성이 떨어진다.
③ IT 시스템의 고장은 화물의 관리, 상업적 관리의 불편을 초래한다.
④ OT 시스템의 우선 요구사항은 선박의 안전이다.
⑤ OT 시스템은 통상 잘 알려진 운영체제로 구동된다.

**| 정답 ⑤ |**

OT 시스템은 범용 운영체제를 사용하지 않기 때문에 보안 기능이 떨어진다.

## 27. 다음 선박 내 장비에 대한 서술 중 옳지 않은 것은?

① 항해통신 장비의 사용은 안전운항과 직결하므로 제조사의 설명서와 사양서 보다는 선내 상황을 우선 고려하여 융통성있게 사용하는 것이 좋다.
② 자산을 식별하고, 취약점을 제거하기 위해 선박 내 모든 장비에 대한 정확한 이해가 필요하다.
③ 전자해도 시스템은 이동식 매체 사용으로 사이버 위협에 크게 노출되기도 한다.
④ VDR은 장비에 부착된 저장 매체를 분리하여 자료를 외부로 추출할 수 있다.

⑤ 항해통신 장비의 데이터는 사이버 사고 발생 후 중요한 증빙자료가 될 수 있다.

**| 정답 ① |**

항해통신 장비는 사이버 보안에 대비한 국제규격을 준수하여 제작된다. 사용자는 제조사의 권고사항을 준수하고, 원격 관리 여부 등을 고려하여 사용해야 한다.

**28. 2011년 이란 쉬핑(Iran shipping)은 서버에 공격을 받아 회사 시스템을 사용할 수 없게 되었다. 보안의 3요소 중 무엇이 침해된 것인가?**

① 부인방지　② 진정성　③ 기밀성　④ 가용성　⑤ 무결성

**| 정답 ④ |**

**29. 해커에 의해 선박 화물정보시스템에 저장된 주요 데이터가 유출되었다. 보안의 3요소 중 무엇이 침해된 것인가?**

① 무결성　② 진정성　③ 기밀성　④ 가용성　⑤ 부인방지

**| 정답 ③ |**

**30. 외부침입자의 방화로 조타실 컴퓨터가 전소되었다. 보안의 3요소 중 무엇이 침해된 것인가?**

① 기밀성　② 진정성　③ 무결성　④ 가용성　⑤ 부인방지

**| 정답 ④ |**

**31. 해사 사이버 보안 관리를 통해 해운 선사가 얻을 수 있는 이점이 아닌 것은?**

① 국제 해사규제를 이행함으로써 정상적인 국제운항이 가능하다.
② 선급 유지로 보험료의 절감을 기대할 수 있다.
③ 사이버 보안 관리가 평판의 제고나 고객과의 관계 지속을 담보하지는 않는다.
④ 규제 불이행에 따른 항만국 제재 등을 회피할 수 있다.
⑤ 사이버 위협으로부터 주요 자산의 리스크 수준을 실질적으로 감소시킬 수 있다.

**| 정답 ③ |**

현대의 잘 구축된 사이버 보안 관리체계는 해운선사의 경쟁력이나 비즈니스 연속성에 기여한다.

## 32. 해사 사이버 보안 관리의 필요성에 관한 설명으로 옳지 않은 것은?

① 해상 산업의 특성상 해사 사이버 보안사고는 사고 당사자 뿐만 아니라 다수의 이해 관계자에게 영향을 미치게 된다.

② 선박과 항만, 통신 시설 간의 시스템 연동은 사이버 리스크를 점차 크게 만들고 있다.

③ 선박과 항만시설의 국제성 때문에 해사 사이버 테러가 범세계적 문제로 대두되었다.

④ 선박 사고는 원인과 관계없이 생명의 사상, 해양 오염의 결과를 초래할 가능성을 내포한다.

⑤ 국제해사기구는 사이버 범죄와 사이버 사고의 위험성을 인지하고 해운 선진국에게 해결책을 요구하고 있다.

**| 정답 ⑤ |**

국제해사기구는 제98차 MSC회의에서 모든 회원국에게 사이버 리스크 관리의 책임을 지우는 결의안을 채택하였다.

## 33. 해사 사이버 보안을 위한 국제적 노력에 대해 잘못 기술된 것은?

① 국제해사기구는 94차, 96차 MSC 회의를 거쳐 98차 MSC 회의에서 해사 사이버 리스크 관리에 관한 가이드 라인을 발행하였다.

② 발틱국제해운이사회(BIMCO)는 2016년 해운회사 및 관련 종사자를 위한 사이버 보안 가이드 라인을 발간하였다.

③ 국제해사기구는 ISM CODE에 따른 선박과 회사의 사이버 리스크 관리를 의무화하였다.

④ USCG는 2017년 사이버 리스크 가이드 라인을 개발하였다.

⑤ 국제선급협회 (IACS)는 2018년 사이버 리스크 관리 방안을 각국 선급에 일임하였다.

**| 정답 ⑤ |**

국제선급협회 (IACS)도 사이버 안전 권고사항과 사이버 보안 가이드 라인을 제작 배포하고 있다.

## 34. 해사 사이버 보안을 위한 국제적 노력에 대해 잘못 기술된 것은?

① 국제정유사 해운포럼(OCIMF)는 2017년 TMSA 3판의 개정으로 오일 탱커선의 사이버 보안 관리를 강화시키고 있다.

② 파나마, 마샬 아일랜드 등 주요 편의치적 국가도 사이버 보안관리 의무를 담은 자체 검사규정을 두고 있다.

③ 국제정유사 해운포럼(OCIMF)는 SIRE VIQ에 해사 사이버 보안관리 요건을 추가시켰다.

④ 건화물선 화주검사(RIGHTSHIP)는 2017년 검사규정을 개정하여 사이버 보안 항목을 추

가하였다.

⑤ 국제해사기구는 사이버 리스크 관리 방안을 일원화할 것을 각국 정부에 주문하였다.

| **정답** ⑤ |

국제해사기구는 각 선주에게 국제안전관리규약(ISM Code)의 안전관리 시스템을 통해 사이버 리스크를 별도 관리하도록 권고했지만, 그 방식에 대해서는 자체 지침, 가이드 라인 등을 활용하도록 자율성을 부여했다.

**35. 국제 규제와 관련하여 선박 회사가 사이버 리스크 관리를 하는 방안으로 옳지 않은 것은?**

① 선주는 각 규제가 모두 상이하므로 모든 규제를 별도로 대비해야 한다.

② 국제 운항 선박은 항만국 통제 등에 대비하여 ISO 27001 등 국제적으로 인정받은 사이버 보안 관리 기법으로 리스크를 관리할 필요가 있다.

③ 국제운항 선박은 IMO의 권고대로 SMS에 사이버 리스크 관리 활동을 포함시켜야 한다.

④ 탱커선은 화주검사에 대비하여 OCIMF 요구사항을 충족시킬 필요가 있다.

⑤ 모든 규제는 잘 만들어진 사이버 리스크 체계를 통해 일관성있게 대비할 수 있다.

| **정답** ① |

모든 규제는 하나의 사이버 리스크 관리기법으로 통합하여 대비할 수 있다. 이를 위해서 사이버 리스크 관리체계 수립 시 전문가의 조력을 받아 통합된 시스템을 우선 구축하는 것이 필요하다.

**36. 국제 규제에 대비하여 선박 회사가 사이버 리스크 관리를 하는 방안으로 옳지 않은 것은?**

① 선박 회사와 선박은 사이버 보안 관리 기준을 산업계 표준을 활용하여 구축할 수 있다.

② 사이버 보안 산업계 표준으로 BS 7799, NIST의 정보보안 프레임 워크 등이 있다.

③ BIMCO의 가이드 라인은 정보보안 표준이 아니므로 선택에 신중을 기해야 한다.

④ 선박 회사나 선박이 사이버 리스크 관리를 이행하고 유지하는지 제3자의 관점에서 평가하는 인증제도를 활용할 수 있다.

⑤ 제3자 인증제도로 대표적으로 ISO 27001 인증, 한국선급 사이버 보안 적합성 인증 등이 있다.

| **정답** ③ |

BIMCO의 사이버 보안 가이드 라인은 정보보안, 전기통신 등 업계의 표준을 모두 적절히 반영하였다.

**37. 국제 규제에 대비하여 선박 회사가 사이버 리스크 관리체계를 구축하는 방안으로 옳지 않은 것은?**

① 선종별 규제에 전략적으로 대응하는 것이 적절하다.

② 선급의 인증은 ISO 표준보다 선박에 더욱 특화하여 설계된 관리 시스템이므로 선박과 선박 회사에 적용하기 적합하다.
③ 선박 회사는 정보보안 분야의 가장 권위 있는 국제 규격인 ISO 27001 인증을 선택할 수 있다.
④ 선박 회사는 ISO 27001이나 선급 사이버 보안 적합성 인증 등 제3자 인증의 결과를 SMS에 포함시켜 관리한다.
⑤ 사이버 리스크 관리 체계는 초기에 사이버 보안 전문가의 자문을 받아 설계하는 것이 필수적이다.

**| 정답 ⑤ |**

이는 필수사항이 아니지만 관리체계 수립 준비 단계에서 전문가 자문을 받는 것이 효과적이다.

**38. 사이버 리스크 관리체계 수립에 관한 서술 중 옳지 않은 것은?**

① 사이버 리스크 관리체계는 산업계 표준을 활용하여 자체적으로 수립한다.
② 기존의 유사 혹은 관련 관리체계가 있다면 이를 반영, 통합하여야 한다.
③ IMO는 사이버 리스크 관리체계 수립 시 ISM이나 ISPS Code를 활용하라고 권고하고 있으므로, 선박보안계획(SSP)을 참고하거나 반영할 수 있다.
④ 관리 조직을 설정할 때 혼선을 방지하기 위해 기존의 유사 조직이 있더라도 배제한다.
⑤ 사이버 리스크 관리 조직을 수립할 때 외부전문가를 자문으로 둘 수 있다.

**| 정답 ④ |**

사이버 보안 조직을 구성할 때, 기존의 유사 조직을 활용하거나 통합할 수 있다.

**39. 사이버 리스크 관리의 방법에 대한 서술 중 옳지 않은 것은?**

① 관리 절차, 인적보안 관리를 다루는 것을 관리적 보안이라 한다.
② 효율적인 리스크 관리를 위해 보안 조직을 두어야 한다.
③ 물리적 보안은 주로 외부인의 침입방지, 통제를 목적으로 한다.
④ 네트워크 접근통제, 암호화 관리 등은 기술적 보안이라 부른다.
⑤ 패스워드 관리 정책은 관리적 보안에서 다룬다.

**| 정답 ⑤ |**

패스워드 관리정책은 기술적 보안에 해당한다.

**40. 사이버 보안의 관리 방안에 대한 설명 중 틀린 것은?**

① 사이버 보안 정책, 지침 등을 개발하는 활동은 관리적 보안 영역이다.

② 인적관리는 관리적 보안의 영역이다.

③ 전산실, 서버실 등의 입지조건이나 주변 환경을 점검하는 것은 관리적 보안의 영역이다.

④ 관리적 보안은 보안정책이나 비상대책, 사고 대응책을 마련하거나 직원 교육, 인사관리 등의 역할을 한다.

⑤ 재해대비, 데이터의 백업 및 자료보관은 물리적 보안에 속한다.

**| 정답 ③ |**

전산실 등 입지조건, 환경을 점검하는 일은 물리적 보안 영역에서 다룬다.

## 41. 사이버 보안의 관리 방안에 대한 설명 중 틀린 것은?

① 정보가 저장된 시스템을 기술적으로 보호하는 대책은 기술적 보안이다.

② 기술적 보안은 보안 위협요소에 따라 PC보안, 네트워크 보안, 서버 보안, DB보안, 어플리케이션 보안 등으로 나누어 관리할 수 있다.

③ 네트워크로 접근 가능한 유무형의 자산에 대한 보호 대책은 관리적 보안이다.

④ 자산과 보안장비의 보호, 출입통제의 대책은 시스템 보안이라 한다.

⑤ 자산을 분류하고 통제하는 대책은 관리적 보안의 영역이다.

**| 정답 ③ |**

자산보호, 보안장비 관리, 출입통제, 보안구역 관리 등은 물리적 보안의 영역이다.

## 42. ISO 방법론에 대한 설명 중 틀린 것은?

① ISO 9000은 PDCA 사이클을 사용한다.

② PDCA 사이클은 ISO 27001에서도 활용되고 있다.

③ P(Plan) 단계에서 관리의 범위가 설정되고 정책이 정의된다.

④ D(Do) 단계에서 통제의 효과성이 측정된다.

⑤ A(Act) 단계에서 관리체계의 모니터링 및 검토가 수행된다.

**| 정답 ④ |**

통제의 효과성 측정은 C(Check) 단계에서 수행한다.

## 43. 사이버 리스크 관리 체계 구축에 대한 서술 중 옳지 않은 것은?

① 관리 체계는 정책수립, 범위설정, 위험관리, 구현, 사후관리의 순서로 설정한다.

② 정책수립 단계에서 정책과 지침을 개발한다.

③ 조직과 책임의 설정은 범위설정 단계에서 이뤄진다.
④ 취약점 분석과 리스크 평가는 위험 관리 단계에서 수행한다.
⑤ 내부 감사는 사후관리 단계에서 수행된다.

**| 정답 ③ |**

조직과 책임의 설정은 정책수립 단계에서 시행한다.

## 44. 사이버 리스크 관리체계 구축에 대한 서술 중 옳지 않은 것은?

① 리스크 관리체계 구축 시 경영진의 적극적인 지원이 중요하다.
② GAB 분석을 통해 취약한 영역을 식별하고 현 수준을 파악한다.
③ 조직 구성 시 내부 인력만으로 구성이 곤란하다면, 외부 컨설턴트의 참여를 고려할 수 있다.
④ 정보 자산의 식별은 정책수립 단계에서 수행한다.
⑤ 위험관리 단계에서 리스크 평가를 수행하고 이를 바탕으로 대책을 마련한다.

**| 정답 ④ |**

정보자산의 식별은 정책수립 후 범위설정 단계에서 수행된다.

## 45. 정보자산 식별에 관한 서술 중 옳지 않은 것은?

① 정보자산의 식별은 리스크 관리체계 구축단계 중 범위 설정에 속한다.
② 선박의 자산은 크게 IT 시스템과 OT 시스템으로 분류한다.
③ 자산의 중요도를 평가하여 목록을 작성한다.
④ 자산의 중요도 평가는 보안의 3요소를 고려한다.
⑤ 중요도 평가는 중요도 지수로 표현하며, 중요도 지수는 각 요소의 곱으로 산정한다.

**| 정답 ⑤ |**

자산 중요도 지수는 보안의 3요소의 평가치를 구간화한 수치를 각각 더한 값으로 표시한다.

## 46. 사이버 위협에 대한 서술 중 옳지 않은 것은?

① 사이버 위협이란, 시스템 또는 조직에 위해를 초래할 수 있는 의도하지 않은 잠재적 원인이다.
② 사이버 위협은 식별되고 목록화하여야 한다.
③ 사이버 위협에는 악성코드, 사회공학, 피싱 등이 있다.
④ 사람이 저지르는 자연적인 실수 또한 위협으로 분류할 수 있다.

⑤ 기술적 문제나 불가항력은 위협으로 분류하지 않는다.

**| 정답 ⑤ |**

OS의 오류, 결합, 고장 등의 기술적 문제 또한 대표적인 위협에 해당한다.

## 47. 물리적 보안에 대한 서술 중 옳지 않은 것은?

① 물리적 보안은 출입통제 및 시설보안에 관한 절차와 기준을 정하여 훼손, 변조, 도난, 유출 등의 침해에서 자산을 보호하는 것을 말한다.

② 제한구역이란 인가 받은 자 외의 불필요한 인원의 출입을 금하는 보안상 극히 중요한 지역을 말한다.

③ 사이버 자산이 집중되는 파일서버, DB 등은 통제구역 내 별도 공간에 잠금장치를 사용하여 보호해야 한다.

④ 전산장비의 보호를 위해 서버, 백업장치 등은 분리배치하거나, 전산랙 등을 활용할 수 있다.

⑤ 업무용 PC를 제외한 모든 전산장비는 통제구역에 배치해야 한다.

**| 정답 ② |**

보안상 극히 중요한 구역은 통제구역이라 한다.

## 48. 기술적 보안에 대한 서술 중 옳지 않은 것은?

① 기술적 보안은 시스템 보안, 네트워크 보안, 소프트웨어 보안으로 분류할 수 있다.

② 네트워크 보안은 네트워크로 접근 가능한 유뮤형의 자산을 보호하는 대책을 말한다.

③ 시스템 보안은 정보가 저장된 시스템을 기술적으로 보호하는 대책이다.

④ 네트워크 보안은 VPN, IPS, IDS, Viruswall 등이 있다.

⑤ IPS는 시스템 및 네트워크에 대한 다양한 불법 침입을 실시간 탐지하며, Firewall이 설치되었다면 없어도 무방하다.

**| 정답 ⑤ |**

IPS는 Firewall(방화벽)만으로는 한계가 있기 때문에 활용한다.

## 49. 관리적 보안에 대한 서술 중 옳지 않은 것은?

① 관리적 보안은 보안 조직체계 구축, 지침과 절차 마련, 비상대책 수립과 사고대응에 관한 보안대책을 말한다.

② 관리적 보안은 인사상의 보안관리와 보안교육을 포함한다.
③ 보안 문서의 관리는 물리적 보안에 속한다.
④ OCIMF TMSA 13항은 관리적 보안을 특히 강조한다.
⑤ 사이버 보안 인식제고 교육은 참여도, 관심도에 따라 교육대상을 분류하여 시행하는 것이 좋다.

**| 정답 ③ |**

보안 문서의 관리는 관리적 보안에 속한다.

**50. 리스크 평가에 대한 설명으로 옳은 것은?**

① 회사가 자체적으로 리스크 평가를 수행할 때 선박보안평가서(SSA) 결과는 무시해도 좋다.
② 리스크는 자산에 손실(Impact)을 입힐 수 있는 가능성(Probability)으로 표시할 수 있다.
③ 제3자에 의한 리스크 평가는 자체 평가로 발견하지 못한 편차를 식별할 수 있다.
④ 리스크 평가 시 침투 테스트를 수행하는 것이 좋다.
⑤ 리스크 평가 후에는 이를 기초로 보안대책을 수립한다.

**| 정답 ① |**

리스크 평가를 수행할 때 선박보안평가서(SSA) 결과를 참고해야 한다.

# QUIZ MODULE 1 (Eng Ver.)

**01. What is Maritime Cyber Security?**

① Imbedding cyber security management in ISM Code's SMS
② Protecting assets, information and data from unauthorized access, manipulation and disruption
③ Preparing for cyber security through the establishment of ISPS Ship Security Assessment(SSP)
④ Safeguarding IT systems and OT systems against pirates and terrorism
⑤ Attempts to damage, destroy or access the systems and data of companies and ships

**| The answer is number ② |**

The baltic and International Maritime Council (BIMCO) defines maritime cyber security as 'an activity that protects all IT, OT assets, information, data, and systems from unauthorized access and interference' so that targets of security activity are not limited to information but encompass all information of ship, PC, data, networks and related system. The cuase of accidents is not limited to deliberate acts such as external attacks, but also includes unintended acts such as negligence and neglect.

## 02. What is not characteristic of modern ships and maritime transport?

① Digitization of ship

② Isolation of maritime communications

③ The introduction of numerous international regulations

④ Increase of international ripple effects by ship accidents

⑤ Advent of automation and Unmanned Ships

**| The answer is number ② |**

Modern ships and maritime transport are pursuing safety and efficiency through sophisticated digitization and automation. International regulations have been tightened to improve environmental pollution and life safety. In order to support this, ship to shore system are ever more linked with satellite communication.

## 03. Choose the best explanation among the following.

① Cyber security organization should consider both SMS and ISPS Code.

② Chief Officer must complete ISO 27001 training.

③ Chief Engineer is responsible for digital equipment in steering house.

④ The captain is responsible for cyber risk management of ships.

⑤ CSO conducts cyber security training on crews.

**| The answer is number ① |**

IMO recommends that cyber risk management be reflected in SMS considering all existing ship operating systems. In addition, the cyber security organization would depend on what is specified in SMS. External training or expert consulting is not mandatory, but it is highly rscommended by the various shipper inspections.

## 04. Which of the following statements is wrong?

① Confidentiality of steering house system equipped with CCTV is not infringed.

② The three elements of security refer to confidentiality, integrity and availability.

③ If the radar does not work due to the cyber attack, the availability is violated.

④ It is the most important for OT equipment to maintain the availability.

⑤ If the temperature data of the cargo management system is tampered, integrity is violated.

**| The answer is number ① |**

Physical security management, such as CCTV, does not completely guarantee the confidentiality of digital system.

## 05. What is the best way to establish a maritime cyber security management system?

① Keeping DOC on board.

② Revising SMS every year.

③ Integrating and reflecting all existing management systems in ISM.

④ Modifying ISPS Ship Security Assessment(SSP).

⑤ Receiving ISO 27001 certification audit.

**| The answer is number ③ |**

The security related parts all existing ship management systems should be integrated into SMS according to ISM Code and approved by flag states. Existing systems include ISM, ISPS, vetting inspection and ISO certification.

## 06. Which of the following is true?

① Radar is an IT asset.

② PC in steering house is OT equipment.

③ As ECDIS is an OT equipment, cyber security is not necessary.

④ It is impossible for satellite communication device to be hacked.

⑤ Malware is one of the major cyber threats in ships.

**| The answer is number ⑤ |**

Generally, radar and ECDIS are classified as OT equipment and PC as IT equipment. It should be moted, however, that with the recent development of Internet technology, OT and IT system are gradually being integrated into single

equipment.

Meawhile, communication system also can be hacked through satellite receivers.

## 07. Who is responsible for maritime cybersecurity on board?

① Person designated by CSO (Company Security Officer)

② designated person on the SMS

③ Company Safety Manager

④ SSO (Ship Security Officer)

⑤ Executives of the management company

**| The answer is number ② |**

Based on ISM Code you can specify the role of the personnel and cyber security organization.

## 08. Which of the following statements is wrong?

① IMO recommends the use of BIMCO and KR guidelines.

② IMO decided to establish cyber security risk management through SMS at MSC meeting.

③ Each ship will be inspected for DOC reflecting cyber security risk management from 2021.

④ Cyber security applies only to ISM Code and not to ISPS Code.

⑤ The cyber security management system on board shall comply with the provisions of ISO 27001.

**| The answer is number ④ |**

ISPS Code is focused on physical safety against external intentional attacks. However, as the ISPS Code also contains definitions and security measures for digital security, IMO recommended that this be incorporated into SMS.

※ MSC 101/4/4 'MEASURES TO ENHANCE MARITIME SECURITY Cyber risk management in Safety Management System'

## 09. Which of the following statements about the cyber security management on the ship are correct?

① Cyber security on the vessel is only addressed by crews.

② All mobile devices except for inspector's USB shall be checked prior to each used.

③ Use of hard disk provided by provisions or store vendor is limited to personal laptop.

④ Physical cyber security can be established by properly integrating access control methods on the existing ISPS.

⑤ Replace anti-virus program once a year.

**| The answer is number ④ |**

It is recommended that mobile devices be used after external security checks on occasion of visits by third party including ship inspectors. In addition, external removable disks should not be used on personal PCs whether possible. Rules for use of security solutions such as antivirus and firewalls should be in accordance with the specifications and contract of software providers and equipment manufacturers. ISPS Code is focused on physical safety against external intentional attacks, but ISPS Code also includes security measures for PC, so proper integration is required through SMS.

## 10. Which of the following is true?

① The cyber security incident at Maersk Line in 2011 suffered no economic loss.

② The ship is an isolated place and cannot be attacked by social engineering.

③ Cyber risk comes from security threats and vulnerabilities.

④ ship cyber security awareness education is most necessary for junior officers.

⑤ Maritime cyber risk management is necessary only for compliance with regulatory.

**| The answer is number ③ |**

Both crews and personnel of shipping companies are exposed to social engineering threats. Cybersecurity awareness training is important for all members, from senior managenment to junior officers on board but commitment of senior management is most needed for establishment of key policies and budgets.

Meanwhile, cyber risk management is required for regulatory responses such as PSC and vetting inspections. However, safety of ship and life on board is also an important matter to consider.

# 퀴즈 모듈 2 (국문 51제, 영문 10제)

해사 사이버 보안의 이해 동영상 모듈2와 연계 학습 가능 www.edu.orangecq.com

## 01. 다음 중 옳지 않은 설명을 고르시오.

① 사이버 리스크 관리체계는 회사 특성을 고려하여 구축할 수 있다.

② 사이버 보안 관리 체계는 BIMCO의 가이드 라인을 참고할 수 있다.

③ BIMCO의 보안 프레임 워크는 자산 식별 - 보호 - 이행 - 개선의 순서로 구성된다.

④ ISO 품질관리표준은 계획-실행-평가-개선의 사이클을 사용한다.

⑤ 사이버 리스크 관리체계는 보안사고 사후 관리도 고려해야 한다.

**| 정답 ③ |**

BIMCO의 사이버 보안 방법론은 NIST의 식별-보호-탐지-복구-개선의 프레임 워크를 차용하였습니다.

## 02. 사이버 보안 관리 체계에 대한 설명 중 옳은 것을 고르시오.

① 사이버 보안 조직은 보안사고 발생 후에 마련한다.

② 회사의 보안 방향성을 정하고 예산을 결정하기 위해 정책 수립이 선행된다.

③ 사이버 자산 식별은 보안사고 시 피해액 산정에 필요하다.

④ 자산 중요도 측정은 기밀성, 가용성, 무결성의 평균값을 이용한다.

⑤ 사이버 보안 정책서는 IMO의 양식을 활용한다.

**| 정답 ② |**

보안조직 구성은 초기 정책수립 단계에서 진행되어야 하며, 자산의 식별은 사후조치 및 재산피해 분석에도 참고가 될 수 있겠지만, 목표설정과 대응책 마련이 근본적인 목적입니다.

사이버 보안 관련 정책 및 지침은 회사 특성에 따라 외부 컨설팅의 도움을 받거나 자체적으로 작성해야 합니다.

## 03. 다음 설명 중 옳지 않은 것을 고르시오.

① 리스크는 빈도 지수(Frequency)와 영향도 지수(Impact)의 곱으로 표현한다.

② 사이버 리스크 관리업무와 선박의 유지보수 업무는 분리하여 운영한다.

③ 중요도 인덱스(Criticality Index)는 기밀성, 무결성, 가용성 인덱스의 합으로 표현한다.

④ 사이버 리스크 분석을 위해 선박보안평가(SSA)를 참고할 수 있다.

⑤ 빈도 지수(Frequency Index)는 위협(Threat), 취약점(Vulnerability) 인덱스의 곱이다.

**| 정답 ② |**

보안 솔루션 구매, 설치 또는 백업 등 보안 관련 업무 또한 선박 유지보수의 일환으로 기록, 관리되는 것이 좋습니다. 한편 리스크 분석은 식별된 리스크를 정성적 또는 정량적으로 표현하기 위해 수행되며, 널리 통용되는 분석기법이나 회사 고유의 방식 모두 적절히 적용할 수 있습니다.

## 04. 다음 중 가장 옳은 설명을 고르시오.

① 선내 보호구역 내 화재가 발생할 경우에는 출입통제가 해제된다.

② 서버실의 물리적 보안은 PC 보안에 비해 중요도가 떨어진다.

③ 회사 사정을 고려하여 서버실은 사무용품 창고와 병용할 수 있다.

④ SSP 상의 선내 통제구역은 사이버 보안과 분리하여 고려한다.

⑤ 서버실 출입통제를 위해 CCTV, Door Lock설치와 출입기록을 병행하는 것이 좋다.

**| 정답 ⑤ |**

서버실에는 주요 사이버 자산(메인서버, 백업서버, 방화벽 등)이 위치하므로 매우 중요한 보안 요소이며, 따라서 고유의 시설로 독립적 관리하는 것이 원칙입니다.

## 05. PC보안에 대한 설명 중 옳지 않은 것을 고르시오.

① USB 메모리를 연결한 후 악성코드가 들어있는지 백신프로그램으로 검사해 본다.

② 업무와 상관없는 웹페이지에 접속하지 않는다.

③ 백신을 설치하고 실시간 업데이트로 설정한다.

④ 거래처에서 보낸 이메일은 안전하므로 첨부파일을 곧바로 열어본다.

⑤ 중요한 데이터는 별도의 저장장치에 백업해 둔다.

**| 정답 ④ |**

해커는 평소 거래처에서 보내던 이메일을 중간에 가로챈 후 악성코드를 첨부파일에 포함시키거나 이메일 내용에 악성코드를 설치하게 하는 링크를 추가하여 원래 수신자에게 발송하는 방법을 사용합니다. 이메일의 첨부파일은 백신으로 검사 후 열어보고, 링크는 클리하지 않아야 합니다. 필히 클릭해야 한다면 중요도가 낮은 PC에서 시도합니다.

## 06. 선내 랜섬웨어 감염사고 발생 시 행동요령으로 옳지 않은 것을 고르시오.

① SCSO(Ship Cyber Security Officer)에게 즉각 보고 후 CCSO(Company Cyber Security Officer)에게도 보고한다.

② 감염된 PC를 네트워크로부터 즉각 격리시킨다.

③ 백업데이터가 있는 USB메모리를 사용하여 즉각 복구한다.

④ 육상의 CCSO는 랜선웨어 대응센터에 도움을 요청한다.

⑤ 사이버보안 사고 대응 매뉴얼에 따라 적절히 조치한다.

**| 정답 ③ |**

랜선웨어 감염사고 발생 후 랜섬웨어가 완벽하게 삭제됐는지 확인하기 전에 USB메모리를 감염된 PC에 연결할 경우 USB메모리도 감염되기 때문에 절대로 연결해서는 안됩니다. 또한 네트워크에 연결된 모든 IT장비를 대상으로 감염여부를 검사해야 합니다. 랜섬웨어 제거툴로 삭제하거나 PC를 포맷하여 재사용해야 합니다.

## 07. 네트워크 보안에 대한 설명으로 옳은 것을 고르시오.

① 방화벽을 설치했으므로 외부 해커의 침입은 차단된 것이다.

② 유해사이트 차단솔루션 때문에 주식거래를 못하고 있어서 태더링을 연결했다.

③ 친구가 메신저로 보내준 100% 당첨 이벤트 링크를 클릭했다.

④ 무선 네트워크는 초기에 비밀번호를 설정해야 한다.

⑤ 집에 있던 아이패드를 회사 와이파이에 연결하여 통신요금을 아낄 수 있다.

**| 정답 ④ |**

방화벽과 같은 보안솔루션 설치만으로 기능을 수행하지 못하고 지속적인 관리가 필요합니다.

불필요한 접속은 차단하고, 업무적으로 필요한 접속은 안전하게 연결하는 활동이 주기적으로 필요합니다. 또한 보안로그를 확인하여 관리자 계정이나 방화벽 룰의 변조를 검토해야 합니다. 테더링은 회사 입장에서 비인가된 네트워크이므로 연결 시 방화벽을 우회할 수 있습니다. 신뢰하지 못하는 링크를 클릭하면 자신도 모르게 악성코드가 설치될 수 있습니다. 무선인터넷은 비인가자가 사용하지 못하도록 비밀번호를 설정해야 합니다. 개인의 IT장비를 회사 네트워크에 연결할 경우 악성코드 유입이나 네트워크에서 홀이 생길 수 있습니다.

## 08. 리스크 관리방안에 대한 설명으로 옳은 것을 고르시오.

① 식별된 모든 리스크를 감소시켜야 한다.

② 리스크 수준을 통해 리스크 감소를 위한 우선순위를 정할 수 있다.

③ 리스크가 있다고 해서 당장 보안사고가 나는 것이 아니므로 천천히 대응한다.

④ 리스크 관리방안은 서류상으로 잘 정리하면 된다.

⑤ IT환경이 작년과 동일하므로 올해의 리스크 평가는 필요하지 않다.

**| 정답 ② |**

리스크의 감소는 비용이 들기 때문에 우선순위를 정하여 비용이 허용하는 수준에서 적용하고, 남아있는 리스크는 대응방안을 수립하여 관리해야 합니다. 리스크 관리는 문서화도 중요하지만 실질적인 위험을 감소시키는 것이 목적입니다. 내부의 IT환경이 동일하다고 할지라도 외부환경이 변했기 때문에 주기적인 위험평가가 필요합니다.

## 09. 사이버 보안 통제범위에 대한 설명으로 옳지 않은 것을 고르시오.

① 선박 내 IT시스템은 통제범위이다.

② ECDIS, AIS, VDR 등 OT시스템은 통제범위이다.

③ PC 유지보수 업체직원은 내부직원이 아니므로 통제범위가 아니다.

④ 선사와 계약되어 있지만 선박업무와 관련없는 외주업체(예. 꽃배달업체)는 통제범위에서 제외할 수 있다.

⑤ 선사에서 사용중인 클라우드 서비스는 해외에 서버를 둔 해외서비스이지만 통제범위이다.

**| 정답 ③ |**

IT 및 OT시스템은 기술적 통제대상으로 통제범위에 속합니다. PC 유지보수 업체와 클라우드 서비스와 같이 물리적으로 외부에 있는 정보자산이라고 할지라도 우리 선사의 정보를 취급하는 정보자산일 경우 통제범위 안에 포함시켜야 합니다. 선박업무와 관련이 없는 경우 선박관련 정보를 다루지 않으므로 통제범위에서 제외할 수 있습니다.

## 10. 기술적 보안에 대한 설명으로 옳은 것을 고르시오.

① 해커가 침입하는 것을 방지하는 것이므로 기술적 보안만으로 위험을 관리할 수 있다.

② 기술적 보안은 관리적, 물리적 보안과는 겹치지 않고 독립적인 영역이다.

③ 외부 전문가를 통해 모의해킹 수행결과 취약점이 발견되지 않았으므로 우리 배는 안전하다.

④ 위성을 통한 인터넷 관문부터 앤드포인트 PC까지 모든 단계에 보안솔루션을 적용했으므로 우리 배는 안전하다.

⑤ IT 및 OT자산의 내부에 존재하는 취약점을 제거하는 통제이다.

**| 정답 ⑤ |**

관리적, 물리적, 기술적 보안은 각각의 영역이 있지만 독립적으로 나뉘지 않고 서로 엮여있습니다. 따라서 기술적 보안만으로 위험을 감소시킬 수 있지만 한계가 있고 관리적, 물리적 보안과 어울려 적용되어야 합니다. 또한 보안솔루션이나 외부 전문가에 의한 모의 해킹만으로 보안 수준이 향상되겠지만 기술적인 방법만으로 제거되지 않는 취약점도 있습니다.

## 11. 랜섬웨어의 특징이 아닌 것은?

① 중요 파일을 암호화하고 금전을 요구한다.

② 수사기관으로 위장하여 벌금 납부를 유도하기도 한다.

③ 대가를 지급하면 즉시 복구 된다.

④ 암호해제 대가로 비트코인을 요구하기도 한다.

**| 정답 ③ |**

## 12. 다음 중 트로이 목마(Trojan Horse)의 특징이 아닌 것은?

① 사회공학 기법을 주로 사용한다.
② 겉으로는 정상적인 프로그램으로 보인다.
③ 자기복사 능력이 있다.
④ 이메일로 전파되는 경우가 많다.

**| 정답 ③ |**

## 13. 다음 중 기술적 보호조치와 가장 거리가 먼 것은?

① 해킹 등 침해사고 위험을 분석하고 대응방안을 마련한다.
② 인증된 사람만 접근할 수 있도록 접근권한을 미리 설정한다.
③ 인가받지 않은 사람은 보조저장 매체를 사용할 수 없도록 차단한다.
④ 외부 보안전문가의 허가 없이는 로그인 비밀번호를 바꿀 수 없다.

**| 정답 ④ |**

## 14. 선박의 사이버 보안 취약점 분석에 관한 설명 중 옳지 않은 것은?

① 선박 취약점 분석은 선박 회사가 자체적으로 할 수 있다.
② 선박 취약점 분석은 선급만이 할 수 있다.
③ 취약점 분석은 취약점을 식별하고 계량하는데 목적이 있다.
④ 취약점 점검 도구로 PAWS STUDIO, NIPPER STUDIO등이 있다.

**| 정답 ② |**

## 15. 다음은 디지털 포렌식의 어떤 원칙을 설명하는가?

"증거보존 및 수집 - 이송 - 보관 및 분석 - 법원 제출의 각 단계에서 증거물에 대한 책임소재를 보장한다."

① 재현성의 원칙
② 위법증거 배제의 원칙
③ 연계 보관의 법칙
④ 무결성의 원칙

**| 정답 ③ |**

증거의 효력을 위해 디지털 포렌식은 사후 현장 검증 시 사고 당시의 동일한 결과를 기대할 수 있는 재현성의 원칙, 수집한 증거가 위변조되지 않았음을 증명해야 하는 무결성의 원칙, 포렌식 각 절차에서 책임자를 명확히 해야하는 연계보관성의 원칙 등이 준수되어야 한다.

## 16. 사이버 범죄에 기한 사고로 추정되는 선박 전복 사고에서 적절한 조치가 아닌 것은?

① 항해장비 데이터를 복구해야 하므로 담당자는 현장을 떠나지 않는다.

② 안전에 지장이 없는 선에서 현장을 보존한다.

③ 사고 당시 정황을 추정하기 위해 VDR 로그를 활용할 수 있다.

④ AIS, 교신내용을 활용하여 항적도를 재구성할 수 있다.

**| 정답 ① |**

선박에는 사후에 활용할 수 있는 다양한 증거수집 출처가 있으므로 증거확보에 무리수를 두는 것보다 인명의 안전을 최우선으로 해야 한다.

## 17. 공격대상이 방문할 가능성이 있는 합법적 웹사이트에 미리 악성코드를 심어 놓은 후 잠복하다가 피해자가 방문하면 피해자의 컴퓨터에 악성코드를 추가로 설치하는 공격방법은?

① Dos
② 워터링 홀(Water holing)
③ 스피어 피싱
④ 스캐닝

**| 정답 ② |**

워터링 홀은 사자가 먹이를 습격하기 위해 물웅덩이 근처에서 매복하는 형상을 빗댄 용어로서 표적 공격의 일종이다.

## 18. 암호가 추출될까지 수많은 암호 조합을 시도하는 원시적인 공격 방법은?

① 스피어 피싱
② DDos
③ 브루트 포스(Brute force)
④ 사회공학기법

**| 정답 ③ |**

특정정보 (사용자의 패스워드)를 알아내려는 무차별 대입 공격이다. 조합 가능한 모든 문자열을 암호가 풀릴 때까지 하나씩 대입하는 원시적인 수법을 말한다. 이 공격에 쉽게 노출되지 않기 위해 신중히 비밀번호를 설정해야 한다.

## 19. IMO의 해사 사이버 보안 가이드 라인에 대한 설명 중 옳지 않은 것은?

① IMO는 98차 MSC회의에서 사이버 리스크 관리 가이드 라인을 제시했다.

② 리스크 관리체계는 식별-보호-탐지-대응-복구의 기능 요소로 구축할 수 있다.

③ 식별-보호-탐지-대응--복구의 순서는 순차적이므로 변형될 수 없다.

④ NIST의 프레임 워크를 차용하였다.⑤ 사이버 사고로 피해를 입은 선박의 시스템을 백업하고 복원하는 조치는 '복구'에 해당한다.

| 정답 ③ |

이 기능 요소들은 순차적이지 않고 실무적으로 동시에 일어나고 반복적일 수 있다.

## 20. 해운 선사의 해사 사이버 리스크 관리 기본방향에 관한 서술로 틀린 것은?

① 사이버 보안에 관한 절차와 이행계획을 담은 자체 관리시스템을 구축한다.

② 관리시스템은 ISM Code에 따라 SMS에 반영 한다.

③ 관리시스템과 정책에는 각국의 검사기준, 화주 검사기준 등도 반영하여 검사에 대비할 수 있다.

④ 정책서에는 유관 기관의 가이드라인, 체크리스트, 기술적 보완요소를 반영하는 것이 좋다.

⑤ 관리시스템은 회사의 중대한 정책이므로 새로운 보안규격, 지침 등을 수시로 업데이트 하기가 곤란하다.

| 정답 ⑤ |

새로운 기술정보, 진화하는 사이버 공격 소식은 수시로 반영하여 보안의 효과를 제고해야 한다.

## 21. 통제 모델에 대한 서술 중 옳지 않은 것은?

① 리스크 관리를 위해 통제의 대상과 범위를 설정해야 한다.

② 정보는 추상적이고 무형의 개념이므로 정보자산을 통제의 대상으로 단순화, 유형화한다.

③ 정보 자산에는 정보를 사용하고 운용하는 '사람'은 포함되지 않는다.

④ 통제모델에서 선박의 자산을 IT, OT 시스템으로 구분한다.

⑤ 설정된 정보자산에 보안의 3요소를 적용하여 운용하는 것이 사이버 리스크 관리이다.

| 정답 ③ |

정보 자산을 사용하는 '사람' 또한 정보자산임. 사람은 통제모델에서 내부, 외부인, 정규직, 계약직 등으로 세분할 수 있다.

## 22. 해사 사이버 리스크 관리체계 수립에 대한 서술로 틀린 것은?

① BIMCO 가이드 라인이 제시하는 5단계 방법론은 인식(식별)-보호-탐지-대응-복구의 단계로 구성된다.

② BIMCO의 방법론은 NIST의 사이버 보안 프레임 워크를 차용하였다.

③ 사이버 보안 정책을 마련하는 것은 복구의 단계에서 진행한다.

④ 인식(식별)-보호-탐지-대응-복구의 과정은 반복되거나 서로 중첩되기도 하므로 체계

구축 시 이에 구애될 필요는 없다.

⑤ 인식의 단계에서 선박의 자산을 식별해야 한다.

| 정답 ③ |

관련 정책서의 개발의 조직의 구성, 자산의 식별과 함께 인식(식별)의 단계에서 이행한다.

**23.** **해사 사이버 리스크 관리체계 수립을 위한 세부절차 중 '인식' 단계에 대한 설명 중 옳지 않은 것은?**

① 보안에 관련한 구체적 규정과 정책을 수립하여 문서화한다.

② 관련 직원의 책임, 권한, 상호 관계를 규정한다.

③ 자산의 식별을 위해 감독이 전 선박을 방선할 필요가 있다.

④ 회사는 중대한 장비와 시스템을 식별하여 조치해야 한다.

⑤ 회사는 보안 인식의 제고를 위한 교육훈련 계획을 수립해야 한다.

| 정답 ③ |

선박 자산의 데이터는 이미 회사가 확보하고 있으며, 사이버 보안을 위한 자산 식별은 선박에서 자체적으로 진행하여도 무방하다.

**24.** **해사 사이버 리스크 관리체계 수립을 위한 세부절차 중 '보호' 단계에 대한 설명 중 옳지 않은 것은?**

① 식별된 위험에 대한 보호 대책을 수립하는 것은 '복구'의 단계에 해당한다.

② 안전 및 환경보호에 관한 필수적인 절차와 계획을 수립한다.

③ 통제의 절차와 방안을 설정한다.

④ 비상상황 식별 및 대응절차를 수립한다.

⑤ 선박운항의 연속성을 보장하기 위한 단계이다.

| 정답 ① |

위험이 식별되면 '보호' 단계에서 보호 대책을 수립한다.

**25.** **해사 사이버 리스크 관리체계 수립을 위한 세부절차 중 '대응' 단계에 대한 설명 중 옳은 것은?**

① 취약점이 악용될 수 있는 가능성을 감소시킨다.

② 잠재적 비상상황을 식별하고, 대응책을 수립한다.

③ 적시에 사이버 사고를 탐지하는 능력을 개발한다.

④ 사고로 영향을 받은 시스템을 백업하고 복원한다.

⑤ 사이버 사고로 인해 손상된 시스템을 복원하는 계획을 개발하고 구현한다.

| 정답 ⑤ |

취약점의 악용을 감소시키고, 잠재적 비상상황을 식별하는 것은 보호조치에 해당하며, 적시에 사이버 사고를 탐지하는데 필요한 행동을 개발하고 구현하는 것은 탐지조치이다.

## 26. 해사 사이버 리스크 관리체계 수립을 위한 세부절차 중 '대응' 및 '복구' 단계에 대한 설명 중 옳지 않은 것은?

① 회사는 대응 단계에서 갑작스런 기능정지로 위험한 상황을 초래시킬 수 있는 장치를 식별해야 한다.

② 대응 단계에서 갑작스런 기능 정지에 대비하여 예비 장비에 대한 정기시험 계획을 수립한다.

③ 회사는 재발 방지와 시정조치의 절차를 마련해야 한다.

④ 복구는 사이버 사고로 영향받은 사이버 시스템을 백업하고 복원하는 조치를 식별하는 단계이다.

⑤ 재발 방지 조치와 기능 정지에 대비한 조치는 선박의 유지보수 업무와는 분리한다.

| 정답 ⑤ |

대응 단계에서 수립한 재발방지 대책과 갑작스런 기능 정지에 대비한 예비 장비 등에 대한 계획은 선박의 기본 유지보수 업무와 통합함으로써 효율을 제고해야 한다.(ISM CODE 10.4)

## 27. 해사 사이버 리스크 관리의 성숙도에 관한 설명 중 틀린 것은?

① 사이버 리스크 관리체계에는 ISO의 PDCA 사이클을 적용할 수 있다.

② PDCA(계획-실행-평가-개선) 사이클의 적용으로 리스크 관리의 성숙도를 높일 수 있다.

③ PDCA 사이클의 적용으로 관리시스템은 1회적, 산발적 대응에서 지속적, 체계적 대응으로 발전한다.

④ 교육 훈련의 성숙도 향상을 위해서는 PDCA 적용이 곤란하다.

⑤ PDCA 사이클에서 문제 인식은 P(PLAN)에서 이뤄진다.

| 정답 ④ |

회사 및 선박직원 교육훈련에서 PDCA 사이클은 매우 효과적으로 적용될 수 있다. 교육 훈련 계획을 수립하고(PLAN), 교육을 실시하고(DO), 교육의 결과를 모니터링하여 개선점을 찾고(CHECK), 차기 교육에 개선점을 반영(ACT)하는 사이클로 교육의 질을 향상시킬 수 있다.

## 28. 해사 사이버 리스크 관리체계의 방향성에 관한 설명 중 틀린 것은?

① 정보자산의 중요도, 정보자산의 취약점, 취약점에 따른 위협의 조합으로 리스크의 정도를 파악할 수 있다.

② 정보자산, 취약점, 위협의 3가지 요소가 모두 존재할 때 리스크가 발생하며 어느 하나를 제거하면 리스크는 지워진다.

③ 항행 정보가 저장된 서버가 단순한 패스워드로 인해 사이버 공격을 받은 경우 단순한 패스워드는 사이버 위협이라고 할 수 있다.

④ 외부의 위협은 스스로 감소시킬 수 없으므로 취약점을 감소시키는 방법으로 리스크를 관리한다.

⑤ 외적 요소는 통제가 불가하므로 내적 요소를 통제대상으로 삼는 것이 리스크 관리의 전략이 된다.

**| 정답 ③ |**

단순한 패스워드는 전형적인 사이버 리스크 취약점이다.

## 29. 해사 사이버 리스크 관리체계의 단계별 설명으로 옳지 않은 것은?

① 관리체계는 정책의 수립, 관리범위의 설정, 리스크 평가, 구현, 사후관리의 순서로 구성할 수 있다.

② 관리체계의 각 단계는 회사사정 및 보유 선단의 상황 등을 고려하여 융통성있게 변형할 수 있다.

③ 회사는 사이버 리스크 관리를 지속적이고 전사적으로 추진할 수 있도록 관리체계의 첫 단계에서 기본 정책을 수립한다.

④ 정책 수립 단계에서 담당 조직을 구성하고 인원을 확보한다.

⑤ 정책서는 회사의 방향성을 담아야 하며, 모든 준비가 끝나면 경영진이 이를 검토할 수 있다.

**| 정답 ⑤ |**

보안정책에 회사의 비전을 담으려면 경영진의 의지와 적극적인 참여가 선행되어야 한다.

## 30. 해사 사이버 리스크 관리체계의 단계별 설명으로 옳지 않은 것은?

① 사이버 보안 정책을 이행하고 조직을 구축하려면 경영진이 초기에 적극 개입해야 한다.

② 사이버 리스크 관리를 위한 중장기적 계획과 예산확보 이후에야 실질적인 관리가 가능하므로, 관리체계 수립 초기부터 경영진의 적극적인 참여가 중요하다.

③ 정책서와 지침은 관리체계 수립이 모두 끝난 후 제작될 수 있다.

④ 정책서는 기존에 회사가 운용하던 보안 및 안전관련 정책을 참고할 수 있다.

⑤ 정책 및 지침 수립에 보안 전문가가 참여하거나 컨설팅할 수 있다.

| 정답 ③ |

보안 정책서는 조직, 자산관리 지침, 물리적 보안 지침, 인적보안 지침 등 보안 활동을 규율하는 세부 규정을 의미하며 관리체계 구축 초기에 이뤄져야 한다. 관리체계 수립 이후의 종합 보고서나 SMS와 혼동해서는 안 된다. 한편 각종 정책이나 지침, 체크리스트의 작성은 사이버 보안 컨설턴트의 조력을 받는 것이 효과적이다.

## 31. 해사 사이버 리스크 관리 체계의 단계별 설명으로 옳지 않은 것은?

① 사이버 보안 정책이 마련한 후에는 보안 조직을 구성해야 한다.

② 보안 조직은 기존의 유사조직이 있다면 이를 참고해야 한다.

③ 사이버 보안 조직 구성 시에는 회사의 특성과 규모에 따라 외부 인력의 참여 또한 고려해야 한다.

④ 외부 전문가 조직에는 기술조언자, 법률조언자, 침해사고 대응, 긴급 보수 대응 등으로 역할을 설정할 수 있다.

⑤ 회사에 자체 IT 부서나 보안팀을 반드시 구축하여야 한다.

| 정답 ⑤ |

모든 회사가 별도의 IT 부서나 보안 부서를 창설할 수는 없다. 필요 시 외부 전문가 협력체계의 구축을 통해 이를 보완하면 된다.

## 32. 해사 사이버 리스크 관리 체계의 단계별 설명으로 옳지 않은 것은?

① 정책 수립 및 조직 구성 이후에는 리스크의 관리범위를 설정해야 한다.

② 자산을 식별하고 분류함으로써 리스크 관리 범위가 특정된다.

③ 자산의 식별 후에는 자산 중요도 평가가 필요하다.

④ 자산의 중요도 평가는 보안의 3요소를 반영할 수 없다.

⑤ BIMCO는 선박의 사이버 자산을 항해통신 시스템, 추진 및 기관 시스템, 접근 제어 시스템 등으로 분류한다.

| 정답 ④ |

자산 중요도 평가는 중요도 지수로 표현하며, 중요도 지수는 보안의 3요소를 지수화하여 이들을 합한 값으로 표시할 수 있다.

## 33. 사이버 리스크 범위 설정을 위한 중요도 평가에 대한 서술 중 옳지 않은 것은?

① 중요도 결정은 기밀성, 무결성, 가용성을 기반으로 평가한다.

② 중요도 지수(인덱스)는 보안의 각 요소를 구간화한 기밀성 지수, 무결성 지수, 가용성 지

수로 표시 한다.

③ 중요도 평가를 위해 우선 자산을 분류, 목록화하여 평가 이후 대응방안 수립을 용이하게 해야 한다.

④ 중요도 평가는 기밀성 지수, 무결성 지수, 가용성 인덱스의 합으로 결정한다.

⑤ 중요도 평가는 유사한 기준을 활용하여 측정하므로 같은 종류의 자산이라면 모든 선박의 결과는 대동소이하다.

**| 정답 ⑤ |**

자산의 중요도 평가는 각 요소의 구간값, 평가자의 기준, 선박 특성에 따라 결과가 달라질 수 있다.

## 34. 사이버 리스크 평가에 대한 서술 중 옳지 않은 것은?

① 사이버 리스크 평가의 목적은 식별된 자산의 사이버 보안 수준을 결정하여 리스크 경감 방안을 마련하는데 있다.

② 사이버 리스크 평가 단계에서 주요 사이버 위협을 식별하고 목록화한다.

③ 리스크의 평가는 빈도 지수와 영향도 지수로 표현하는 정성적 분석방법을 많이 사용한다.

④ 사이버 리스크 평가는 오직 독립된 평가방식만을 사용해야 하며, 기존의 SSP는 무시해야 한다.

⑤ 관련 데이터가 충분할 경우 정량적 분석방법을 사용하여 리스크 평가를 할 수 있다.

**| 정답 ④ |**

기존의 리스크 평가방식이 있다면 이를 참고하거나 반영할 수 있다.

## 35. 사이버 리스크 평가에 대한 서술 중 옳지 않은 것은?

① 리스크 매트릭스에서 빈도 지수는 위협 지수와 취약점 지수를 기반으로 결정한다.

② 리스크 지수는 빈도 지수와 영향도(중요도) 지수으 곱으로 결정한다.

③ 위협, 취약점을 식별하여 리스크가 평가되면 리스크 경감 방법을 찾아야 한다.

④ 리스크 매트릭스를 활용한 리스크 경감 방법은 그래프의 각 요소(빈도와 영향)의 값을 줄이는 것이다.

⑤ 리스크 평가 단계에서는 시급성이나 비용 분석 같은 외부 요소나 회사 상황의 고려는 우선 배제한다.

**| 정답 ⑤ |**

리스크 평가와 동시에 리스크 경감의 시급성과 비용의 분석 등을 함께 고려하여, 리스크 평가 완료 후의 권고사항 마련에 반영시켜야 한다.

## 36. 사이버 리스크 평가에 대한 서술 중 옳지 않은 것은?

① 리스크는 완전히 제거할 수 없거나 완전히 제거하는 것이 불필요하다.
② 리스크 평가 후 수용 가능한 리스크 수준을 정할 수 있다.
③ 리스크 허용기준에 대한 표준화된 방법론은 IMO가 정하고 있다.
④ 리스크 허용기준이 정해지면 잔여 위험에 대한 통제방안 또한 마련해야 한다.
⑤ 위험도는 조직 내 협의를 통해 최대한 객관적인 기준을 정하여 설정할 수 있다.

**| 정답 ③ |**

리스크 허용기준에 대한 표준화된 방법론이 없기 때문에 조직 내에서 협의를 통해 객관적인 기준을 설정할 필요가 있다.

## 37. 사이버 리스크 관리 체계에 관한 서술 중 옳지 않은 것은?

① 리스크 관리체계는 이행 내용에 따라 구현 단계에서 관리적 보안, 물리적 보안, 기술적 보안으로 나누어 구현된다.
② 관리적 보안은 관리 조직수립, 절차 수립, 비상대책 및 사고 대응책 마련 등의 역할을 한다.
③ 관리적 보안은 인사상의 관리, 보안교육의 시행 등 조직을 운용하는데 필요한 관리상의 문제를 다룬다.
④ 물리적 보안이란 물리적 위협으로부터 회사나 선박의 주요시설을 보호하기 위한 접근통제나 보호 대책의 수립을 말한다.
⑤ 자연재해에 대한 대책은 관리적 보안의 영역에서 다룬다.

**| 정답 ⑤ |**

자연재해로부터 시설을 보호하는 대책 또한 물리적 보안에 속한다.

## 38. 물리적 보안에 대한 서술 중 옳지 않은 것은?

① 보호구역의 특성에 따라 화재 감지기, 소화설비, UPS, CCTV 등을 갖추고 운영절차가 마련되어야 한다.
② 통제구역이란 별도의 출입통제 장치 및 감시시스템이 설치된 장소로, 접근 시 출입증을 필요로 하는 구역을 말한다.
③ 물리적 보안이란 물리적 위협이나 자연재해로부터 회사나 선박의 주요 시설을 보호하기 위한 접근통제나 보호 대책의 수립을 말한다.
④ 업무의 중요도와 자산의 위치에 따라 보호구역을 구분하고, 구역별로 별도의 보호대책

이 수립되어야 한다.

⑤ 전산장비란 회사의 경영활동, 상업 서비스 제공에 활용되는 모든 시스템 자산을 포함하며 서버, DB, 네트워크 장비 등이 해당된다.

**| 정답 ② |**

별도의 출입통제 장치 및 감시시스템이 설치된 장소로, 접근 시 출입증을 필요로 하는 구역은 제한구역이라 한다.

## 39. 물리적 보안 중 보호구역 통제에 관한 설명 중 틀린 것은?

① 제한구역과 통제구역을 별도로 지정 관리한다.

② 보호구역에서의 작업절차를 마련하여 모든 작업 시마다 책임자의 승인, 작업기록 등이 기록되어야 한다.

③ 보호구역에서의 작업 시 모바일 기기 사용이 불가피할 경우 우선 사용하게 한 후 반출대장에 기록한다.

④ 외부인 출입통제는 기존의 ISPS Code에 따른 통제와 연계하여 운영할 수 있다.

⑤ 물리적 보안을 위한 비상발전기나 화재감지기의 유지보수는 기존의 유지보수 방안과 통합 운용할 수 있다.

**| 정답 ③ |**

모바일 기기의 사용은 사전 승인이 필수적이다.

## 40. 기술적 보안에 대한 서술 중 옳지 않은 항목은?

① 기술적 보안이란 선박의 전산장비, 저장매체 등을 외부의 침입으로부터 보호하는 것을 말한다.

② 기술적 보안이란 하드웨어, 소프트웨어의 기술적 요소들을 보안 위협으로부터 보호하기 위해 시스템, 네트워크, PC 등에 대한 취약점을 진단하고 대책을 수립하는 것이다.

③ 시스템 보안은 서버보안과 시스템 접근 통제 등으로 구성된다.

④ 네트워크 보안은 방화벽, VPN, IPS, IDS 등의 설치로 보호하는 대책이다.

⑤ PC 보안은 사무용 PC 또는 OT 장비의 제어를 위해 범용 운영체제를 갖춘 PC를 보호하는 것이다.

**| 정답 ① |**

외부의 침입으로부터 보호하는 활동은 물리적 보안이라 한다.

## 41. 다음 중 사이버 리스크 감소 및 회피 효과를 기대할 수 있는 예시가 아닌 것은?

① 포트 블로커를 활용하여 ECDIS에 대한 USB 악성코드 감염을 예방하는 물리적 보안을 구현했다.

② 사고대응 매뉴얼의 숙지를 통해 사고대응 시간을 단축시켰다.

③ 출입자 통제를 통해 외부인 휴대용 저장매체 사용을 막아 데이터의 유출을 방지했다.

④ 외부 수리업자의 휴대폰 카메라 렌즈에 스티커를 부착함으로써 내부 정보 유출을 사전에 차단했다.

⑤ 모항을 출항 전 선내 PC에 최신 백신을 설치하고 USB 감염 우려로 기항지에서는 백신을 업데이트하지 않았다.

**| 정답 ⑤ |**

백신이나 보안 솔루션은 최신의 상태를 유지하는 방법을 강구해야 한다.

## 42. 다음 중 USB 악성코드의 공격을 회피하는 좋은 방안이 아닌 것은?

① 적절한 직원 교육을 상시 실시한다.

② 주기적으로 USB를 포맷한다.

③ 모든 USB 포트에 포트 락를 설치한다.

④ 선용품 업체로부터 최신영화가 수록된 HDD를 공급받아 개인 PC에서만 사용한다.

⑤ 안티 말웨어 시스템을 실행하고 엔진을 항상 최신화한다.

**| 정답 ④ |**

외부로부터 업무와 관계없는 저장 매체를 수령하는 것은 기본적으로 지양하는 것이 좋으며, 개인 PC라도 선내에서 사용되는 모든 단말기는 보안에 철저를 기해야 한다.

## 43. 다음 중 적절한 보안 대책이 아닌 것을 고르시오.

① 패스워드를 8자 이상의 알파벳 대소문자, 특수문자, 숫자를 혼용하여 만들었다.

② 윈도우에서 화면보호기를 설정하여 대기시간을 10분, 재시작 시 로그온 화면으로 표시되도록 설정하였다.

③ 패스워드를 1달에 한 번 재설정하고 있다.

④ 선교 업무 PC를 주기적으로 백신 프로그램으로 점검하며, 백신은 자동 업데이트 설정이 되어 있다.

⑤ 선박이 앵커리지 대기 시 현지 통신사 USIM을 사용하여 선원들과 블루투스로 데이터를 공유하려고 시도하였다.

**| 정답 ⑤ |**

보안에 취약하므로 선내에서 블루투스를 활성화하는 것은 가급적 자제하는 것이 좋다.

## 44. 다음 중 적절한 보안 대책이 아닌 것을 고르시오.

① 기관실 업무용 노트북에는 윈도우 방화벽이 설정되어 있다.

② 새로운 소프트웨어 설치 시 공급자가 설정한 기본값을 반드시 변경한다.

③ 기관실 업무용 노트북은 수시로 예약 검사를 실시한다.

④ 조타실 컴퓨터의 비밀번호는 선박의 IMO 번호를 사용하고 있다.

⑤ 선장실 업무용 노트북은 출처가 불분명한 이메일은 열지 않고 삭제하고 있다.

**| 정답 ④ |**

탈취 시도를 하는 자가 알아내기 쉬운 비밀번호를 사용하지 않는다.

## 45. 사이버 리스크 관리 체계에 관한 서술 중 옳지 않은 것은?

① 리스크 관리 체계의 사후관리 단계는 구현된 리스크 관리의 유지활동이다.

② 사후관리에서는 관리체계를 재검토하고, 모니터링 및 개선하는 활동을 한다.

③ 사이버 리스크 관리체계는 통상 2년을 주기로 재검토되는 것이 일반적이다.

④ 사후관리에서 회사는 담당자 및 조직에 대한 내부 보안감사를 실시할 수 있다.

⑤ 관리체계는 조직개편, 사업개편, 규제 신설 및 사고발생 여부에 따라 재검토 기간을 조정할 수 있다.

**| 정답 ③ |**

사이버 리스크 관리체계의 재검토는 통상 1년을 주기로 하는 것이 일반적이다.

## 46. 사이버 리스크 관리체계 수립과 화주 검사에 대한 서술 중 옳지 않은 것은?

① 탱커선과 건화물선 화주 단체는 화물의 안정적인 운송을 담보하기 위해 자체적으로 선박의 운항능력을 검사한다.

② OCIMF는 2017년 TMSA에 사이버 보안 관리 규정을 추가하였다.

③ 사이버 보안 관련 화주검사 기준에 미달하여도 선주가 운송행위를 영위하는데 지장은 없다.

④ 선주는 사이버 관리체계 수립 시 각 화주단체의 요구사항을 함께 반영하는 것이 좋다.

⑤ RIGHTSHIP은 Inspection & Assessment Report에 사이버 보안 관리 규정을 추가하였다.

| 정답 ③ |

화주 검사는 국제조약이나 국가기관의 제재를 수반하지는 않지만 검사 기준에 미달할 경우 선주는 운송 행위를 영위할 수 없게 되므로 공권력에 의한 선박검사 못지않게 강력한 규제로 작용한다.

## 47. 사이버 리스크 관리체계 수립과 화주 검사에 대한 서술 중 옳지 않은 것은?

① OCIMF는 SIRE(Report Programme) 7.14에 "Cyber Security"를 추가하였다.

② SIRE에는 사이버 보안 관리방법, 보안의식 제고활동, 보안 조직 운영 등의 내용이 상세 수록되어 있다.

③ 건화물선 화주검사(Righrship)는 "Inspection & Assessment Report"를 개정하였지만 아직 사이버 보안에 직접적인 내용을 포함하지는 않고 있다.

④ OCIMF는 TMSA 3에 사이버 보안 항목을 추가하였다.

⑤ OCIMF는 회사와 선박이 사이버 보안 정책과 절차를 규정하고 리스크 경감방안을 제시하도록 주문한다.

| 정답 ③ |

Righrship은는 "Inspection & Assessment Report"를 개정하고, "Cybersecurity" 편을 추가하는 등 사이버 보안 강화에 적극 나서고 있다.

## 48. 사이버 리스크 관리와 제3자 인증에 관한 서술 중 잘못된 항목은?

① 선박의 사이버 리스크 관리체계 구축과 관리는 외부 기관이 제공하는 인증시스템으로 인정받을 수 있다.

② IMO와 화주검사 모두 외부 전문기관의 사이버 보안 인증을 장려하고 있다.

③ 사이버 보안에 관한 제3자 인증은 ISO 27001이 대표적이다.

④ 사이버 전문기관이 수행하는 인증은 항만국 통제나 화주검사와는 별개의 검사이다.

⑤ 글로벌 선급법인이 제공하는 사이버 보안 인증은 선박과 해운업에 더욱 특화하여 설계되어 있다.

| 정답 ④ |

선급의 사이버 보안 관리 인증과 ISO 27001 인증은 모두 선박 검사가 사이버 보안 관리에 관해 요구하는 통제항목과 일치하므로, 선박은 3자 인증을 받은 후 이를 SMS에 반영하면 신뢰도를 더욱 제고할 수 있게 된다.

## 49. 사이버 리스크 관리에 관한 수검 방안으로 옳지 않은 것은?

① 인식제고 교육을 실시하고, 선원의 지식향상 여부를 정확히 기록한다.
② SMC, DOC를 규정에 따라 발급받아 비치한다.
③ 사이버 보안 관련 정책서와 지침을 제본, 편철하여 비치한다.
④ 장비의 유지보수, 업데이트 자료는 엔지니어 방문기록과 함께 저장한다.
⑤ 사이버 보안은 전문영역이므로 감독관이 하급 직원에게는 인터뷰할 가능성이 없다.

**| 정답 ⑤ |**

모든 선원이 사이버 보안에 관한 중요성을 인지하고 있어야 한다.

## 50. 다음 중 IT 관련 용어의 정의가 잘못된 것은?

① 네트워크란 하나의 인터넷 주소 공간을 가진 하나의 물리적 이더넷 망을 의미한다.
② 게이트웨이는 통제되지 않는 외부 네트워크로의 연결에 사용되며, ROUTER가 이에 해당한다.
③ 노드란 네트워크와 네트워크 사이에 위치하여 데이터 전송에 관여하는 장치를 말한다.
④ 네트워크는 네트워크 노드, 스위치, 전원장치로 구성된다.
⑤ 스위치는 노드와 노드 사이에서 데이터 전송에 관여하는 장치이다.

**| 정답 ③ |**

포워더는 네트워크와 네트워크 사이에 위치하여 데이터 전송에 관여하는 장치를 의미한다.

## 51. 다음 중 용어의 정의가 잘못된 것은?

① 취약점이란 정보, 시스템 등에 대한 위협에 의해 악용될 수 있는 약점을 말한다.
② OT 시스템이란 내장된 시스템을 모니터링하고 제어하는 장치를 말한다.
③ IT 시스템이란 데이터 또는 정보의 수집, 저장, 조작, 이동, 전송에 사용하는 장비, 시스템을 말하며 범용 운영체제를 통해 구동된다.
④ 선박의 OT 시스템으로 선교 노트북이 이에 해당한다.
⑤ 위협이란 무단접근, 파괴, 공개, 정보의 수정 등을 통해 정보, 시스템을 통해 자산, 조직, 개인, 국가에 부정적인 영향을 끼칠 수 있는 것을 말한다.

**| 정답 ④ |**

선교의 업무용 노트북은 IT 시스템에 속한다.

# QUIZ MODULE 2 (Eng Ver.)

**01. Which of the following statements is incorrect?**

① Cyber risk management system can be established considering company characteristics.

② For cyber security management system, you refer to BIMCO's guidelines.

③ BIMCO's security framework consists of asset identification-protection-implementation-improvement

④ The ISO quality management standard uses a cycle of planning, implementation, evaluation and improvement

⑤ Cyber risk management system should also consider followup management of security accident.

**| The answer is number ③ |**

BIMCO's cyber security methodology is based on NIST's cyber security framework for identification, protection, detection, recovery and improvement.

**02. Choose the right one for the cyber security management system.**

① The cyber security organization should be prepared after a security incident.

② Establishing policy is prerequisite to setting company's security direction and budget.

③ Cyber asset identification is necessary for calculating damages in case of security accidents.

④ The measure of asset criticality uses average values of confidentiality, availability and integrity

⑤ Cyber security policy documents use the form of IMO

**| The answer is number ② |**

The organization of the security organization should be carried out at the initial policy establishment stage, and the identification of assets may be used for follow-up and analysis of property damage, but setting goals and preparing countermeasures are fundamental goals.

## 03. Which of the following statements is incorrect?

① The risk is expressed as the multiply of the frequency index and the impact index.

② The cyber risk management work and the maintenance work of the ship shall be operated separately.

③ The Criticality Index is expressed as the sum of confidentiality, integrity and availability indexes.

④ You can refer to SSA for cyber risk analysis.

⑤ Frequency Index is the multiply of Threat and Vulnerability Index

**| The answer is number ② |**

Security-related tasks such as purchasing, installing or backing up security solutions are also recommended to be recorded and managed as part of vessel maintenance. Risk analysis, on the other hand, is performed to represent identified risks qualitatively or quantitatively, and can be measured by both widely used analytical methods and company-specific methods.

## 04. Choose the best explanation from the following

① In case of fire in the protected zone on board, access control will be cancelled.

② Physical security of server room is less important than PC security.

③ In consideration of the company's circumstances, the server room can be used together with the office supplies warehouse.

④ Physical security is considered separately from cyber security.

⑤ It is desirable to install CCTV, door lock and access record for server room access control.

**| The answer is number ⑤ |**

Major cyber assets (main server, backup server, firewall, etc.) are located in the server room and they are very important security factor. As such the principle is to manage them independently.

## 05. Which of the following is not true about PC security?

① After connecting USB memory, check if there is malicious code with anti-virus program.

② Do not access web pages that are irrelevant to work.

③ Install the vaccine and set it to real time update.

④ Emails sent from customers are safe, so open the attachment immediately.

⑤ Back up important data in a separate storage device.

**| The answer is number ④ |**

A hacker intercepts an email sent by a customer in the middle, and then includes the malware in an attachment or adds a link in the email to send it to the original recipient. Email attachments are scanned with an antivirus and do not click links. If you must click, try on a less important PC.

## 06. In case of an infection of ransomware, take the wrong course of action.

① Immediately report to Ship Cyber Security Officer and report to Company Cyber Security Officer

② Immediately isolate infected PCs from the network.

③ Recover immediately using a USB memory with backup data.

④ Onshore CCSO call the Ransomware Response Center for assistance.

⑤ Take appropriate action in accordance with the Cybersecurity Incident Response Manual.

**| The answer is number ③ |**

If you connect the USB memory to the infected PC before checking whether the ransomware has been completely deleted after the ransomware infection, the USB memory can also be infected. In addition, all IT equipment connected to the network should be scanned for infection. You will need to delete it with the ransomware removal tool or format your PC.

## 07. Choose the right one with a description of network security.

① Since the firewall is installed, the intrusion of external hackers is blocked.

② Due to site blocking solution, we were unable to trade stocks. So we linked tethering.

③ Clicked on the link of the 100% winning event sent by a friend.

④ Wireless network should initially set passwords.

⑤ You can save money by connecting your home iPad to company Wi-Fi.

**| The answer is number ④ |**

Installing a security solution such as a firewall does not function alone and requires continuous management. Activities that block unnecessary connections and securely connect those that are necessary for work are necessary. You should also check the security log to review any changes in the administrator account or firewall rules. Tethering is an unauthorized network for your company, so it can bypass firewalls when connected. Clicking on a link that you don't trust can unknowingly install malware. Wireless Internet requires passwords to prevent unauthorized use. Connecting personal IT equipment to the company network can lead to malware intrusion or holes in the network.

## 08. Choose the right one as a description of risk management measures.

① Reduce all identified risks.

② The level of risk set priorities for risk reduction.

③ Even if there is a risk, it does not cause a security accident right away, so respond slowly.

④ The risk management plan should be well documented.

⑤ This year's risk assessment is not necessary because the IT environment is the same as last year.

**| The answer is number ② |**

Since risk reduction is costly, risk should be prioritized. Risk reduction should be applied at acceptable level. Alternatives should be established and managed for the remaining risks. Although documentation is important for risk management, the goal is to reduce the actual risk. Even if the internal IT environment is the same, a periodic risk assessment is necessary because the external environment has changed.

## 09. Choose the wrong one as a description of cyber security controls.

① IT systems on board are within the scope of control.

② OT systems such as ECDIS, AIS, and VDR are within the control range.

③ external staff who maintain PCs are not inside employees and are not within the scope of control.

④ Outsourcing companies (ex. Flower delivery service) contracted with shipping companies but not related to the ship business may be excluded from the scope of control.

⑤ The cloud service used by shipping companies is an overseas service with servers overseas, but it is within the scope of control.

**| The answer is number ③ |**

IT and OT systems are technical controls and fall within the scope of control. Even information assets that are physically external, such as PC maintenance companies and cloud services, should be included in the scope of control if they are information assets that handle our company's information. However, if it is not related to ship service and it does not cover ship related information and can be excluded from the scope of control.

## 10. Choose the right one for technical security.

① As it prevents hackers from invading, you can manage risk with only technical security.

② Technical security is an independent area that does not overlap with administrative / physical security.

③ Our ship is safe because no vulnerabilities were found as a result of simulated hacking conducted by external experts.

④ Our ship is safe because we have applied security solutions at every stage, from the internet gateway through the satellite to the endpoint PC.

⑤ It is a control to eliminate vulnerabilities existing inside IT and OT assets.

**| The answer is number ⑤ |**

Administrative / physical / technical security has its own domains, but they are intertwined. Therefore, though technical security alone can reduce risk to some extent and must be applied in combination with administrative and physical security. In addition, the security level can be improved by mock hacking by security solutions or external experts, but there are some vulnerabilities that cannot be removed by technical methods only.

# ※ 참고문헌 ※


## 1. 국내문헌

국가정보원, 정보보호백서, 2019

국가정보원, 2019 연례보고서

한국선급, 해사 사이버보안의 이해, 2019

한국인터넷진흥원 KISA Report Vol 09, 2018

정보통신기술진흥센터(IITP) 주간기술동향 보고서, 2018

지식경제부, 중소기업 세부 보안통제 실행 지침서, 2010

해양수산부, ISPS Code의 국내수용방안 연구, 2003

김인현, 해상법 제5판, 법문사, 2018

김정수, 해상보험론, 박영사, 2003

김성천, 사이버보안 법제에 관한 연구, 중앙법학회(2011), Vol 13, pp. 312

김세원, 김대해, 선박침몰사고에 따른 ITC협회약관 및 ISM Code적용에 관한 연구, 한국항해항만학회지 제32권제3호, 2008

나경연, 위험성평가 제도 도입방안 연구, 행정안전부, 2019

나정호, 김광원, 방희석, 해운기업의 위험관리 전략에 관한 연구, 한국해운물류학회, 해운물류연구 85권, 2015

오익균, 신승중, 정보통신망법 정보보호관리체계와 ISO/IEC 27001:2013 ISMS의 차이점 분석연구, 2016년 춘계학술발표대회 논문집 제23권, 2016

유성영, 부정기선사의 운임 변동리스크 관리에 관한 연구, 2008

유영호, IMO e-Navigation의 진행과 국제표준 동향, 2013

이장국, 안전에 대한 용어적 및 어원적 연구, 한중대학교, 한국안전학회지, 제22권제2호, 2017

이창무, 산업보안 개념의 비판적 고찰, 한국경호경비학회 제50호, 2017

이충배, 정석모, 전기·전자기업의 글로벌 공급사슬의 위험관리전략에 관한 연구, 한국 국제상 학회, 2011

조동오, 이영선, ISPS Code의 요건에 관한 연구(ISO 9001 및 ISM Code와의 비교분석을 통해), 해양환경안전학회지 제9권제1호, 2003

최명길, 정재훈, 국외 정보보안관리 동향, 2013년 정보보호학회지 제23권, 2013

## 2. 해외문헌

BIMCO, CLIA, ICS, INTERCARGO, INTERTANKO, OCIMF and IUMI The Guidelines on Cyber Security Onboard Ships, July 2017 Ver.3

LR, Cyber-enabled ships, 2016

DNV-GL, Recommend practice, 2016

ABS, Guidance Notes on the Application of Cybersecurity principles to marine and offshore operations, 2016

BIMCO, Cyber Security Clause 2019

ISPS Code 2003 Edition(International Ship and Port Facility Security Code and Solas Amendments)

Marsh&Mclenna, Cyber risk : Filling the coverage gap, 2014

Tony Cowie, Maritime Insurance Cyber Security, 2015

Chopra, S. and M. S. Sodhi, Managing Risk To Avoid Supply-Chain

Breakdown, Sloan Management Review, 2004

Christopher, M. and H. Lee, Mitigating Supply Chain Risk through

Improved Confidence, International Journal of Physical Distribution & Logistics Management, 2004

Davit Dadiani, Cyber-security and marine insurance, WMU, 2018

Firesmith, Donald G. Common Concepts Underlying Safety, Security_Carenegie Mellon University, 2003

Juettner, U, Supply Chain Risk Management : Understanding the

Business Requirements from a Practitioner Perspective, International Journal

of Logistics Management, 2005

Trkman, P. and K. McCormack, Supply Chain Risk in Turbulent

Environments, International Journal of Production Economics, 2009

## 3. 웹사이트

https://www.bleepingcomputer.com/news/security/ransomware-infection-cripples-shipping-giant-coscos-american-network/

http://www.haesanews.com/news/articleView.html?idxno=83928

https://www.ocimf.org/sire/about-sire/

http://www.imo.org/en/MediaCentre/PressBriefings/Pages/40-MSC94wrap.aspx#.XR4piNQS-t9

https://www.bimco.org/contracts-and-clauses

http://www.mof.go.kr/

https://www.thecroforum.org/2014/12/19/cyber-resilience-cyber-risk-challenge-role-insurance/

https://www.underwriting.lv/

https://www.lr.org/en/cyber-security/

https://www.nmea.org/

http://shipowners.or.kr/

https://www.kmst.go.kr/

https://webstore.iec.ch/publication/

# 부록

1. BIMCO 가이드 라인과 ISM Code 관련항목 대조

2. ISM Code

# [부록 1] BIMCO 사이버 보안 가이드라인과 ISM Code

| BIMCO의 사이버 보안 관리 사이클 | ISM Code |
| --- | --- |
| Identify | |
| Roles and responsibilities | 3.2 The Company should define and document the responsibility, authority and interrelation of all personnel who manage, perform and verify work relating to and affecting safety and pollution prevention.<br>3.3 The Company is responsible for ensuring that adequate resources and shore-based support are provided to enable the designated person or persons to carry out their functions.<br><br>3.2 회사는 안전 및 오염방지에 관련되고 영향이 있는 업무를 관리, 수행 및 검증하는 모든 직원의 책임, 권한 및 상호관계를 규정하고 문서화해야 한다.<br>3.3 회사는 DP가 그들의 기능을 수행할 수 있도록 적절한 자원 및 육상지원의 제공을 보장할 책임이 있다. |
| | 6.5 The Company should establish and maintain procedures for identifying any training which may be required in support of the SMS and ensure that such training is provided for all personnel concerned.<br><br>6.5 회사는 SMS의 지원에 요구되는 모든 훈련을 식별하기 위한 절차를 수립하고 유지해야 하며, 교육 훈련은 모든 관련 인원에게 제공되어야 한다. |
| Identify systems, assets, data and capabilities that, when disrupted, pose risks to ship operations | 10.3 The Company should identify equipment and technical systems the sudden operational failure of which may result in hazardous situations. The SMS should provide for specific measures aimed at promoting the reliability of such equipment or systems. These measures should include the regular testing of stand-by arrangements and equipment or technical systems that are not in continuous use.<br><br>10.3 회사는 갑작스런 기능 정지로 위험한 상황을 초래할 수 있는 장치 및 기술 시스템을 식별해야 한다. SMS는 이런 설비 또는 시스템의 신뢰성 증진을 위해 특별한 조치를 제공해야 한다. 이 조치는 예비 장비 및 연속 구동하지 않는 장치 또는 기술 시스템에 대한 정기적인 시험을 포함한다. |

| BIMCO의 사이버 보안 관리 사이클 | ISM Code |
|---|---|
| **Protect** | |
| Implement risk control measures | 1.2.2<br>.2 assess all identified risks to its ships, personnel and the environment and establish appropriate safeguards; and ;<br><br>1.2.2<br>.2 선박, 인명과 환경에 대한 모든 식별된 위험에 대해 적절한 보호대책 수립; |
| Develop contingency plans | 7. SHIPBOARD OPERATIONS<br>The Company should establish procedures, plans and instructions, including checklist as appropriate, for key shipboard operations concerning the safety of the personnel, ship and protection of the environment. The various tasks should be defined and assigned to qualified personnel.<br><br>7. 선박운항<br>회사는 인명, 선박의 안전 및 오염 방지에 관한 주요 본선 운용 관련 절차, 계획 및 지침을 수립해야 한다. 이런 다양한 업무는 정의되어야 하며 자격있는 인원에게 할당되어야 한다. |
| Develop contingency plans | 8. EMERGENCY PREPAREDNESS<br>8.1 The Company should identify potential emergency shipboard situations, and establish procedures to respond to them.<br><br>8. 비상대책<br>8.1 회사는 선박에서 발생할 수 있는 본선의 잠재적 비상 상황을 식별하고, 이에 대응할 수 있는 절차를 수립해야 한다. |
| **DETECT** | |
| Develop and implement activities necessary to detect a cyber-event in a timely manner | 9.1 The SMS should include procedures ensuring that non-conformities, accidents and hazardous situations are reported to the Company, investigated and analysed with the objective of improving safety and pollution prevention.<br><br>9.1 SMS는 부적합 사항, 사고 및 위험 상황이 회사에 보고되고, 안전 및 오염방지를 제고할 목적으로 조사  및 분석하는 것을 보장하는 절차를 포함한다. |

| BIMCO의 사이버 보안 관리 사이클 | ISM Code |
|---|---|
| **RESPOND** | |
| Develop and implement activities and plans to provide resilience and to restore systems necessary for shipping operations and/or services impaired due to a cyber-event | 3.3 The Company is responsible for ensuring that adequate resources and shore-based support are provided to enable the designated person or persons to carry out their functions.<br><br>3.3 회사는 DP가 그들의 기능을 수행할 수 있도록 적절한 자원 및 육상 지원의 제공을 보장할 책임이 있다. |
| | 9.2 The Company should establish procedures for the implementation of corrective action, including measures intended to prevent recurrence.<br><br>9.2 회사는 재발방지 조치를 포함하여 시정조치를 이행하기 위한 절차를 수립해야 한다. |
| | 10.3 The Company should identify equipment and technical systems the sudden operational failure of which may result in hazardous situations. The SMS should provide for specific measures aimed at promoting the reliability of such equipment or systems. These measures should include the regular testing of stand-by arrangements and equipment or technical systems that are not in continuous use.<br><br>10.3 회사는 갑작스런 기능 정지로 위험한 상황을 초래할 수 있는 장치 및 기술 시스템을 식별해야 한다. SMS는 이런 설비 또는 시스템의 신뢰성 증진을 위해 특별한 조치를 제공해야 한다. 이 조치는 예비 장비 및 연속 구동하지 않는 장치 또는 기술 시스템에 대한 정기적인 시험을 포함한다. |
| **RECOVERY** | |
| Identify measures to back-up and restore cyber systems necessary for shipping operations impacted by a cyber incident | 10.4 The inspections mentioned in 10.2 as well as the measures referred to in 10.3 should be integrated into the ship's operational maintenance routine.<br><br>10.4 10.3의 조치와 10.2의 검사는 선박 유지보수 업무에 통합시켜야 한다. |

# [부록2] Revised ISM Code

## Effective as from 1 January 2015

## INTERNATIONAL MANAGEMENT CODE FOR THE SAFE OPERATION OF SHIPS AND FOR POLLUTION PREVENTION (INTERNATIONAL SAFETY MANAGEMENT (ISM) CODE)

## 안전경영시스템

### PART A : IMPLEMENTATION

### 1. GENERAL

1.1 Definitions

The following definitions apply to parts A and B of this Code.

1.1.1 International Safety Management (ISM) Code means the International Management Code for the Safe Operation of Ships and for Pollution Prevention as adopted by the Assembly, as may be amended by the Organization.

1.1.2 Company means the owner of the ship or any other organization or person such as the manager, or the bareboat charterer, who has assumed the responsibility for operation of the ship from the shipowner and who, on assuming such responsibility, has agreed to take over all the duties and responsibility imposed by the Code.

1.1.3 Administration means the Government of the State whose flag the ship is entitled to fly.

1.1.4 Safety Management System means a structured and documented system enabling Company personnel to implement effectively the Company safety and environmental protection policy.

1.1.5 Document of Compliance means a document issued to a Company which complies with the requirements of this Code.

1.1.6 Safety Management Certificate means a document issued to a ship which signifies that the Company and its shipboard management operate in accordance with the approved safety management system.

1.1.7 Objective evidence means quantitative or qualitative information, records or statements of fact pertaining of safety or to the existence and implementation of a safety management system element, which is based on observation, measurement or test and which can be verified.

1.1.8 Observation means a statement of fact made during a safety management audit and substantiated by objective evidence.

1.1.9 Non-conformity means an observed situation where objective evidence indicates the non-fulfillment of a specified requirement.

1.1.10 Major non-conformity means an identifiable deviation that poses a serious threat to the safety of personnel or the ship or a serious risk to the environment that requires immediate corrective action or the lack of effective and systematic implementation of a requirement of this Code.

1.1.11 Anniversary date means the day and month of each year that corresponds to the date of expiry of the relevant document or certificate.

1.1.12 Convention means the International Convention for the Safety of Life at Sea, 1974 as amended.

1.2 Objectives

1.2.1 The objectives of the Code are to ensure safety at sea, prevention of human injury or loss of life, and avoidance of damage to the environment, in particular to the marine environment, and to property.

1.2.2 Safety-management objectives of the Company should, inter alia :

.1 provide for safe practices in ship operation and a safe working environment;

.2 assess all identified risks to its ships, personnel and the environment and establish appropriate safeguards; and

.3 continuously improve safety-management skills of personnel ashore and aboard ships, including preparing for emergencies related both to safety and environmental protection.

1.2.3 The safety-management system should ensure :

.1 compliance with mandatory rules and regulations; and

.2 that applicable codes, guidelines and standards recommended by the Organization, Administrations, classification societies and maritime industry organizations are taken into account.

1.3 Application

The requirements of this Code may be applied to all ships.

1.4 Functional requirements for a safety-management system

Every Company should develop, implement and maintain a safety management system (SMS) which includes the following functional requirements :

.1 a safety and environmental-protection policy;

.2 instructions and procedures to ensure safe operation of ships and protection of the environment in compliance with relevant international and flag State legislation;

.3 defined levels of authority and lines of communication between, and amongst, shore and shipboard personnel;

.4 procedures for reporting accidents and non-conformities with the provisions of this Code;

.5 procedures to prepare for and respond to emergency situations ;and

.6 procedures for internal audits and management reviews.

## 2. SAFETY AND ENVIRONMENTAL PROTECTION POLICY

2.1 The Company should establish a safety and environmental-protection policy which describes how the objectives given in paragraph 1.2 will be achieved.

2.2 The Company should ensure that the policy is implemented and maintained at all levels of the organization both, ship-based and shore-based.

## 3. COMPANY RESPONSIBILITIES AND AUTHORITY

3.1 If the entity who is responsible for the operation of the ship is other than the owner, the owner must report the full name and details of such entity to the Administration.

3.2 The Company should define and document the responsibility, authority and interrelation of all personnel who manage, perform and verify work relating to and affecting safety and pollution prevention.

3.3 The Company is responsible for ensuring that adequate resources and shore-based support are provided to enable the designated person or persons to carry out their functions.

## 4. DESIGNATED PERSON(S)

To ensure the safe operation of each ship and to provide a link between the Company and those on board, every Company, as appropriate, should designate a person or persons ashore having direct access to the highest level of management. The responsibility and authority of the designated person or persons should include monitoring the safety and pollution- prevention aspects of the operation of each ship and ensuring that adequate resources and shore-based support are applied, as required.

## 5. MASTER'S RESPONSIBILITY AND AUTHORITY

5.1 The Company should clearly define and document the master's responsibility with regard to :

.1 implementing the safety and environmental-protection policy of the Company;

.2 motivating the crew in the observation of that policy;

.3 issuing appropriate orders and instructions in a clear and simple manner;

.4 verifying that specified requirements are observed; and

.5 periodically reviewing the SMS and reporting its deficiencies to the shore-based management.

5.2 The Company should ensure that the SMS operating on board the ship contains a clear statement emphasizing the master's authority. The Company should establish in the SMS that the master has the overriding authority and the responsibility to make decisions with respect to safety and pollution prevention and to request the Company's assistance as may be necessary.

## 6. RESOURCES AND PERSONNEL

6.1 The Company should ensure that the master is :

.1 properly qualified for command;

.2 fully conversant with the Company's SMS; and

.3 given the necessary support so that the master's duties can be safely performed.

6.2 The Company should ensure that each ship is :

.1 manned with qualified, certificated and medically fit seafarers in accordance with national and international requirements; and

.2 appropriately manned in order to encompass all aspects of maintaining safe operation on board.*

* Refer to the Principles of minimum safe manning, adopted by the Organization by Resolution A.1047(27)

6.3 The Company should establish procedures to ensure that new personnel and personnel transferred to new assignments related to safety and protection of the environment are given proper familiarization with their duties. Instructions which are essential to be provided prior to sailing should be identified, documented and given.

6.4 The Company should ensure that all personnel involved in the Company's SMS have an adequate understanding of relevant rules, regulations, codes and guidelines.

6.5 The Company should establish and maintain procedures for identifying any training which may be required in support of the SMS and ensure that such training is provided for all personnel concerned.

6.6 The Company should establish procedures by which the ship's personnel receive relevant information on the SMS in a working language or languages understood by them.

6.7 The Company should ensure that the ship's personnel are able to communicate effectively in the execution of their duties related to the SMS.

## 7. SHIPBOARD OPERATIONS

The Company should establish procedures, plans and instructions, including checklist as appropriate, for key shipboard operations concerning the safety of the personnel, ship and protection of the environment. The various tasks should be defined and assigned to qualified personnel.

## 8. EMERGENCY PREPAREDNESS

8.1 The Company should identify potential emergency shipboard situations, and establish procedures to respond to them.

8.2 The Company should establish programmes for drills and exercises to prepare for emergency actions.

8.3 The SMS should provide for measures ensuring that the Company's organization can respond at any time to hazards, accidents and emergency situations involving its ships.

## 9. REPORTS AND ANALYSIS OF NON-CONFORMITIES, ACCIDENTS AND HAZARDOUS OCCURRENCES

9.1 The SMS should include procedures ensuring that non-conformities, accidents and hazardous situations are reported to the Company, investigated and analysed with the objective of improving safety and pollution prevention.

9.2 The Company should establish procedures for the implementation of corrective action, including measures intended to prevent recurrence.

## 10. MAINTENANCE OF THE SHIP AND EQUIPMENT

10.1 The Company should establish procedures to ensure that the ship is maintained in conformity with the provisions of the relevant rules and regulations and with any additional requirements which may be established by the Company.

10.2 In meeting these requirements the Company should ensure that :

.1 inspections are held at appropriate intervals;

.2 any non-conformity is reported, with its possible cause, if known;

.3 appropriate corrective action is taken; and

.4 records of these activities are maintained.

10.3 The Company should identify equipment and technical systems the sudden operational failure of which may result in hazardous situations. The SMS should provide for specific measures aimed at promoting the reliability of such equipment or systems. These measures should include the regular testing of stand-by arrangements and equipment or technical systems that are not in continuous use.

10.4 The inspections mentioned in 10.2 as well as the measures referred to in 10.3 should be integrated into the ship's operational maintenance routine.

## 11. DOCUMENTATION

11.1 The Company should establish and maintain procedures to control all documents and data which are relevant to the SMS

11.2 The Company should ensure that :

.1 valid documents are available at all relevant locations;

.2 changes to documents are reviewed and approved by authorized personnel; and

.3 obsolete documents are promptly removed.

11.3 The documents used to describe and implement the SMS may be referred to as the Safety Management Manual. Documentation should be kept in a form that the Company considers most effective. Each ship should carry on board all documentation relevant to that ship.

## 12. COMPANY VERIFICATION, REVIEW AND EVALUATION

12.1 The Company should carry out internal safety audits on board and ashore at intervals not exceeding twelve months to verify whether safety and pollution-prevention activities comply with the SMS. In exceptional circumstances, this interval may be exceeded by not more than three months.

12.2 The Company should periodically verify whether all those undertaking delegated ISM-related tasks are acting in conformity with the Company's responsibilities under the Code.

12.3 The Company should periodically evaluate the effectiveness of the SMS in accordance with procedures established by the Company

12.4 The audits and possible corrective actions should be carried out in accordance with documented procedures.

12.5 Personnel carrying out audits should be independent of the areas being audited unless this is impracticable due to the size and the nature of the Company.

12.6 The results of the audits and reviews should be brought to the attention of all personnel having responsibility in the area involved.

12.7 The management personnel responsible for the area involved should take timely corrective action on deficiencies found.

## PART B : CERTIFICATION AND VERIFICATION

## 13. CERTIFICATION AND PERIODICAL VERIFICATION

13.1 The ship should be operated by a Company which has been issued with a Document of Compliance or with an Interim Document of Compliance in accordance with paragraph 14.1, relevant to that ship.

13.2 The Document of Compliance should be issued by the Administration, by an organization recognized by the Administration or, at the request of the Administration, by another Contracting Government to the Convention to any Company complying with the requirements of this Code for a period specified by the Administration which should not exceed five years. Such a document should be accepted as evidence that the Company is capable of complying with the requirements of this Code.

13.3 The Document of Compliance is only valid for the ship types explicitly indicated in the document. Such indication should be based on the types of ships on which the initial verification was based. Other ship types should only be added after verification of the Company's capability to comply with the requirements of this Code applicable to such ship types. In this context, ship types are those referred to in regulation IX/1 of the Convention.

13.4 The validity of a Document of Compliance should be subject to annual verification by the Administration or by an organization recognized by the Administration or, at the request of the Administration by another Contracting Government within three months before or after the anniversary date.

13.5 The Document of Compliance should be withdrawn by the Administration or, at its request, by the Contracting Government which issued the document, when the annual verification required in paragraph 13.4 is not requested or if there is evidence of major non-conformities with this Code.

13.5.1 All associated Safety Management Certificates and/or Interim Safety Management Certificates should also be withdrawn if the Document of Compliance is withdrawn.

13.6 A copy of the Document of Compliance should be placed on board in order that the master of the ship, if so requested, may produce it for verification by the Administration or by an organization recognized by the Administration or for the purposes of the control referred to in regulation IX/6.2 of the Convention. The copy of the document is not required to be authenticated or certified.

13.7 The Safety Management Certificate should be issued to a ship for a period which should not exceed five years by the Administration or an organization recognized by the Administration or, at the request of the Administration, by another Contracting Government. The Safety Management Certificate should be issued after verifying that the Company and its shipboard management operate in accordance with the approved safety management system. Such a certificate should be accepted as evidence that the ship is complying with the requirements of this Code.

13.8 The validity of the Safety Management Certificate should be subject to at least one intermediate verification by the Administration or an organization recognized by the Administration or, at the request of the Administration, by another Contracting Government. If only one intermediate verification is to be carried out and the period of validity of the Safety Management Certificate is five years, it should take place between the second and third anniversary date of the Safety Management Certificate.

13.9 In addition to the requirements of paragraph 13.5.1, the Safety Management Certificate should be withdrawn by the Administration or, at the request of the Administration, by the Contracting Government which has issued it when the intermediate verification required in paragraph 13.8 is not requested or if there is evidence of major non-conformities with this Code.

13.10 Notwithstanding the requirements of paragraphs 13.2 and 13.7, when the renewal verification is completed within three months before the expiry date of the existing Document of Compliance or Safety Management Certificate, the new Document of Compliance or the new Safety Management Certificate should be valid from the date of completion of the renewal verification for a period not exceeding five years from the date of expiry of the existing Document of Compliance or Safety Management Certificate.

13.11 When the renewal verification is completed more than three months before the expiry date of the existing Document of Compliance or Safety Management Certificate, the new Document of Compliance or the new Safety Management Certificate should be valid from the date of completion of the renewal verification for a period not exceeding five years from the date of completion the renewal verification.

13.12 When the renewal verification is completed after the expiry date of the existing Safety Management Certificate, the new Safety Management Certificate should be valid from the date of completion of the renewal verification to a date not exceeding five years from the date of expiry of the existing Safety Management Certificate.

13.13 If a renewal verification has been completed and a new Safety Management Certificate cannot be issued or placed on board the ship before the expiry date of the existing certificate, the Administration or organization recognized by the Administration may endorse the existing certificate and such a certificate should be accepted as valid for a further period which should not exceed five months from the expiry date.

13.14 If a ship at the time when a Safety Management Certificate expires is not in a port in which it is to be verified, the Administration may extend the period of validity of the Safety Management Certificate but this extension should be granted only for the purpose of allowing the ship to complete its voyage to the port in which it is to be verified, and then only in cases where it appears proper and reasonable to do so. No Safety Management Certificate should be extended for a period of longer than three months, and the ship to which an extension is granted should not, on its arrival in the port in which it is to be verified, be entitled by virtue of such extension to leave that port without having a new

Safety Management Certificate.

When the renewal verification is completed, the new Safety Management Certificate should be valid to a date not exceeding five years from the expiry date of the existing Safety Management Certificate before the extension was granted.

## 14. INTERIM CERTIFICATION

14.1 An Interim Document of Compliance may be issued to facilitate initial implementation of this Code when :

.1 a Company is newly established; or

.2 new ship types are to be added to an existing Document of Compliance, following verification that the Company has a safety management system that meets the objectives of paragraph 1.2.3 of this Code, provided the Company demonstrates plans to implement a safety management system meeting the full requirements of this Code within the period of validity of the Interim Document of Compliance. Such an Interim Document of Compliance should be issued for a period not exceeding 12 months by the Administration or by an organization recognized by the Administration or, at the request of the Administration, by another Contracting Government. A copy of the Interim Document of Compliance should be placed on board in order that the master of the ship, if so requested, may produce it for verification by the Administration or by an organization recognized by the Administration or for the purposes of the control referred to in regulation IX/6.2 of the Convention. The copy of the document is not required to be authenticated or certified.

14.2 An Interim Safety Management Certificate may be issued :

.1 to new ships on delivery;

.2 when a Company takes on responsibility for the operation of a ship which is new to the Company; or

.3 when a ship changes flag.

Such an Interim Safety Management Certificate should be issued for a period not exceeding 6 months by the Administration or an organization recognized by the Administration or, at the request of the Administration, by another Contracting Government.

14.3 An Administration or, at the request of the Administration, another Contracting Government may, in special cases, extend the validity of an Interim Safety Management Certificate for a further period which should not exceed 6 months from the date of expiry.

14.4 An Interim Safety Management Certificate may be issued following verification that :

.1 the Document of Compliance, or the Interim Document of Compliance, is relevant to the ship concerned;

.2 the safety management system provided by the Company for the ship concerned includes key elements of this Code and has been assessed during the audit for issuance of the Document of Compliance or demonstrated for issuance of the Interim Document of Compliance;

.3 the Company has planned the internal audit of the ship within three months;

.4 the master and officers are familiar with the safety management system and the planned arrangements for its implementation;

.5 instructions, which have been identified as being essential, are provided prior to sailing; and

.6 relevant information on the safety management system has been given in a working language or languages understood by the ship's personnel

## 15. VERIFICATION

15.1 All verifications required by the provisions of this Code should be carried out in accordance with procedures acceptable to the Administration, taking into account the guidelines developed by the Organization*.

* Refer to the Revised Guidelines on implementation of the International Safety Management(ISM) Code by Administrations adopted by the Organization by resolution A.1071(28)

## 16. FORMS OF CERTIFICATES

16.1 The Document of Compliance, the Safety Management Certificate, the Interim Document of Compliance and the Interim Safety Management Certificate should be drawn up in a form corresponding to the models given in the appendix to this Code. If the language used is neither English nor French, the text should include a translation into one of these languages.

16.2 In addition to the requirements of paragraph 13.3 the ship types indicated on the Document of Compliance and the Interim Document of Compliance may be endorsed to reflect any limitations in the operations of the ships described in the safety managing system.

## ※ 저자약력 ※

**| 최성민 |** (Sungmin Steven Choi)
사이버보안 컨설턴트
한국해양대학교 겸임교수
㈜오렌지씨큐리티 대표이사(현)
숭실대학교 재난안전관리학 박사수료
성균관대학교 MBA
한국항공대학교 항공운항학
EY한영 Cyber Security Manager

**| 박재홍 |** (Jae Hong Andrew Park)
해손정산인, ISO 27001 심사원
리스탱마린㈜ 대표이사(현)
상하이교통대학교 행정법 박사수료
성균관대학교 경영학 석사
근로복지공단 보험급여국 과장
해양경찰 정보수사과

**[확장판]**

# 해사(海事) 사이버 보안의 이해

**개념과 실제**

2024년 9월 5일 인쇄 값 25,000원
2024년 9월 15일 발행

저 자 최성민, 박재홍
편 집 송영미 / 표지디자인 최화란
발 행 인 조준형 munbookcokr@naver.com
발 행 처 해광출판사 http://www.hgbookpub.com

주 소 부산광역시 중구 해관로13번길 41-1 (중앙2가)
전화번호 051) 253-0001 팩스 051) 245-1178
등 록 제2012-000005호

해광출판사에서는 여러분의 소중한 원고와 함께 할 기회를 기다리고 있습니다. 책으로 엮을 원고나 아이디어가 있으신 분들은 이메일 munbookcokr@naver.com으로 책에 대한 간단한 개요와 원고 전체 또는 일부를 연락처와 함께 보내주십시오.

ISBN 979-11-6881-663-3

ver 124.08

## 해사도서전문 해광출판사 해문출판사 도서안내

**＊해기사시험 문제집 및 수험서**

· 1급 2급 항해사 - 이론과 문제 Ⅰ·Ⅱ
· 3급 항해사 - 이론과 문제
· 3급 항해사 상선전문 - 이론과 문제
· 4급 5급 항해사 - 이론과 문제
· 6급 항해사 - 이론과 문제

· 1급 · 2급기관사 - 이론과 문제 Ⅰ·Ⅱ
· 3급 기관사 - 이론과 문제
· 4급 · 5급 기관사 - 이론과 문제
· 6급 기관사 - 이론과 문제

· 선박기관사 면접시험 - 이론과 문제
· 선박항해사 면접시험 - 이론과 문제

· 수산일반 - 이론과 문제
· 소형선박조종사 - 이론과 문제

**＊해양경찰 수험서**

· 해양경찰 기관술 객관식 문제집(이론포함)
· 해양경찰 선박일반 기출문제집(객관식 문제)
· 해양경찰 항해술 객관식 문제집(기출문제포함)
· 해양경찰 해사법규 객관식 문제집 (기출문제포함)
· 해양경찰 해양경찰학개론 기출문제집 (객관식 문제)

**＊선박용 명칭도**

· 선박내연기관 명칭도(박용내연기관 명칭도)
· 선박명칭도 및 크루즈선

**＊교재 및 참고 서적**

· 3등 기관사 실무 기초
· 결삭법(구 결색법)
· 다랑어 선망(개정판)
· 다이나믹 포지셔닝 시스템 운용개론
· 도설 선박공학
· 레이더항법과 알파
· 상선의 정석
· 선망어구 · 어법
· 선박검사론
· 선박 운항 정보론
· 선박 운항 해사개론
· 선박자동화-기초편
· 선박 텔렉스 전보의 실무
· 선상 해사한국어
· 소형선 설계도집
· 수산자원학
· 알기 쉬운 선박전기전자
· 액체화물 용적중량 계산표
· 영문항해일지 기입법
· 영문기관일지 기입법 및 실무기관영어
· 오일탱커
· 지문항해학 (박계각·금종수·홍태호 편저)
· 표준항해영어
· 항해계기
· 해사법규 - 해사관계법령집
· 해사사이버보안의 이해
· 해사사이버보안의 이해 [확장판]
· 해사실무영어회화
· 해사안전실무 - 해사안전관리법령 및 워터제트
· 해사영어 항해일지 통신문
· 해상무선통신과 GMDSS
· 해양경비론
· 해양경찰 정보·외사·보안론
· 해양경찰학개론
· 해양안전론
· 해운경영학
· IMO 표준항해용어 - 용어 · 회화 · 해상통신법
· IMO 표준해사통신영어
· Student Coursebook
· 기관승선실습 훈련기록부
· 어선항해실습용 훈련기록부
· 전자기관사훈련기록부

**＊사전 및 용어집**

· 선박기관용어사전(영한 · 한영)
· 조선용어사전(영한 · 한영)
· 통신사업무 영어사전
· 해양 수산 용어사전

**＊기록부**

· 기관일지(대/소) · 항해일지(대/소)
· 선박평형수기록부
· 선원명부
· 승무원명부

## 문우당서점 해사도서 총판 도서안내

**＊총판 도서**

· 국제해상충돌예방규칙 및 관련된 국내법규해설
· 내연기관 강의
· 선박기관실무(1~6)
· 선박 시퀀스제어
· 선박운용
· 선박적화
· 선박전기 (상)(하)
· 선박조종의 이론과 실무
· 선체구조정비론
· 수산학개론
· 시퀀스제어회로(선박실무해설)
· 전파항해
· 조선 공학
· 지문항해
· 천문항해
· 천해양식
· 초급 기관사를 위한 선박배관도 해설집
· 항로표지 기사 산업기사
· 항로표지론
· 항해사를 위한 ECDIS
· 항해실무영어
· 해사법규
· 해사영어통신문
· 해상기상학
· 해양기상예보최적항로론
· 해운실무
· 현대 전자항법
· vlcc조종의 이론과 실무
· MDSS의 이해와 운용실무

**＊문우당서점 구비 해사도서**

· 항해사 시험 문제집
· 기관사 시험 문제집
· 해양경찰 시험 문제집 및 교본
· 동력수상레저기구 조종면허시험
· 박용 보조기계공학론
· 선박기관 실무
· 선박보조기계
· 선박 안전법 해설
· 선박용 디젤 엔진 및 가스터빈
· 선박화물 운송론
· 선체구조학
· 조선 해양공학 개론
· 항해실습(1~5)
· 해설 조선지식입문
· 해양 플랜트 공학
· 해사고 수산고 교과서
· ISSA선용품 카탈로그
· IMPA선용품 카탈로그

· 기름 기록부(기관구성용)
· 기름 기록부(탱커용)
· 등대표
· 오존층파괴물질 기록부
· 조류표
· 조석표
· 천측력
· 폐기물 기록부
· 항해승선실습 훈련기록부
· SOLAS(솔라스) MARPOL(마폴) 등 각종 해사협약서, CODE

## 이외 다양한 해사관련 도서 판매중!

**인터넷서점 www.munbook.com**
국내외 각종지도. 지구본. 부동산/배송용 지도
대형코팅. 액자지도. 코팅지도. 베스트셀러. 납품도서
**대표전화 051)241-5555 팩스 051)245-1187**

Since 1955 문우당

전국 최고의 해양도서매장 · 지도센터
**문우당서점**